이론과 함께 하는

전력전자실험

한 학 근 저

PREFACE

본 교재는 전기공학, 전자공학 관련전공을 공부하는 학생들을 위한 전력전자 이론 및 실험 교재로 집필하였다. 공학을 전공하는 학생들에게 있어 이론과 실험이란 서로 분리된 교과목이 아니라 상호 매우 유기적으로 연결되어야 하는 교과목이다. 따라서 관련이론을 정확하게 이해하고, 이를 실험을 통해 직접 구현해 봄으로써 이론을 보다 확실하게 이해할 수 있으며, 새로운 응용력을 키울 수 있다. 이러한 취지에서 본 교재는 각 실험과 관련한 핵심적인 전력전자회로를 상세히 공부할 수 있도록 구성하였다. 또한 실험을 통해 주요한 전력전자회로를 보다 깊이 있게 이해하고, 전력전자회로를 해석하고 설계할 수 있는 응용력을 키울 수 있도록 중점을 두었다.

본 교재의 주요 내용과 특징을 간단히 소개하면 다음과 같다.

첫째, 전력전자실험에 필요한 주요 장비의 사용법을 사진, 그림, 표 등을 이용하여 이해하기 쉽도록 입체적으로 설명하고, 오실로스코프 등 주요장비의 장비 사용법을 단계별 실습과제를 통해 익힐 수 있도록 구성하였다. 정확한 장비 사용능력은 실험에 있어 매우 중요하다. 학생들이 실험을 위한 주요 장비를 정확히 사용하고, 향후에도 실험장비 사용과 관련하여 본 교재를 참고할 수 있도록 구성하였다.

둘째, 모든 실험에는 실험 관련이론을 쉽게 이해할 수 있도록 구성하였다. 이론을 정확히 이해하지 못하고 단지 기능적으로 실험 데이터만을 얻는 실험은 모래 위에 짓는 집처럼 부실한 실험이 되기 쉽다. 실험을 잘하기 위한 첫 번째 단계는 이론을 정확하게 이해하는 것이다. 본 교재는 이론을 이해하기 쉽도록 핵심적인 개념과 원리를 수식, 그림, 표, 사진 등을 활용하여 설명하였다.

셋째, 모든 실험은 매뉴얼식으로 구성하여 정확하고 체계적인 실험이 이루어지고, 단계적 실험진행을 통해 관련이론을 깊이 있게 이해할 수 있도록 내용을 구성하였다. 실험결과 기록에 필요한 모든 표를 수록하였으며, 실험결과 기록을 위한 표에는 실험단계 번호, 실험내용, 참고사항 등을 기재하여 정확한 실험이 진행되도록 하였다. 또한 실험결과와 관련이론을 반드시 비교해서 유기적으로 이해하도록 각 실험에 적절한 검토사항을 수록하였다.

넷째, 본 교재에서 다루고 있는 핵심적인 내용은 직류전압(DC), 교류전압(AC), 다이오드 스위칭 특성, 다이오드 정류회로, 정류기 필터회로, 정전압회로, 사이리스터 특성, 단상반파 위상제어 정류회로, 단상전파 위상제어 정류회로, 트랜지스터 스위칭 특성, 타이머회로, 강압 초퍼회로, 승압 초퍼회로, FET 스위칭 특성, 단상 인버터 등이다. 전력전자공학은 4개의 에너지 변환 컨버터로 요약할 수 있다. DC-DC 컨버터, AC-DC 컨버터, DC-AC 컨버터, AC-AC 컨버터이다. 이들 컨버터를 구성하는데 있어 주요한 소자가 다이오드, 트랜지스터, FET, 사이리스터 등의 스위칭 소자이다. 전력전자공학은 이들 내용에 대한 공부이다. 따라서 핵심적인 전력전자회로 소자 및 회로에 대한 내용을 기초에서 응용까지 배우고, 전력전자회로의 해석 및 응용 능력을 향상시킬 수 있도록 실험교재를 구성하였다.

다섯째, 실험에 따라서는 2개의 실험으로 구성한 실험이 있는데 이는 해당하는 실험 내용에 대한 학생들의 이해도를 높이고, 수업 진행에 대한 교수님들의 선택도를 높이기 위한 것이다. 각 실험의 관련이론을 정확히 이해하고, 실험 1과 실험 2로 구성된 실험을 모두 수행함으로써 학습 효율을 극대화할 수 있을 것으로 생각된다. 그러나 주당 강의시간, 학생들의 이해도 등을 고려하여 2개의 실험으로 구성된 실험 1과 실험 2 중에서 적절한 실험을 선택하여 수업을 진행할 수도 있도록 구성하였다.

전력전자공학을 공부하는 학생들에게 실질적인 도움이 될 수 있는 교재를 집필하자는 나름의 비전을 가지고 모든 내용들을 새롭고 체계적으로 구성하고자 노력하였다. 그러나 본 교재가 전력전자공학을 공부하는 학생들에게 보다 실질적이고 유용한 교재가 되기 위해서는 앞으로도 지속적인 수정과 보완이 필요하리라 생각한다. 본 교재를 사용하는 모든 분들의 아낌없는 조언과 격려를 바라며, 또한 본 교재를 사용하는 모든 분들의 무궁한 발전을 기도드린다.

본 교재를 출판하고 여러 해가 지나면서 수정과 보완의 필요성이 생겼다. 이에 본 교재가 전력전자실험을 위한 교재로 보다 잘 활용될 수 있도록 부족한 부분을 수정하고 보완하였다. 본 교재의 출판을 계획하고 집필을 완성하기까지 모든 것을 주관하여 주시고, 인도해 주신 하나님께 영광과 감사를 드린다. 또한 출판을 맡아 수고해 주신 동일출판사의 모든 분들에게도 감사를 드린다.

저자 한학근

CONTENTS

CONTENTS

CONTENTS

0. 전력전자실험을 위한 중요사항

0.1 실험실에서의 주의사항

(1) 실험실에서는 실험장비를 위한 전원으로 220 V의 교류전원을 사용하고 있으므로 감전 등의 전기 안전사고가 발생하지 않도록 각별히 주의하여야 한다.

(2) 실험에서 사용하는 각종 실험장비 및 계측장비는 정확한 사용법을 장비 사용 전에 반드시 숙지하여 부주의로 인한 전기 안전사고나 장비고장 등이 발생하지 않도록 주의하여야 한다.

(3) 실험 중 사용장비나 실험회로에 다음과 같은 비정상적인 증상이 발생할 경우는 즉시 전원을 차단하고 문제점을 확인하여 제거하여야 한다.

- 실험회로의 부품이나 사용장비의 파손
- 사용장비의 경보음 발생
- 전압이나 전류의 비정상적인 급격한 증가 등

(4) 장비는 반드시 각 실험조에서 사용하도록 배정된 장비만을 사용하여야 한다. 실험 중 고장이 난 장비를 발견하거나, 장비를 파손시킨 경우는 즉시 실습조교나 담당교수에게 확인을 받도록 하며, 다른 장비 사용에 대한 허락을 얻은 후 대체장비를 사용하여 실험을 진행하여야 한다.

(5) 실험이 종료된 후에는 사용장비, 실험 테이블, 주변 등을 모두 다시 잘 정리하여 다른 학생들의 실험에 지장을 주지 않도록 하여야 한다. 그리고 사용한 부품과 실험도구 역시 실험 종료시 모두 반납하여야 한다.

0.2 실험 시작 전 준비사항

(1) 교재의 「실험목적」, 「실험이론」, 「실험방법」 등을 실험 전에 반드시 미리 이해한 후 실험에 임한다. 의문점이 있는 사항에 대해서는 실험 시작 전에 실험 조원들이 서로 토의하여 완전히 이해한 후 실험을 진행한다.

(2) 사용할 장비와 부품 등을 모두 실험 시작 전에 선정·확보하고, 실험할 실제 회로를 미리 구상한 후 실험이 진행될 수 있도록 준비한다.

(3) 실험을 진행할 순서와 실험을 통해 얻어야 할 실험 데이터의 종류 역시 실험 시작 전에 미리 구상하여 실험 진행시 실험과정이나 실험 데이터의 일부를 누락시키는 일이 없도록 한다.

0.3 실험 진행시 중요사항

(1) 실험에서 구성하는 회로는 미리 분석·검토한 실험회로와 오류없이 동일하게 구성되도록 다음 사항 등에 주의하면서 각별한 주의를 기울인다.

- 사용한 부품의 규격이 정확한지 확인한다.
- 회로의 부품 배치 및 결선은 최대한 간결하고 분명하게 한다.
- 기능〔(+)전원, 접지선, 신호선 등〕에 따라 사용하는 선의 색깔을 가능하면 구분하여 결선한다.
- (+)전원과 접지선은 브레드 보드(bread board)에서 일반적으로 전원을 위한 공통 노드(common node)로 사용하는 적색과 청색의 해당 공통 라인(line)을 이용하여 구성한다.

(2) 회로구성에 사용한 장비의 정격 등이 적절히 설정되었는지 확인한다. 다음과 같은 사항을 확인하여 실험이 정상적이고 정확하게 진행되고, 장비가 파손되지 않도록 주의한다.

- 계측장비의 교류(AC)/직류(DC) 측정 모드 선택

- 계측장비의 전압(V)/전류(mA)/저항(kΩ) 측정 모드 선택
- 계측장비의 직렬/병렬 결선 및 (+/−)극성 연결
- 계측장비의 적절한 측정범위 선택

(3) 장비를 포함하여 실험회로를 세밀히 확인한 후 전원을 인가한다.

- 구성한 회로는 실험조원 모두가 cross check하여 오류가 발생되지 않도록 하며, 실험조원 모두가 해당 실험을 이해할 수 있도록 한다.

(4) 「실험방법」에 따라 단계적이고, 순차적으로 실험을 진행하여 「실험결과」를 기록한다.

- 매뉴얼식으로 구성된 「실험방법」에 따라 단계적으로 실험을 진행한다.
- 「실험결과」는 실험 데이터의 기록을 위해 필요한 모든 표가 교재에 준비되어 있으므로 해당 표에 누락없이 「실험결과」를 기재하면서 실험을 진행한다.

(5) 모든 실험은 실험결과 데이터가 이론값과 일치하는지를 비교·분석·검토한다.

- 실험은 이론적으로도 분석 및 이해가 가능한 내용을 실제의 회로구성을 통해 그 동작특성을 직접 확인하는 의미를 가지고 있다. 따라서 반드시 모든 실험을 진행함에 있어 실험결과가 이론적인 결과와 일치하는지를 확인하고 검토하여야 한다. 이를 통해 이론과 실험을 겸비한 실질적인 응용력을 배양할 수 있다.
- 실험결과는 이론적인 결과와 전체적인 의미에서는 당연히 일치하여야 하지만, 이론적인 결과와 실제적인 실험결과 사이에는 약간의 오차나 차이가 존재할 수 있다. 따라서 실제 실험결과에서 발생하는 미세한 차이점에 대해서도 주의를 기울여야 하며, 이를 실험결과에 기록하여야 한다. 이론과 실험의 미세한 차이를 파악하고 이해하는 것 역시 실험을 하는 중요한 목적의 하나이다.
- 실험회로 구성이나 실험방법의 오류가 없다고 확신되는 경우에도 예상하지 못한 특수·이상 현상이 얻어질 수 있다. 이와 같은 특이한 실험결과에 대해서는 이를 자세히 기록하고, 그 원인을 분석하려고 실험조원 전체가 함께 노력한다.

(6) 실험 진행 중 실험결과에 오류가 발생한 경우는 다음 사항들을 검토하여 다시 실험을 진행한다.

- 사용하는 장비의 기능 선택, 측정범위 설정, 측정조건 설정, 입·출력 연결 등이 정확한지 확인한다.
- 실험회로의 결선이 정확한지 회로도와 비교하여 확인한다.
- 구성회로의 오류를 찾고자 하는 경우 회로를 구성한 실험자 스스로는 자신의 오류를 발견하기 어려운 경우도 많으므로 반드시 실험조원 전체가 cross check하는 것이 필요하다.
- 외관상의 회로결선에 오류가 없는 경우에도 배선의 접촉 불량, 브레드 보드(bread board)의 불량, 사용부품의 불량 등으로 인해 실제적인 회로 동작이 안될 수도 있으므로 이들 가능성을 염두에 두고 구성회로의 각부에 대해 직접적인 확인을 하는 것이 필요하다.
- 회로 구성에 외관상의 오류가 없다고 확인된 경우 구성회로의 최초 입력단의 회로요소부터 최종 출력단의 회로요소까지 하나씩 순차적으로 실제 특성을 확인하여 정상적인 결과인지를 확인해 오류가 발생하는 부분을 발견한다.
- 회로 결선에 대한 검증과 회로 각부의 특성을 순차적으로 직접 확인함으로써 실험에 있어서의 대부분의 오류를 수정할 수 있다.

0.4 실험보고서 작성시 중요사항

(1) 「보고서 표지」에는 다음 사항들을 빠짐없이 기재한다.

- 실험제목
- 담당교수
- 제출일
- 학과·전공
- 학번·학년 및 반
- 실험조
- 성명

(2) 각 실험의 「실험목적」을 기재한다.

■ 각 실험을 완료한 실험결과를 토대로 하여 각자 실험목적을 스스로 정리하여 기재한다.

■ 교재에 기재된 실험목적을 그대로 기재하지 말고, 각자 실험을 통해 느낀 실험목적을 요약하여 정리한다.

(3) 각 실험의 「주요이론」을 기재한다.

■ 각 실험에 있는 「실험이론」을 공부한 후 핵심적인 「주요이론」을 요약하여 정리한다.

■ 교재에 있는 내용을 그대로 기재하지 말고, 반드시 각자 스스로 공부하여 주요 내용만을 정리한다.

■ 필요시 참고도서를 활용한다.

(4) 각 실험의 실제 「실험회로도」를 작성한다.

■ 실험을 위해 실제로 구성한 회로도를 작성한다.

■ 회로도의 부품 규격은 실제 사용한 부품의 규격을 정확히 기재한다.

■ 단순히 실험교재에 제시된 회로도와 부품 규격을 그대로 기재하지 않는다.

(5) 충실한 보고서 작성을 위해서는 실험 진행시「실험방법」에 따라 실험을 진행하여「실험결과」를 빠짐없이 기록하는 것이 매우 중요하다.

■ 앞에서도 설명한 바와 같이「실험결과」는 실험 데이터 기록을 위해 필요한 모든 표가 교재에 준비되어 있으므로 실험 진행시 해당 실험결과표에 누락없이 실험결과를 기재하는 것이 중요하며, 이 데이터를 충실히 기록하는 것이 실험에 대한 이해 및 보고서 작성에 있어 가장 중요한 부분이다.

(6)「실험방법」중에서 검토를 요구한 사항이나, 실험 진행시 관찰된 특이사항에 대한 내용을 실험결과로써 잘 정리하고, 그 이유를 분석하여 설명한다.

(7) 각 실험의 마지막 부분에 있는「검토사항」에 대해 설명한다.

실험보고서

0. 표 지

1. 실험목적

2. 주요이론
   - 핵심적인 주요이론을 요약·정리
   - 참고도서 활용

3. 실험회로 및 실험결과
   - 각 실험별로 실제 실험회로와 실험 데이터를 작성
   - [예] 실험 6. 정류기 필터회로 실험

(1) RC 필터회로 실험

- 실험회로도 작성
- 실험 데이터 정리

(2) 커패시터 필터회로 실험

- 실험회로도 작성
- 실험 데이터 정리

4. 검토사항
   - 실험의 마지막 부분에 있는 검토사항에 대한 설명

실험

1. 주요 실험장비 사용법(I) 실험

전력전자실험을 위한 기본적인 장비로는 실험회로의 결선을 위한 브레드 보드(bread board), 전압, 전류, 저항을 측정하기 위한 디지털 멀티미터(digital multimeter : DMM), 정현파, 구형파, 삼각파 등의 신호원을 인가하기 위한 신호발생기(signal generator), 전압 파형을 측정하기 위한 오실로스코프(oscilloscope) 등이 있다. 전력전자실험을 위해 필수적인 이들 주요 장비의 사용법에 대해 실험 1과 실험 2에서 살펴보기로 한다.

1.1 브레드 보드

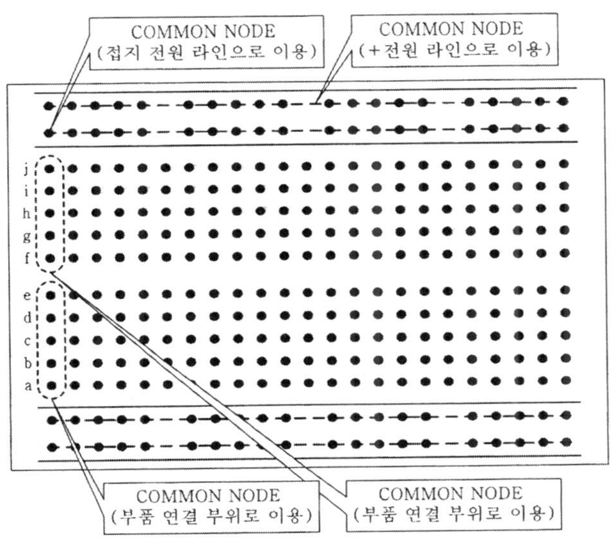

그림 1-1 브레드 보드

실험에서 많이 사용하는 브레드 보드(bread board)의 대략적인 모양을 그림 1-1에 나타내었다. 일반적으로 빨간선 아래에 있는 홀(hole)들의 수평 라인을 (+)전원 라인으로 사용하고, 파란선 위에 있는 홀들의 수평 라인을 GND 또는 (−)전원 라인으로 사용한다. 중간에는 실험부품을 꽂게 되는데, 그림 1-1의 수직한 5개 홀(a~e와 f~j)들은 서로 연결되어 있다. 예를 들어 IC를 브레드 보드에 배치할 때는 IC를 가로방향으로 배치하여 각각의 핀들이 서로 단락되지 않고 독립적이 되도록 주의하여야 한다. 브레드 보드 사용에 있어 다음 사항에 유의하여야 한다.

브레드 보드 사용시 유의점

1. (+)전원 라인과 접지(ground)전원 라인 배치에 유의한다.
2. 연결된 홀과 끊어진 홀의 구별을 확인한다.
3. 회로부품의 배치 및 결선은 최대한 간결하고 분명하게 한다.
4. (+)전원선, 접지선, 신호선 등에 따라 사용하는 선의 색깔을 가능한 구분하여 결선한다.
5. 전원의 인가는 반드시 결선이 맞는지 확인한 후에 한다.

1.2 디지털 멀티미터

그림 1-2는 디지털 멀티미터(digital multimeter : DMM)로써 제조회사와 모델에 따라 기능과 모양이 약간 다를 수 있으나 기본적인 기능과 사용법은 동일하다. 제조회사와 모델에 무관하게 디지털 멀티미터를 이용하여 저항, 전압, 전류를 측정할 수 있도록 디지털 멀티미터 사용법을 자세히 알아본다.

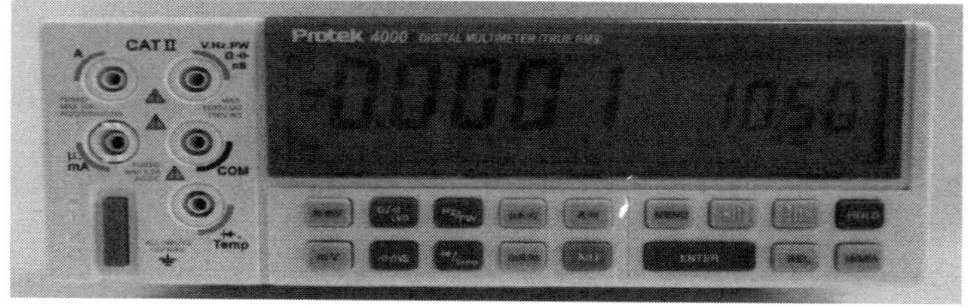

그림 1-2 디지털 멀티미터

1.2.1 저항 측정

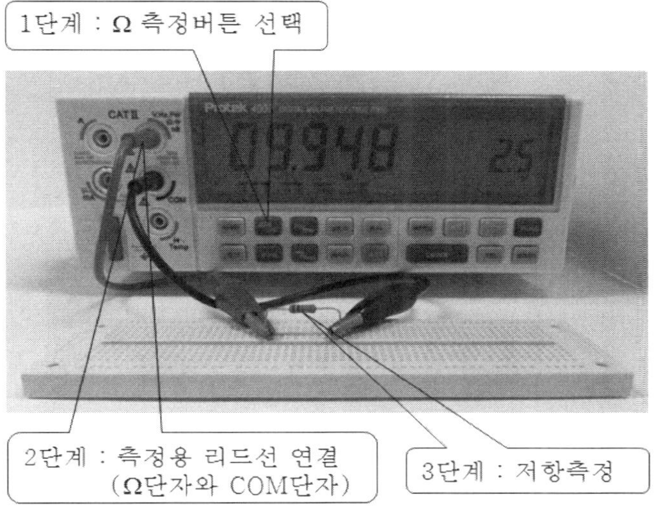

그림 1-3 디지털 멀티미터를 이용한 저항 측정

디지털 멀티미터를 이용한 저항 측정법

- **1 단계** : DMM의 Ω 측정버튼 선택
  ☞ mV, V 또는 μA, mA, A 측정버튼이 아닌 Ω 측정버튼을 선택
- **2 단계** : 측정용 리드선 연결
  ☞ Ω 단자에 적색 리드선을 연결하고, COM 단자에 흑색 리드선을 연결
- **3 단계** : 저항 측정
  ☞ 적색 리드선과 흑색 리드선을 이용하여 저항 측정
  ☞ 전원이 연결된 회로 내의 부품의 저항을 측정하고자 하는 경우 반드시 전원을 끊고, 저항을 측정하고자 하는 부품을 회로(브레드 보드)에서 분리한 후 저항을 측정

1.2.2 전압 측정

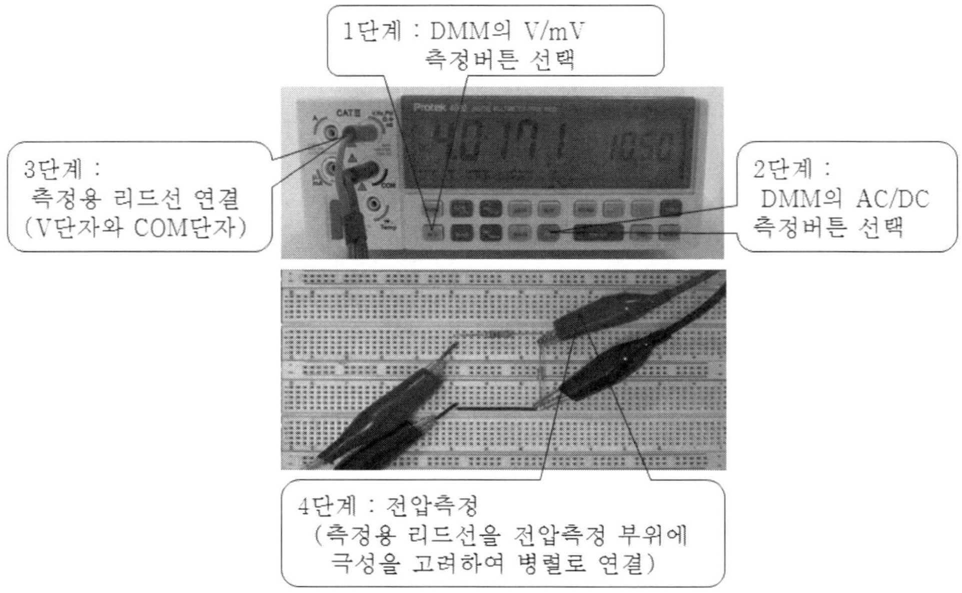

그림 1-4 디지털 멀티미터를 이용한 전압 측정

디지털 멀티미터를 이용한 전압 측정법

- **1 단계** : DMM의 V 또는 mV 측정버튼 선택
  ☞ 측정전압의 크기를 고려하여 V 또는 mV 측정버튼을 선택
- **2 단계** : 측정전압이 AC인지 DC인지에 따라 DMM의 AC/DC 측정버튼 선택
  ☞ AC/DC 변환버튼(Alt. Function 버튼)을 이용하여 AC 또는 DC를 선택
- **3 단계** : 측정용 리드선 연결
  ☞ V 단자에 적색 리드선을 연결하고, COM 단자에 흑색 리드선을 연결
- **4 단계** : 전압 측정
  ☞ 측정용 리드선을 전압 측정 부위에 병렬로 연결
  ☞ 극성에 따라 (+)전압 부위에 적색 리드선, (−)전압 부위에 흑색 리드선을 연결

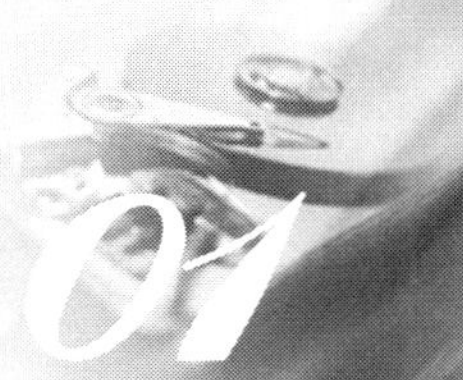

1.2.3 전류 측정

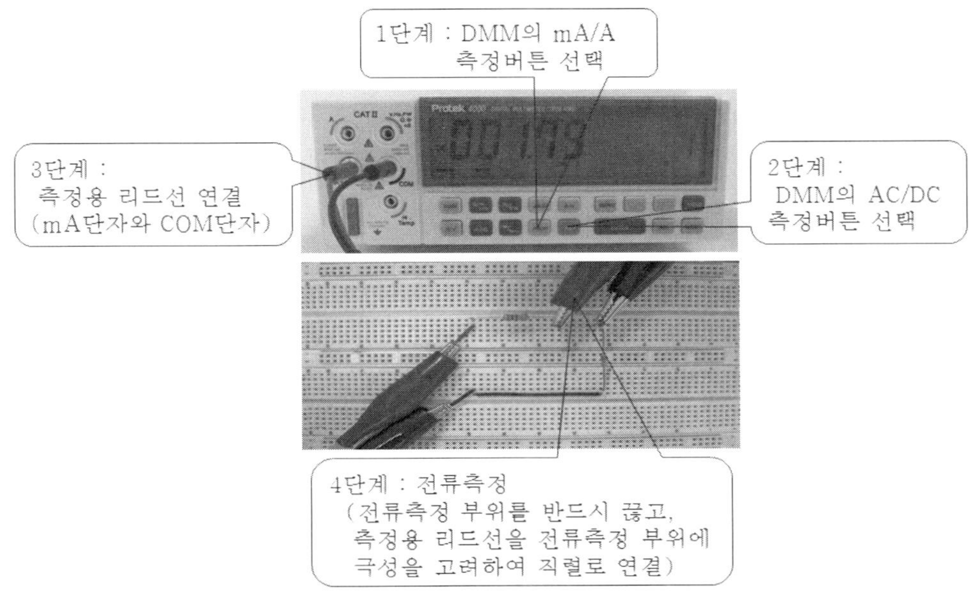

그림 1-5 디지털 멀티미터를 이용한 전류 측정

디지털 멀티미터를 이용한 전류 측정법

- 1 **단계** : DMM의 A, mA, μA 측정버튼 선택
  - ☞ 측정전류의 크기를 고려하여 A 또는 mA 또는 μA 측정버튼을 선택
- **2 단계** : 측정전류가 AC인지 DC인지에 따라 DMM의 AC/DC 측정버튼 선택
  - ☞ AC/DC 변환버튼(Alt, Function 버튼)을 이용하여 AC 또는 DC를 선택
- **3 단계** : 측정용 리드선 연결
  - ☞ mA 단자에 적색 리드선을 연결하고, COM 단자에 흑색 리드선을 연결
  - ☞ 1단계에서 A 측정범위를 선택한 경우는 A 단자에 적색 리드선을 연결
- **4 단계** : 전류 측정
  - ☞ 전류를 측정하고자 하는 회로부분을 우선 끊고, 측정용 리드선을 전류방향에 맞추어 극성을 고려하여 반드시 직렬로 연결
  - ☞ (+)극성부위에 적색 리드선, (-)극성부위에 흑색 리드선을 연결

1.3 직류전원 공급장치

직류전원 공급장치(DC power supply)는 직류전원을 실험회로 등에 공급하기 위하여 사용한다. 직류전원을 얻으려면 일반적으로 배터리와 같은 직류전원을 사용하면 되지만 직류전압의 크기가 변하는 경우의 회로특성을 실험하기 위해서는 배터리만으로는 어렵다. 직류전원의 전압크기를 일정 범위 내에서 자유롭게 가변하여 공급하기 위해서는 그림 1-6과 같은 직류전원 공급장치를 사용한다. 일반적인 직류전원 공급장치는 2개의 직류전원을 공급할 수 있는 출력단자를 가지고 있으며, 보통 20~30 V 이하의 직류전압을 공급할 때 사용하는 것이 일반적이다. 그리고 직류전원 공급장치를 그림 1-7과 같이 결선하면 (+)전원과 (−)전원을 공급할 수 있다.

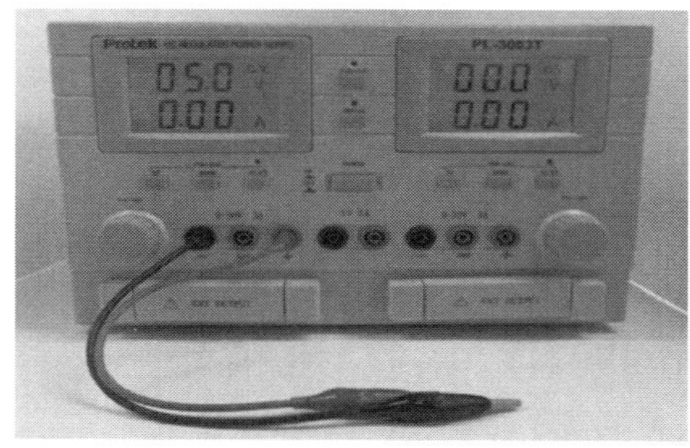

그림 1-6 직류전원 공급장치

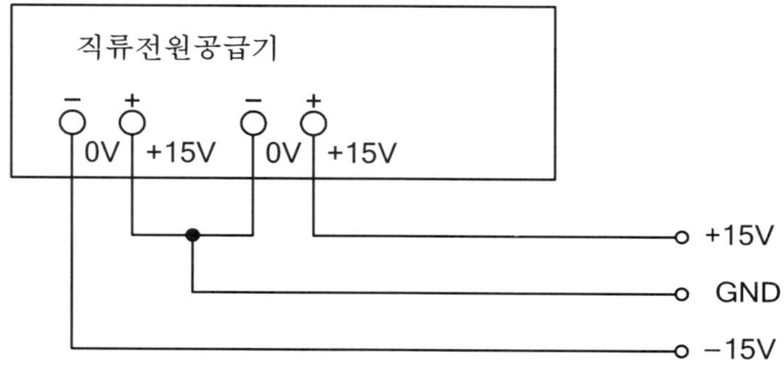

그림 1-7 직류전원 공급장치의 (+)/(-) 전원 이용

실험

2. 주요 실험장비 사용법(II) 실험

전력전자실험을 위한 주요 실험장비 사용법과 관련하여 실험 1에서 브레드 보드(bread board), 디지털 멀티미터(digital multimeter : DMM), 직류전원 공급장치(DC power supply) 등을 먼저 살펴보았다. 이제 실험 2에서는 전력전자실험을 위해 필요한 실험장비인 오실로스코프(oscilloscope)와 신호발생기(signal generator) 등의 사용법에 대해 살펴보기로 한다.

전력전자실험 등에서 이들 실험장비들이 전체적으로 필요한 이유에 대해 살펴본다. 전력전자실험을 위해 필요한 요소는 크게 3가지로 나눌 수 있다. 첫째는 실험회로 자체이고, 둘째는 실험회로에 인가되는 입력이며, 셋째는 실험회로의 출력이다. 첫 번째 요소인 실험회로를 구성하기 위해 필요한 것이 실험부품과 브레드 보드이다. 브레드 보드에 실험부품을 이용하여 실험회로를 구성하고, 회로의 동작특성 등을 실험을 통해 확인하고자 하는 것이다.

두 번째 요소인 실험회로에 인가되는 입력에는 2가지 종류가 있다. 한 가지는 입력전원(input power)이고, 또 다른 한 가지는 입력신호(input signal)이다. 모든 실험회로는 외부에서 전원이 공급되어야 동작하므로 당연히 입력전원이 필요하고, 이를 위한 실험장비의 하나가 직류전원 공급장치이다. 또한 실험회로가 동작되기 위해서는 입력신호가 주어져야 하며, 이 주어진 입력신호에 의해 실험회로가 어떤 동작특성을 보이는지가 실험에서 중요하다. 실험회로에 입력신호를 인가하기 위한 실험장비가 신호발생기이다.

세 번째 요소는 실험회로의 출력 등을 계측장비를 이용하여 확인하는 것이다. 실험회로가 이론적으로 해석한 결과와 동일한 특성을 보이는지를 실제적으로 확인하기 위해 필요한 계측장비가 디지털 멀티미터와 오실로스코프 등이다. 이와 같이 실험의 전반적인 진행을 위해 브레드 보드, 직류전원 공급장치, 신호발생기, 디지털 멀티미터, 오실로스코프 등의 실험장비가 필요하며, 이들 실험장비들은 전력전자실험을 비롯해서 전자회로실험, 디지털회로실험 등에 공통적으로 필요하다.

2.1 아날로그 오실로스코프

오실로스코프(oscilloscope)는 시간에 따라 주기적으로 변하는 전압파형을 측정할 수 있는 계측장비로써 오실로스코프를 쉽게 생각하면 화상기능을 가진 전압측정기로 생각할 수 있다. 디지털 멀티미터를 이용하여 전압을 측정하면 직류전압인 경우는 평균값의 수치로 단순히 표시되고, 교류전압인 경우는 실효값의 수치로 단순히 표시되므로 디지털 멀티미터에서 측정한 전압이 동일하다고 해도 전압파형은 전혀 다를 수 있다. 따라서 오실로스코프를 이용하여 전압파형을 직접 측정하는 것이 매우 중요하며, 오실로스코프는 전기전자회로 등을 실험할 때 매우 필수적인 계측장비이다.

오실로스코프는 크게 나누어 아날로그 타입과 디지털 타입이 있다. 우선 아날로그 타입의 오실로스코프를 예를 들어 설명하고자 한다. 오실로스코프 역시 제조회사와 모델에 따라 기능과 모양이 약간 다를 수 있으나 기본적인 기능 및 사용법은 거의 비슷하다. 따라서 제조회사와 모델에 무관하게 오실로스코프 사용법을 익힐 수 있도록 하는 관점에서 오실로스코프 사용법을 알아본다.

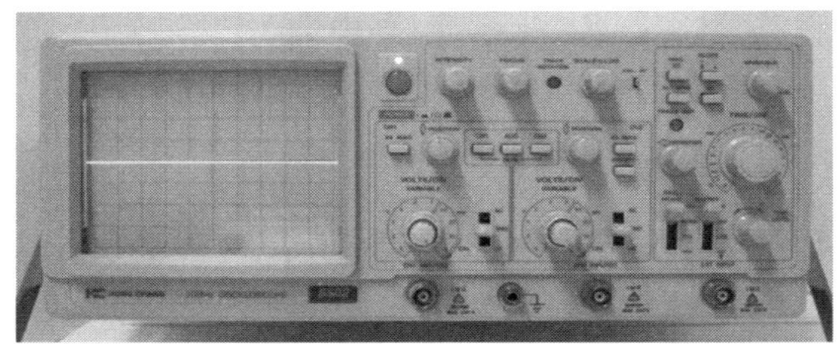

그림 2-1 아날로그 오실로스코프

오실로스코프는 전압파형을 측정하는 장비이다. 따라서 전압파형을 정확히 측정할 수 있도록 오실로스코프를 적절히 조정하고, 올바르게 사용하지 않으면 측정 데이터에 오류가 발생한다. 오실로스코프의 정확한 사용을 위해 화면 조정, 전압파형 위치 조정, 입력결합(input coupling), 교정(calibration), 전압 눈금계수 조정(volts/div), 시간 눈금계수 조정(time/div), 동기(trigger) 조정 등에 대하여 설명한다.

2.1.1 화면 조정(Display) : Intensity, Focus, Trace Rotation, Scale Illumination

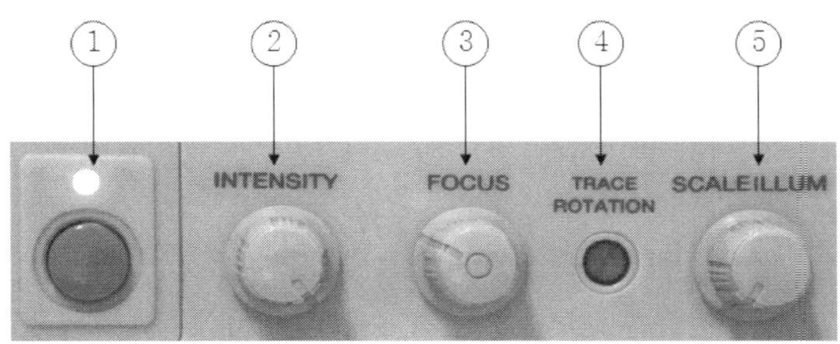

그림 2-2 화면부 조정 손잡이

표 2-1 화면부 조정 손잡이 기능

순번	명 칭	기 능
1	전원 스위치(power)	오실로스코프의 전원을 ON/OFF한다.
2	휘도 조정(intensity)	오실로스코프 화면에 표시되는 파형의 밝기(휘도)를 조정한다.
3	초점 조정(focus)	오실로스코프 화면에 표시되는 파형의 초점을 맞추는 데 사용한다.
4	휘선기울기 조정 (trace rotation)	오실로스코프 화면의 휘선이 기울어진 경우 휘선의 수평편향을 조절하여 휘선이 수평을 유지하도록 조정한다.
5	눈금조명 조정 (scale illumination)	어두운 곳에서 파형을 관측하거나, 관측파형을 사진 촬영하는 경우 오실로스코프 화면의 눈금선이 잘 보이게 하는 조명 역할을 한다.

실습 1. 화면 조정 확인실습

오실로스코프의 전원(power)을 켜고, 오실로스코프 휘선의 밝기(intensity), 초점(focus), 눈금조명(scale illumination), 휘선기울기(trace rotation) 등을 직접 조정해 보고, 오실로스코프 휘선이 최상의 상태가 되도록 조정하여라.

2.1.2 위치 조정(Position) : ⇳ Position, ⇔ Position

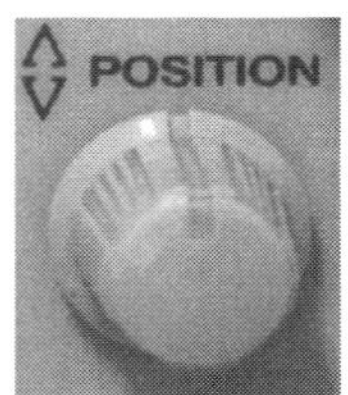

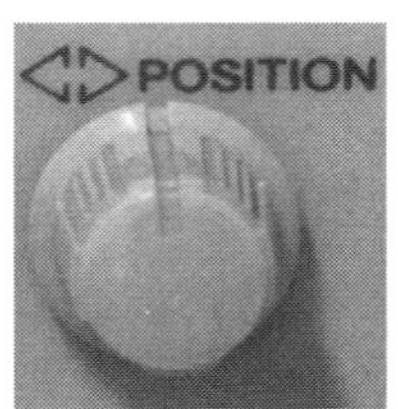

(a) 수직위치 조정 손잡이 (b) 수평위치 조정 손잡이

그림 2-3 위치 조정 손잡이

표 2-2 위치 조정 손잡이 기능

순번	명 칭	기 능
1	수직위치 조정 (vertical position)	오실로스코프 화면상의 휘선을 원하는 위치로 상하 이동할 때 사용하며, 입력 채널이 여럿인 경우 입력 채널별로 각기 수직위치 조정이 가능하다.
2	수평위치 조정 (horizontal position)	오실로스코프 화면상의 휘선을 원하는 위치로 좌우 이동할 때 사용한다.

실습 2. 위치 조정 확인실습

오실로스코프의 수직위치와 수평위치를 임의로 조정해 보고, 오실로스코프의 휘선이 오실로스코프 화면의 정중앙에 위치하도록 조정하여라.

2.1.3 입력결합(Input Coupling) : GND, AC, DC

입력결합은 입력신호와 오실로스코프 화면의 수직축을 연결하는 방법이다. GND를 선택하면 입력 채널의 0 V의 수직위치를 확인할 수 있다. GND 입력결합을 선택한 상태에서 수직위치 조정기능을 이용하면 0 V의 상하위치를 임의 조정할 수 있다. AC 입력결합은 입력신호에서 DC 성분은 제거하고, AC 성분만 관측할 수 있도록 하는 입력결합 방법이며, DC 입력결합은 입력신호의 AC 성분뿐만 아니라 DC 성분도 모두 관측할 수 있도록 하는 입력결합 방법이다.

따라서 입력신호를 신호 그대로 정확하게 측정하는 경우는 DC 입력결합을 선택하고, 입력신호의 AC 성분만을 측정하는 경우는 AC 입력결합을 선택하여야 한다.

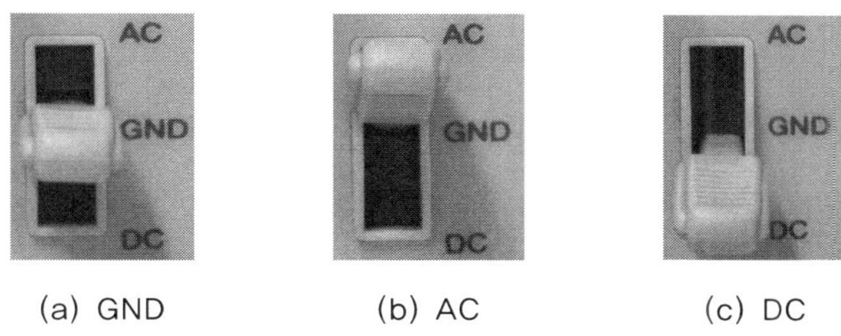

(a) GND (b) AC (c) DC

그림 2-4 입력결합 스위치

표 2-3 입력결합 스위치 기능

순번	명 칭	기 능
1	GND	입력결합 스위치를 GND(ground)로 선택하면 입력 채널의 0 V 위치를 확인할 수 있다.
2	AC	입력신호 중 DC 성분은 차단하고, AC 성분만 측정이 가능한 입력결합이다. 즉, 입력결합 스위치 AC를 선택하면 입력신호의 AC 성분만 측정할 수 있다.
3	DC	입력신호의 DC 성분을 포함하는 모든 성분을 관측할 수 있는 입력결합이다. 즉, 입력결합 스위치 DC를 선택하면 입력신호를 있는 그대로 측정할 수 있다.

2.1.4 교정단자(Calibration) : CAL

오실로스코프는 시간에 따라 주기적으로 변하는 파형의 전압과 주파수 등을 측정하는 데 사용하는 계측장비이다. 따라서 오실로스코프를 이용하여 측정하는 전압과 주파수가 정확한지를 확인하고, 교정할 수 있도록 오실로스코프에는 특정한 전압과 특정한 주파수를 갖는 교정신호를 발생하는 교정단자가 있다. 이 단자를 측정하여 오실로스코프의 정확성을 확인하고, 필요시 오실로스코프가 정확하도록 조정하는 교정(calibration)을 할 수 있다. 교정단자의 전압과 주파수는 오실로스코프에 따라 다를 수 있으므로 사용하는 오실로스코프의 매뉴얼과 교정단자에 표시된 값을 확인하여야 한다. 본 교재에서는 편의상 교정단자의 피크-피크값(peak-to-peak value) 전압이 $V_{p-p} = 0.5$ V이고, 주파수가 $f = 1$ kHz이며, 구형파인 오실로스코프를 가정하도록 한다.

그림 2-5 교정단자

표 2-4 교정단자 기능

순번	명 칭	기 능
1	CAL	오실로스코프 내부에서 특정 전압과 특정 주파수의 신호를 발생하는 단자이다. 오실로스코프의 정확성을 확인하기 위해 필요하다.

실습 3. 교정단자(CAL) 파형관측 및 입력결합기능 확인실습

① 한쪽은 BNC 커넥터, 다른 한쪽은 클립(clip) 또는 훅 팁(hook tip)으로 되어 있는 측정용 프로브(probe)를 이용하여 교정단자를 측정한다. 측정용 프로브의 BNC 커넥터는 오실로스코프 CH1 입력에 연결하고, (+)의 클립 또는 (+)의 훅 팁은 교정단자(CAL)에 연결하여라. 교정단자의 출력 중 접지단자는 내부에서 이미 접지(GND)와 연결되어 있으므로 측정용 프로브의 접지(GND) 클립은 연결하지 않은 상태로 그대로 두어라.

② 입력결합을 GND 스위치를 선택하여 CH1 입력의 0 V 위치를 확인하고, CH1 수직위치 조정 손잡이를 조정하여 0 V 위치가 수직위치의 정중앙에 오도록 조정하여라.

③ 입력결합을 DC 스위치를 선택하여 교정단자의 전압파형을 관찰하여라. 교정단자의 전압파형을 잘 관측하기 위하여 VOLTS/DIV 스위치와 TIME/DIV 스위치를 적절히 조정하여라.

④ 입력결합을 AC 스위치를 선택하여 교정단자의 전압파형을 관찰하여라. 교정단자의 전압파형을 잘 관측하기 위하여 VOLTS/DIV 스위치와 TIME/DIV 스위치를 적절히 조정하여라.

⑤ 위의 실습단계 ③, ④의 교정단자 전압파형의 차이점을 비교하여 AC 입력결합 스위치와 DC 입력결합 스위치의 기능을 확인하여라. 또한 다음 실습을 위하여 실습 3의 종료 후에도 측정용 프로브를 연결한 상태로 두어라.

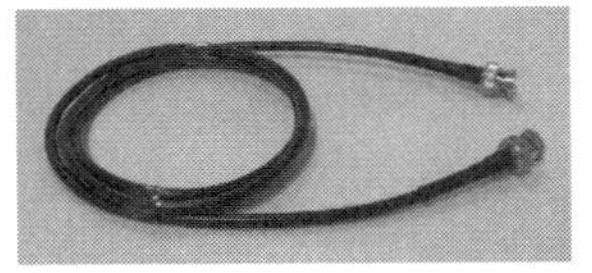

(a) BNC + BNC

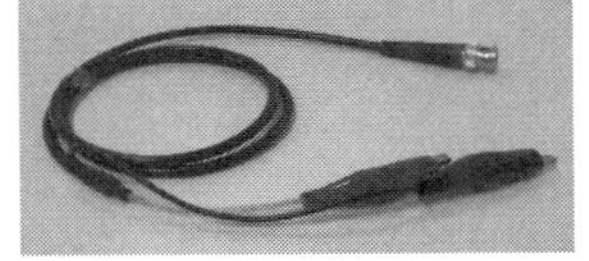

(b) BNC + Clip

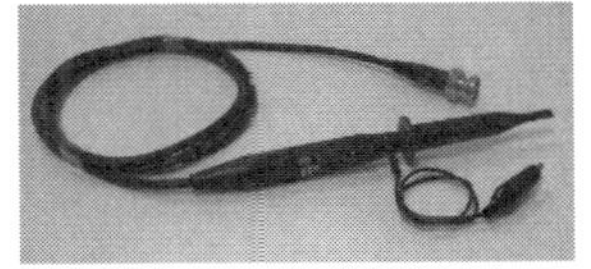

(c) BNC + Hook Tip

그림 2-6 오실로스코프 측정용 프로브

2.1.5 수직축 전압 눈금계수 조정(Vertical Sensitivity) : VOLTS/DIV

VOLTS/DIV 스위치는 오실로스코프 화면상의 수직축의 한 눈금의 전압크기를 조정한다. VOLTS/DIV에서 "/DIV"는 1칸당(per division)이라는 의미이므로 1칸당의 전압(volts)을 나타낸다. 오실로스코프의 종류에 따라 약간의 차이는 있으나 일반적으로 수 mV에서 수 V까지 조정이 가능하다. 예를 들어 10 mV/div로 설정하였다면 화면의 수직 1칸이 10 mV를 나타낸다. 또한 5 V/div로 설정하였다면 수직 1칸이 5 V를 나타낸다. 따라서 오실로스코프를 이용하여 전압파형을 정확히 측정하기 위해서는 가장 적합한 VOLTS/DIV을 설정하여야 한다.

전압 눈금계수를 조정하는 VOLTS/DIV 스위치의 가운데에는 가변 손잡이(variable knob 또는 calibration knob)가 있다. 이는 VOLTS/DIV의 눈금계수를 연속적으로 가변시킬 있는 조정 손잡이이다. 오실로스코프의 교정단자 전압을 측정하여 정확한 전압을 측정할 수 있도록 VOLTS/DIV 가변 손잡이를 조정한 상태에서 고정하여 사용하여야 한다. 측정실험 중에 VOLTS/DIV 가변 손잡이를 임의로 조정하면 오실로스코프 측정결과에 오차가 발생하므로 각별히 주의하여야 한다.

오실로스코프를 이용하여 전압을 측정할 때 정확한 측정 데이터를 얻지 못하는 가장 큰 이유가 VOLTS/DIV 가변 손잡이를 이용하여 교정단자의 전압이 정확히 측정되도록 교정을 하지 않는 경우와 VOLTS/DIV 가변 손잡이가 임의의 위치에 있는 상태에서 전압을 측정하는 경우이다. VOLTS/DIV 가변 손잡이가 임의의 위치에 있는 상태에서 전압을 측정하면 모든 측정전압이 틀린 전압이 되므로 특히 주의하여야 한다.

그림 2-7 전압 눈금계수 조정 스위치

표 2-5 전압 눈금계수 조정 스위치 기능

순번	명 칭	기 능
1	VOLTS/DIV	오실로스코프 화면 수직축 한 눈금의 전압크기를 단계적으로 조정한다. 5 V/div을 설정한 경우 한 눈금이 5 V를 나타낸다.
2	variable VOLTS/DIV	오실로스코프 화면 수직축 한 눈금의 전압크기를 연속적으로 조정한다. 정확한 전압을 측정할 수 있도록 교정하기 위해 일반적으로 사용한다.

실습 4. 전압 눈금계수 조정(VOLTS/DIV)기능 확인실습

앞에서 설명한 바와 같이 편의상 교정단자(CAL)의 전압파형은 피크-피크값 전압이 $V_{p\text{-}p} = 0.5$ V이고, 주파수가 $f = 1$ kHz이며, 파형의 모양은 구형파인 것으로 가정하였다.

① 측정용 프로브의 BNC 커넥터는 오실로스코프 CH1 입력에 연결하고, (+)의 클립 또는 (+)의 훅 팁은 교정단자(CAL)에 연결하고, 입력결합은 DC 스위치를 선택하여라.

② VOLTS/DIV을 0.5 V/div을 선택하여 교정단자의 피크-피크값 전압 $V_{p\text{-}p}$를 측정하여라. 측정한 전압이 교정단자의 피크-피크값 전압과 일치하는지 확인하고, 일치하지 않는 경우 variable VOLTS/DIV 손잡이를 이용하여 일치하도록 조정하여라.

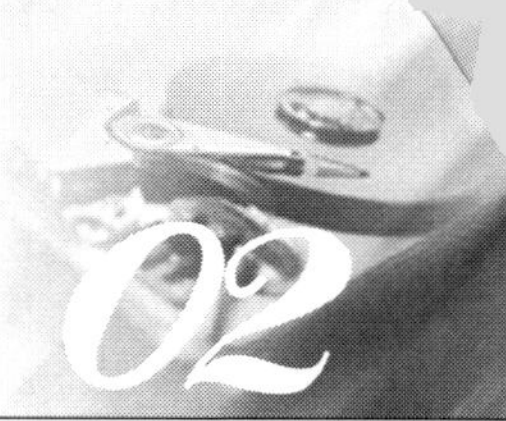

③ VOLTS/DIV을 0.2 V/div을 선택하여 교정단자의 피크-피크값 전압 V_{p-p}를 측정하여라. 측정한 전압이 교정단자의 피크-피크값 전압과 일치하는지 확인하고, 일치하지 않는 경우 variable VOLTS/DIV 손잡이를 이용하여 일치하도록 조정하여라.

④ VOLTS/DIV을 0.5 V/div으로 설정한 경우와 0.2 V/div으로 설정한 경우의 전압파형의 차이점을 비교하여 VOLTS/DIV의 기능을 확인하여라. 또한 2가지의 설정 중 어느 쪽이 더욱 적합한 VOLTS/DIV 설정인지 설명하여라.

⑤ VOLTS/DIV을 다양하게 변화시키면서 교정단자의 전압파형이 변화되는 것을 관찰하고, 측정하기에 가장 적합한 VOLTS/DIV을 설정하여라. 이 경우에도 역시 측정한 전압이 교정단자의 피크-피크값 전압과 일치하는지 확인하고, 일치하지 않는 경우 variable VOLTS/DIV 손잡이를 이용하여 일치하도록 조정하여라.

⑥ 오실로스코프 각 입력 채널이 정확한 전압을 측정할 수 있도록 교정하기 위해 위의 실험단계 ⑤를 모든 입력 채널에 대하여 수행하여라. 예를 들어 2채널 오실로스코프인 경우 CH2에 대하여도 수행하여라.

2.1.6 수평축 시간 눈금계수 조정(Sweep Speed) : TIME/DIV

TIME/DIV은 오실로스코프 화면상의 수평축, 즉 시간축의 한 눈금의 시간간격을 조정한다. 수직축의 VOLTS/DIV 스위치와 마찬가지로 시간축의 눈금계수는 조정이 가능하며, 한 눈금당 시간간격은 TIME/DIV 스위치를 이용하여 조정할 수 있다. 오실로스코프의 종류에 따라 차이는 있으나 일반적으로 사용하는 오실로스코프의 경우 1칸당 0.1～0.2 μs에서 0.1～0.2 s 정도까지 조정이 가능하다.

예를 들어 1 μs/div로 설정하였다면 화면의 수평 1칸이 1 μs를 나타낸다. 또한 5 ms/div로 설정하였다면 수평 1칸이 5 ms를 나타낸다. 따라서 오실로스코프를 이용하여 주기와 주파수를 정확히 측정하기 위해서는 가장 적합한 TIME/DIV을 설정하여야 한다. 시간축 눈금계수를 조정하는 TIME/DIV 스위치에 대한 가변 손잡이(variable knob 또는 calibration knob)가 있다. 이는 TIME/DIV의 눈금계수를 연속적으로 가변시킬 수 있는 조정 손잡이이다.

오실로스코프의 교정단자의 주파수를 측정하여 정확한 주파수를 측정할 수 있도록 TIME/DIV 가변 손잡이를 조정한 상태에서 고정하여 사용하여야 한다. 측정실험 중에 TIME/DIV 가변 손잡이를 임의로 조정하면 오실로스코프 측정결과에 오차가 발생하므로 각별히 주의하여야 한다. 오실로스코프를 이용하여 측정하는 경우 교정을 하지 않거나, VOLTS/DIV이나 TIME/DIV의 가변 손잡이를 임의의 위치에 놓고 측정하여 측정결과에 오차가 발생하는 일은 오실로스코프 이용시 피해야 할 가장 커다란 실수이다. 이런 실수가 발생하지 않도록 항상 주의하여야 한다.

그림 2-8 시간 눈금계수 조정 스위치

표 2-6 시간 눈금계수 조정 스위치 기능

순번	명 칭	기 능
1	TIME/DIV	오실로스코프 화면 수평축 한 눈금의 시간간격을 단계적으로 조정한다. 5 ms/div을 설정한 경우 한 눈금이 5 ms를 나타낸다.
2	variable TIME/DIV	오실로스코프 화면 수평축 한 눈금의 시간간격을 연속적으로 조정한다. 정확한 시간을 측정할 수 있도록 교정하기 위해 일반적으로 사용한다.

실습 5. 시간 눈금계수 조정(TIME/DIV)기능 확인실습

앞에서 설명한 바와 같이 본 교재에서는 편의상 교정단자의 피크-피크값 전압이 $V_{p\text{-}p} = 0.5$ V이고, 주파수가 $f = 1$ kHz이며, 구형파인 것으로 가정하였다.

① 측정용 프로브의 BNC 커넥터는 오실로스코프 CH1 입력에 연결하고,

(+)의 클립 또는 (+)의 훅 팁은 교정단자(CAL)에 연결하고, 입력결합은 DC 스위치를 선택하여라.

② TIME/DIV을 1 ms/div을 선택하여 교정단자 구형파 신호의 주기 T를 측정하여라. 측정한 주기가 교정단자 발생신호의 정해진 주기와 일치하는지 확인하고, 일치하지 않는 경우 variable TIME/DIV 손잡이를 이용하여 일치하도록 조정하여라.

③ TIME/DIV을 0.2 ms/div을 선택하여 교정단자 구형파 신호의 주기 T를 측정하여라. 측정한 주기가 교정단자 발생신호의 정해진 주기와 일치하는지 확인하고, 일치하지 않는 경우 variable TIME/DIV 손잡이를 이용하여 일치하도록 조정하여라.

④ TIME/DIV을 0.2 ms/div으로 설정한 경우와 1 ms/div으로 설정한 경우의 파형의 차이점을 비교하여 TIME/DIV의 기능을 확인하여라. 또한 2가지의 설정 중 어느 쪽이 더욱 적합한 TIME/DIV 설정인지 설명하여라.

⑤ TIME/DIV을 다양하게 변화시키면서 교정단자의 전압파형이 변화되는 것을 관찰하고, 측정하기에 가장 적합한 TIME/DIV을 설정하여라. 이 경우에도 역시 측정한 주기 및 주파수가 교정단자에서 출력되는 신호의 정해진 주기 및 주파수와 일치하는지 확인하고, 일치하지 않는 경우 variable TIME/DIV 손잡이를 이용하여 일치하도록 조정하여라.

2.1.7 동기 조정(Trigger) : Trigger Source, Trigger Mode, Trigger Level

시간에 따라 계속적으로 변화하는 전압파형을 오실로스코프 화면에서 정지되어 있는 안정된 화면으로 나타내는 것은 오실로스코프 기능에 있어 매우 중요하다. 이를 위해서는 각 신호의 그래프를 파형의 동일한 지점에서 시작하여 화면에 나타내도록 하는 것이 필요하며, 이를 동기(trigger)라 한다. 동기를 위해서는 동기신호원(trigger source), 동기 모드(trigger mode), 동기 레벨(trigger level) 등이 필요하다.

(1) 동기신호원(Trigger Source)

동기신호원은 동기신호를 어디서 공급하느냐에 따라 CH1, CH2, LINE, EXT 등과 같이 분류된다. 일반적인 오실로스코프 사용시 CH1을 선택하는 것이 가장 일반적이며, CH1은 INT로 표시되기도 한다. 따라서 일반적인 경우 실험 시작시 오실로스코프의 동기신호원이 CH1 또는 INT로 설정되어 있는지 확인하여야 한다. 그러나 표 2-7과 같이 CH2, LINE, EXT에서 동기신호를 받는 경우도 있으므로 필요시 해당되는 동기신호원을 선택하여야 한다.

표 2-7 동기신호원 기능

순번	명 칭	기 능
1	CH1(또는 INT)	CH1에서 공급되는 신호를 동기신호로 이용하고자 하는 경우 선택한다. 가장 일반적으로 사용하는 동기신호원이다.
2	CH2	CH2에서 공급되는 신호를 동기신호로 이용하고자 하는 경우 선택한다.
3	LINE	오실로스코프 입력전원에 동기시키고자 하는 경우 사용한다.
4	EXT	외부에서 별도로 제공하는 신호를 동기신호로 사용하고자 하는 경우 사용한다.

(2) 동기 모드(Trigger Mode)

동기 모드는 AUTO, NORM, TV, Single Sweep 등의 모드가 있으며, 일반적으로 AUTO와 NORM을 가장 많이 사용한다. 일반적인 오실로스코프 사용시 동기 모드를 AUTO로 선택하는 것이 가장 일반적이므로 실험 시작시 동기 모드가 AUTO로 설정되어 있는지 확인한다.

(3) 동기 레벨(Trigger Level)

동기기울기(slope)는 신호의 상승부와 하강부 중 어느 것을 동기점으로 할지를 결정하고, 동기 레벨은 결정한 기울기상에서 특정한 어느 점을 동기점으로 할지를 결정한다. 따라서 동기 레벨은 동기점(trigger point)을 결정하는 역할을 한다. 오실로스코프를 이용하여 관측한 화면이 정지된 안정한 화면으로 나타나지 않는 경우 동기 레벨을 조정하면 정지된 안정한 파형을 측정할 수 있다.

2.2 신호발생기

신호발생기(signal generator)는 정현파, 삼각파, 구형파 등의 신호원(signal source)을 전력전자회로 등에 입력신호로 인가하고자 하는 경우에 사용하는 장비이다. 신호발생기는 신호원의 파형의 모양, 전압의 크기, 주파수 등을 조정하여 원하는 입력신호를 발생하도록 할 수 있으며, 이와 같은 신호발생기를 함수발생기(function generator)라고도 부른다. 신호발생기의 사용법을 설명하기 위해 그림 2-9와 같은 임의 모델의 신호발생기를 한 예로 설명하기로 한다.

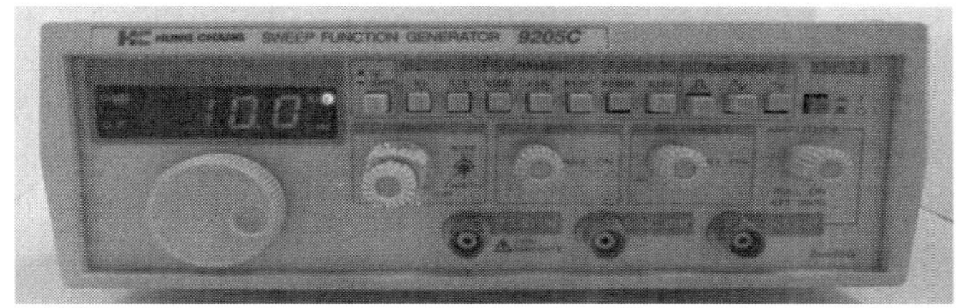

그림 2-9 신호발생기

2.2.1 신호발생기의 파형 조정

신호발생기(signal generator)는 신호원의 파형으로 정현파(sinusoidal wave), 삼각파(triangular wave), 구형파(square wave) 등을 선택할 수 있다. 신호발생기는 일반적으로 위의 3가지 파형을 선택할 수 있는 기능(function)버튼을 가지고 있으며, 실험에 필요한 입력신호의 파형에 해당하는 기능버튼을 선택하면 된다.

(a) 선택버튼

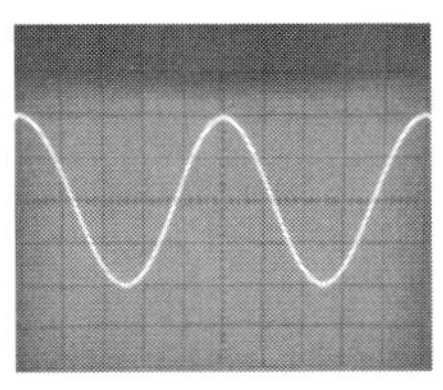

(b) 정현파

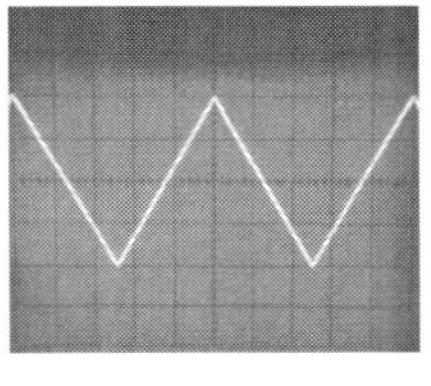

(c) 삼각파

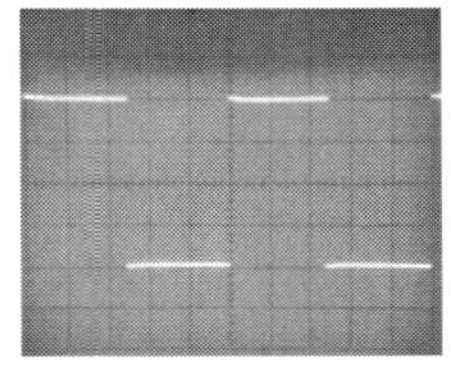

(d) 구형파

그림 2-10 신호발생기 파형 조정

실습 6. 신호발생기 파형 조정기능 확인실습

신호발생기의 파형 조정기능을 확인하기 위하여 신호발생기 출력단자와 오실로스코프 입력단자를 연결하여야 한다.

① 신호발생기 출력(output)과 오실로스코프 입력(CH1)을 BNC 케이블을 이용하여 연결하여라. 신호발생기의 출력파형을 정확히 측정할 수 있도록 오실로스코프를 정확히 조정하여라.

② 신호발생기 출력파형이 정현파가 되도록 기능(function)버튼을 선택하고, 오실로스코프에 정현파가 나타나는지 확인하여라.

③ 신호발생기 출력파형이 삼각파와 구형파가 되도록 차례로 기능버튼을 선택하고, 오실로스코프에 이들 파형이 나타나는지 확인하여라.

2.2.2 신호발생기의 전압크기 조정

신호발생기의 출력전압의 크기는 전압크기(amplitude)를 조정할 수 있는 손잡이(knob)를 이용하여 조정할 수 있다. 일반적으로 이 손잡이 상단에는 amplitude라고 표기되어 있다. 신호발생기 출력전압의 조정손잡이를 좌우로 돌려 출력전압의 크기를 조정할 수 있다.

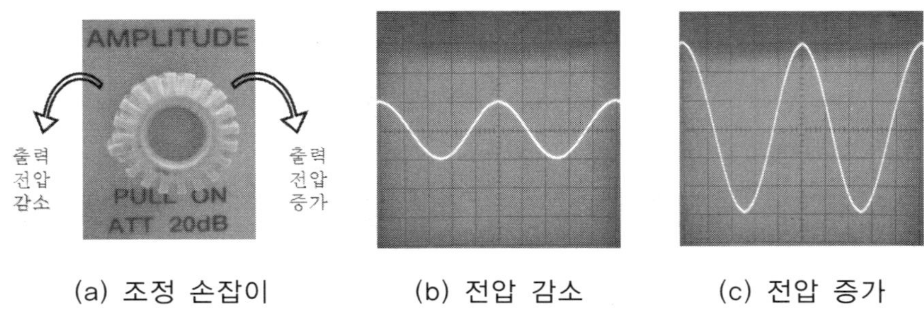

(a) 조정 손잡이 (b) 전압 감소 (c) 전압 증가

그림 2-11 신호발생기 전압크기 조정

실습 7. 신호발생기 전압크기 조정기능 확인실습

① 신호발생기 출력(output)과 오실로스코프 입력(CH1)을 BNC 케이블을 이용하여 연결하여라. 신호발생기의 출력파형을 정확히 측정할 수 있도록 오실로스코프를 정확히 조정하여라.

② 신호발생기 출력파형이 정현파가 되도록 기능버튼을 선택하여라.

③ 신호발생기 출력파형의 전압크기를 변경하기 위하여 전압크기 조정 손잡이(amplitude knob)를 좌우로 조정하여라. 신호발생기 전압크기가 증가 또는 감소하는 것을 확인하여라.

④ 신호발생기 출력파형의 피크-피크값 전압($V_{p\text{-}p}$)이 6 V가 되도록 전압크기를 조정하여라. 피크-피크값 전압($V_{p\text{-}p}$)이 6 V인 신호발생기 전압파형을 측정하기에 가장 적합한 오실로스코프의 VOLTS/DIV을 설정하여라.

2.2.3 신호발생기의 주파수 조정

신호발생기의 주파수는 주파수 범위를 단계적으로 선택할 수 있는 버튼(frequency range)과 선택된 주파수 범위 내에서 주파수를 연속적으로 조정할 수 있는 조정 손잡이(frequency dial)를 이용하여 조정할 수 있다. 설정하고자 하는 주파수에 적합한 주파수 범위를 우선 주파수 선택버튼(frequency range)을 이용하여 선택하고, 정확한 주파수는 미세 조정 손잡이(frequency dial)를 이용하여 조정한다.

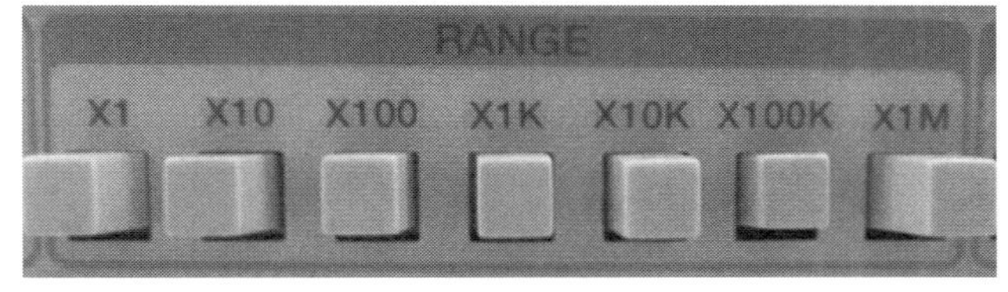

(a) 주파수 범위 선택버튼

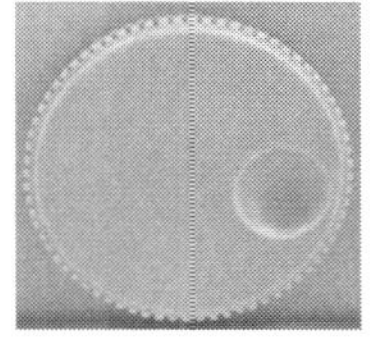

(b) 미세 조정 손잡이

그림 2-12 신호발생기 주파수 조정

실습 8. 신호발생기 주파수 조정기능 확인실습

① 신호발생기 출력(output)과 오실로스코프 입력(CH1)을 BNC 케이블을 이용하여 연결하여라. 신호발생기의 출력파형을 정확히 측정할 수 있도록 오실로스코프를 정확히 조정하여라.

② 신호발생기 출력파형이 구형파가 되도록 기능버튼을 선택하여라.

③ 신호발생기 출력파형의 피크-피크값 전압(V_{p-p})이 5 V가 되도록 전압크기를 조정하여라. 피크-피크값 전압(V_{p-p})이 5 V인 신호발생기 전압파형을 측정하기에 가장 적합한 오실로스코프의 VOLTS/DIV을 설정하여라.

④ 신호발생기 출력파형의 주파수 범위를 단계적으로 선택할 수 있는 버튼(frequency range)을 눌러 주파수가 10배씩 증가 또는 감소하는 것을 확인하여라. 주파수 증가 또는 감소에 따라 파형을 측정하기에 적합하도록 오실로스코프의 TIME/DIV을 조정하여라.

⑤ 신호발생기 출력파형의 주파수가 1 kHz가 되도록 주파수 범위를 단계적으로 선택할 수 있는 버튼(frequency range)과 선택된 주파수 범위 내에서 주파수를 연속적으로 조정할 수 있는 미세 조정 손잡이(frequency dial)를 이용하여 조정하여라.

실습 9. 신호발생기와 오실로스코프 사용법 종합실습

① 오실로스코프의 교정단자를 이용하여 오실로스코프가 전압과 주파수를 정확히 측정할 수 있도록 교정하여라.

② 신호발생기와 오실로스코프를 이용하여 신호발생기의 정현파 출력의 최대값(V_m)이 3 V이고, 주파수가 500Hz가 되도록 정확히 조정하고, 파형은 표 2-8에 기록하여라. 오실로스코프는 가장 적합한 VOLTS/DIV과 TIME/DIV을 설정하고, 설정한 VOLTS/DIV과 TIME/DIV 역시 표 2-8에 기록하여라.

③ 신호발생기와 오실로스코프를 이용하여 신호발생기의 구형파 출력의 최

대값(V_m)이 6 V이고, 주파수가 20 kHz가 되도록 정확히 조정하고, 파형은 표 2-9에 기록하여라. 오실로스코프는 가장 적합한 VOLTS/DIV과 TIME/DIV을 설정하고, 설정한 VOLTS/DIV과 TIME/DIV 역시 표 2-9에 기록하여라.

표 2-8 V_m=3V, f=500Hz인 정현파 실습파형 (실험단계 ②)

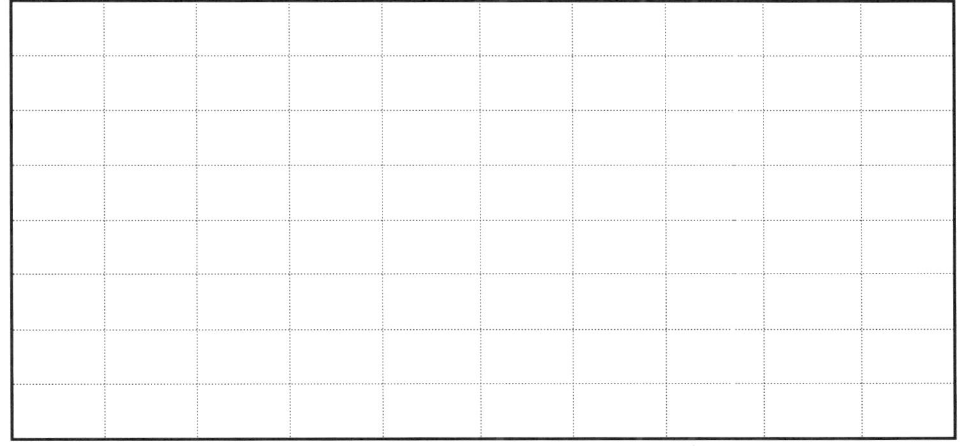

● 전압 스케일 : [ ] /div ● 시간 스케일 : [ ]/div

표 2-9 V_m=6V, f=20kHz인 구형파 실습파형 (실험단계 ③)

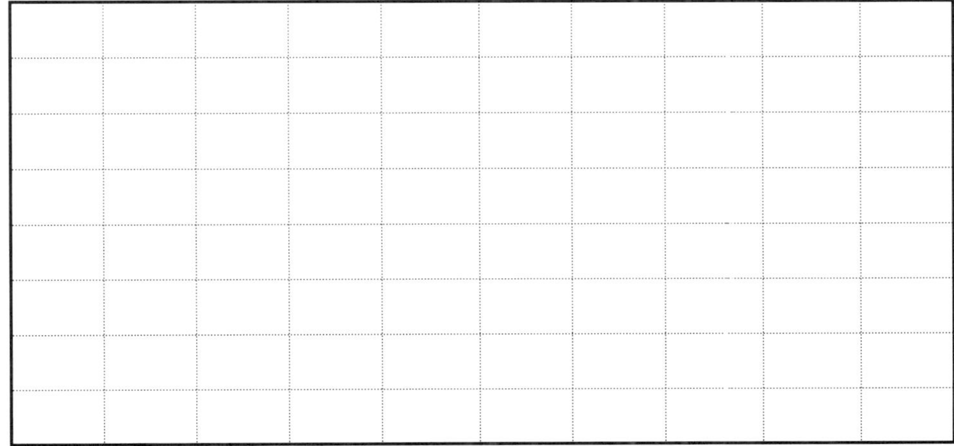

● 전압 스케일 : [ ] /div ● 시간 스케일 : [ ]/div

2.3 디지털 오실로스코프

오실로스코프의 원리를 이해하고 사용법을 실습하기 위해 2.1 아날로그 오실로스코프에서 아날로그 타입의 오실로스코프에 대하여 자세히 살펴보았다. 그러나 실제 사용하는 오실로스코프는 아날로그 타입의 오실로스코프뿐만 아니라 디지털 타입의 오실로스코프도 많이 사용하고 있다. 따라서 디지털 오실로스코프의 사용법을 간단히 소개하기 위하여 임의 모델의 디지털 오실로스코프를 한 예로 들어 디지털 오실로스코프 사용법을 실습을 통해 소개한다.

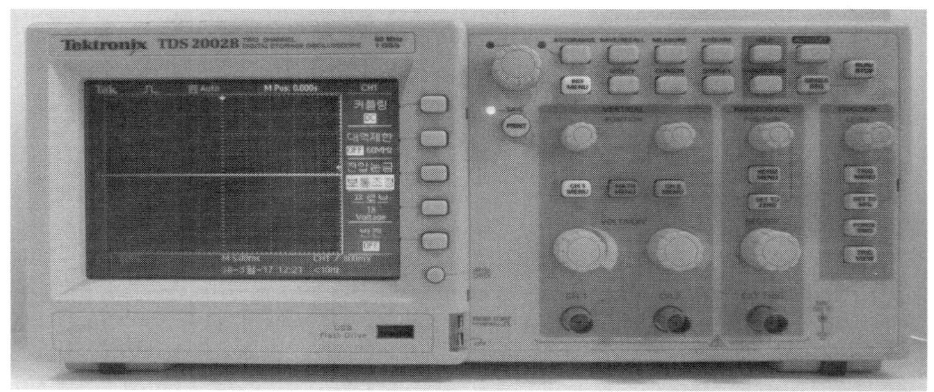

그림 2-13 디지털 오실로스코프

실습 10 디지털 오실로스코프의 사용법 실습

① 오실로스코프 전원을 켜라.

② 오실로스코프 프로브를 CH1에 연결하고, 프로브 팁과 기준 리드선(GND단자)을 오실로스코프의 PROBE COMP 터미널에 연결하여라.

③ PROBE CHECK 버튼을 눌러 CH1에서 PROBE 검사를 실시하여라. 디스플레이 화면 하단에 아래와 같이 검사 결과가 정상적으로 나오는지 확인하여라. 전용 프로브를 사용하지 않는 경우 프로브 감쇠 계수 설정을 1X로 변경하도록 안내가 나올 수 있다. 이 경우 프로브 감쇠 계수를 1X로 변경하여라.

CH1에서 프로브 검사 합격

④ AUTOSET 버튼을 눌러 첨두값(V_{p-p}), 평균값(V_{dc}), 주기(T), 주파수(f)를 측정하여 표 2-10에 기록하여라. 측정결과가 구형파, 5V, 1kHz의 표준 신호와 일치하는지 확인하여라. 측정시 CH1 MENU 버튼을 이용하여 입력 coupling이 DC인지 반드시 확인하여라.

⑤ CH1 MENU 버튼을 두 번 눌러 CH1을 제거하고, CH2 MENU 버튼을 한 번 눌러 CH2를 선택하여라.
프로브 팁과 기준 리드선(GND단자)은 오실로스코프의 PROBE COMP 터미널에 그대로 연결된 상태에서 오실로스코프 프로브를 CH2로 연결하고, PROBE CHECK 버튼을 다시 눌러 CH2에서 PROBE 검사를 실시하여라. 디스플레이 화면 하단에 아래와 같이 검사 결과가 정상적으로 나오는지 확인하여라. 전용 프로브를 사용하지 않는 경우 프로브 감쇠계수 설정을 1X로 변경하도록 안내가 나올 수 있다. 이 경우 프로브 감쇠 계수를 1X로 변경하여라.

CH2에서 프로브 검사 합격

⑥ AUTOSET 버튼을 눌러 첨두값(V_{p-p}), 평균값(V_{dc}), 주기(T), 주파수(f)를 측정하여 표 12-10에 기록하여라. 측정결과가 구형파, 5V, 1kHz의 표준 신호와 일치하는지 확인하여라. 측정시 CH2 MENU 버튼을 이용하여 입력 coupling이 DC인지 반드시 확인하여라.

실습 11 디지털 오실로스코프와 신호발생기 사용법 종합실습

⑦ 신호발생기 출력과 오실로스코프 입력(CH1)을 서로 연결하여라.

⑧ 신호발생기 출력이 다음의 파형이 되도록 신호발생기를 적절히 조정하여라.

ⓘ 파형(wave) : 정현파(sine wave)

ⓘⓘ 주파수(frequency) : f=2kHz

ⓘⓘⓘ 전압크기(amplitude) : V_{p-p}=2V

⑨ 오실로스코프의 AUTOSET 버튼을 눌러 첨두값(V_{p-p}), 실효값(V_{ac}), 주기(T), 주파수(f)를 측정하여 표 2-10에 기록하고, 파형은 표 2-11에 기록하여라. 표 2-11의 전압 스케일과 시간 스케일은 디지털 오실로스코프 화면에서 확인하여 기록하여라.

⑩ 신호발생기 출력이 다음의 파형이 되도록 신호발생기를 적절히 조정하여라.

ⓘ 파형(wave) : 구형파(square wave)

ⓘⓘ 주파수(frequency) : f=10kHz

ⓘⓘⓘ 전압크기(amplitude) : V_{p-p}=5V

⑪ 오실로스코프의 AUTOSET 버튼을 눌러 첨두값(V_{p-p}), 실효값(V_{ac}), 주기(T), 주파수(f)를 측정하여 표 2-10에 기록하고, 파형은 표 2-12에 기록하여라. 오실로스코프에 실효값(V_{ac})이 표시되었는지 여부를 확인하고, 혹시 평균값(V_{dc})이 표시된 경우는 실효값(V_{ac})이 표시되도록 조정하여라. 표 2-12의 전압 스케일과 시간 스케일은 디지털 오실로스코프 화면에서 확인하여 기록하여라.

⑫ 신호발생기 출력이 다음의 파형이 되도록 신호발생기를 적절히 조정하여라.

ⓘ 파형(wave) : 삼각파(triangular wave)

ⓘⓘ 주파수(frequency) : f=50kHz

ⓘⓘⓘ 전압크기(amplitude) : V_{p-p}=6.5V

⑬ 오실로스코프의 AUTOSET 버튼을 눌러 첨두값(V_{p-p}), 실효값(V_{ac}), 주기(T), 주파수(f)를 측정하여 표 2-10에 기록하고, 파형은 표 2-13에 기록하여라. 표 2-13의 전압 스케일과 시간 스케일은 디지털 오실로스코프 화면에서 확인하여 기록하여라.

표 2-10 전압과 주파수 측정 데이터

실험단계	첨두값(V_{p-p})	평균값(DC)/ 실효값(AC)	주기	주파수	참고사항
④		평균값			
⑥		평균값			
⑨		실효값			
⑪		실효값			
⑬		실효값			

표 2-11 V_{p-p}=2V, f=2kHz인 정현파 실습파형 (실험단계 ⑨)

● 전압 스케일 : [ ] /div ● 시간 스케일 : [ ]/div

표 2-12 V_{p-p}=5V, f=10kHz인 구형파 실습파형 (실험단계 ⑪)

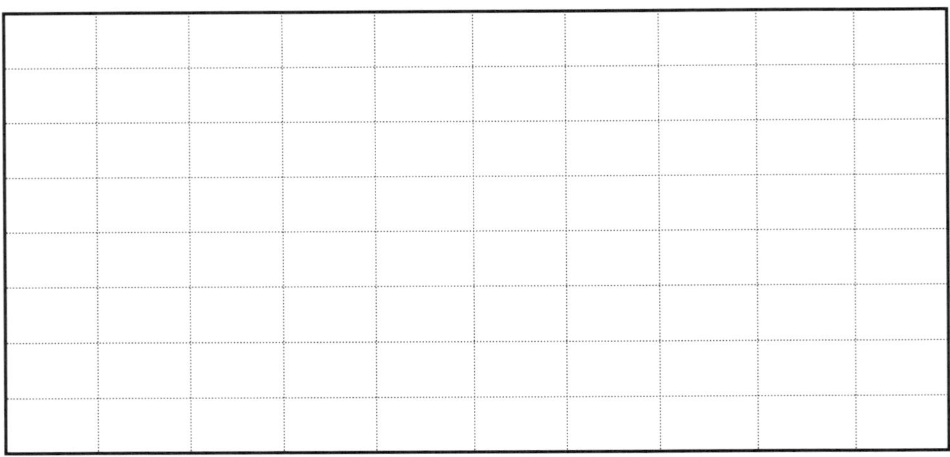

● 전압 스케일 : [ ] /div ● 시간 스케일 : [ ]/div

표 2-13 V_{p-p}=6.5V, f=50kHz인 삼각파 실습파형 (실험단계 ⑬)

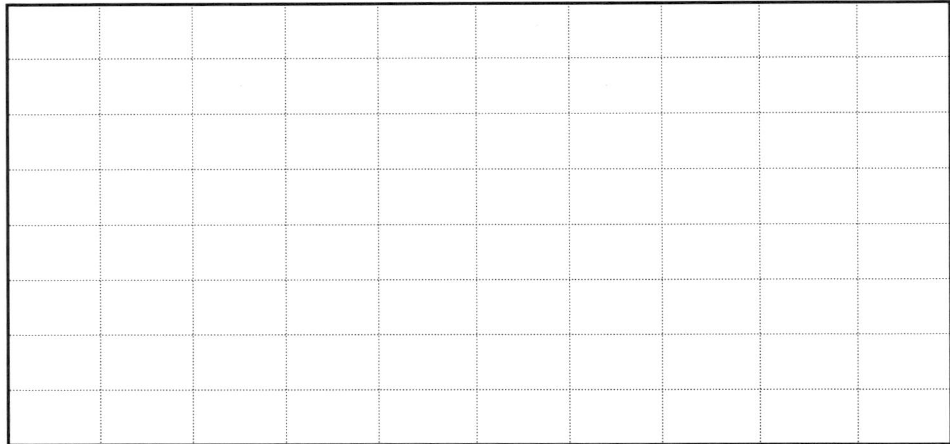

● 전압 스케일 : [ ] /div ● 시간 스케일 : [ ]/div

실습 12 최대값(V_m)과 실효값(V_{rms})의 관계에 대한 실험 데이터 분석

⑭ 첨두값($V_{p\text{-}p}$)과 최대값(V_m)의 관계는 $V_{p-p}=2V_m$이다. 실습 11의 실험단계 ⑨, ⑪, ⑬에서 측정한 정현파, 구형파, 삼각파의 첨두값을 이용해 최대값을 계산하여 표 2-14에 기록하여라.

⑮ 실습 11의 실험단계 ⑨, ⑪, ⑬에서 측정한 정현파, 구형파, 삼각파의 실효값을 그대로 표 2-14에 기록하여라.

⑯ 정현파의 최대값(V_m)/실효값(V_{rms})의 비를 계산하여 표 2-14에 기록하여라. 또한 정현파의 최대값(V_m)/실효값(V_{rms})의 실험값이 이론값인 $\sqrt{2}$와 일치하는지를 비교하여 표 2-14에 기록하여라.

⑰ 구형파의 최대값(V_m)/실효값(V_{rms})의 비를 계산하여 표 2-14에 기록하여라. 또한 구형파의 최대값(V_m)/실효값(V_{rms})의 실험값을 이용하여 구형파의 최대값(V_m)/실효값(V_{rms})의 이론값을 추정하여 표 2-14에 기록하여라.

⑱ 삼각파의 최대값(V_m)/실효값(V_{rms})의 비를 계산하여 표 2-14에 기록하여라. 또한 삼각파의 최대값(V_m)/실효값(V_{rms})의 실험값을 이용하여 삼각파의 최대값(V_m)/실효값(V_{rms})의 이론값을 추정하여 표 2-14에 기록하여라. 이론값은 $\sqrt{\ }$로 표시되는 값임을 참고하여라.

표 2-14 최대값/실효값의 실험 데이터 분석

실험단계	최대값(V_m)	실효값(V_{rms})	최대값(V_m)/실효값(V_{rms})		실험값과 이론값의 일치여부
			실험값	이론값	
⑭, ⑮, ⑯				$\sqrt{2}$	
⑭, ⑮, ⑰					-
⑭, ⑮, ⑱					-

NOTE

3. 직류전압 · 교류전압 측정 실험

3.1 실험목적

▣ 직류전압(DC)과 교류전압(AC)의 정의식을 이해한다.

▣ 디지털 멀티미터를 이용한 측정전압과 오실로스코프를 이용한 측정전압의 비교를 통해 직류전압과 교류전압을 이해한다.

3.2 실험이론

3.2.1 직류전압(DC)

전원 또는 신호원에는 직류(direct current : DC)와 교류(alternating current : AC)의 2가지가 있다. 직류와 교류에 대한 정의를 정확히 이해하는 것은 전력전자관련 공부를 하는데 있어 매우 중요하다. 직류와 교류 중 직류에 대해 먼저 살펴보기로 한다.

$$V_{dc} = \frac{1}{T}\int_{0}^{T} v(t)dt \tag{3.1}$$

직류전압은 식 (3.1)과 같이 평균값(average value)으로 정의된다. 식 (3.1)은 전압 v(t)의 직류전압의 크기를 구하기 위해서는 전압 v(t)를 1주기 T에 대해 정적분하고, 이를 주기 T로 나누어야 한다는 것이다. 정적분은 함수 v(t)가 적분구간에 대해 둘러

싸인 면적이 되므로 이를 주기 T로 나누어 주면 평균적인 전압의 크기를 구할 수 있다. 즉 전압의 순시값(instantaneous value)이 변하는 전압 v(t)의 직류전압은 1주기 동안의 전압의 평균값으로 정의된다는 의미이다.

평균값으로 정의되는 직류전압을 보다 쉽고 정확하게 이해하기 위한 첫 번째 예로 그림 3-1과 같은 구형파 전압 v(t)의 직류전압을 구한다.

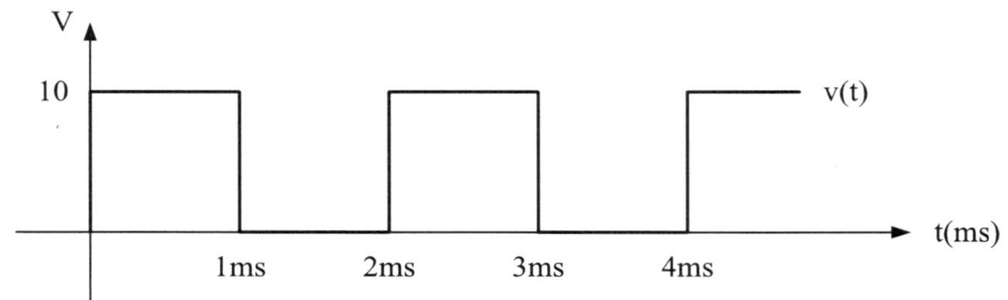

그림 3-1 구형파 전압 v(t)의 직류전압

식 (3.1)은 직류전압에 대한 정의식이므로 모든 전압파형의 직류전압은 식 (3.1)을 이용하여 구할 수 있다. 그림 3-1에서 주어진 주기 T와 전압 v(t)를 식 (3.1)에 대입하여 직류전압을 구하면 식 (3.2)와 같다.

$$\begin{aligned} V_{dc} &= \frac{1}{T}\int_0^T v(t)dt \\ &= \frac{1}{2\times 10^{-3}}\int_0^{0.001} 10\,dt \\ &= \frac{10\times 0.001}{0.002} \\ &= 5\mathrm{V} \end{aligned} \tag{3.2}$$

식 (3.2)의 결과를 통해 그림 3-1 구형파 전압의 직류전압이 5 V임을 알 수 있다. 평균값으로 정의되는 직류전압이 식 (3.1)과 같이 정적분을 이용하여 정의된 것은 1주기의 적분구간에 대해 전압 v(t)의 면적을 일반적으로 구하기 위함이다. 따라서 그림 3-1과 같은 구형파의 경우는 직류전압의 정의식의 의미를 정확하게 이해했다면 굳이 정적분을 하지 않고서도 식 (3.3)과 같이 1주기의 면적을 쉽게 구할 수 있

다. 그림 3-1의 구형파 전압의 1주기에 대한 전압 v(t)의 면적은 S=10V×1ms이고 주기는 T=2 ms임을 쉽게 구할 수 있기 때문이다.

$$\begin{aligned} V_{dc} &= \frac{S}{T} \\ &= \frac{10V \times 1ms}{2ms} \\ &= 5V \end{aligned} \tag{3.3}$$

직류전압을 이해하기 위한 두 번째 예로 그림 3-2와 같은 삼각파 전압 v(t)의 직류전압을 구한다.

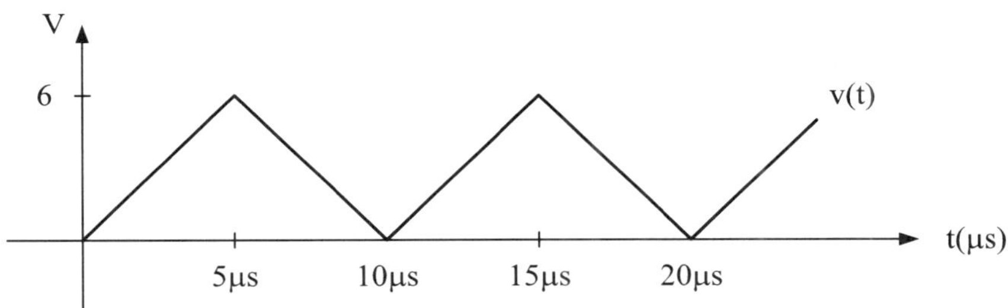

그림 3-2 삼각파 전압 v(t)의 직류전압

그림 3-2 삼각파 전압 v(t)의 직류전압 역시 식 (3.1)의 정의식을 이용하여 구할 수 있다. 그러나 그림 3-2의 삼각파 전압은 식 (3.1)의 정의식을 이용하지 않고서도 삼각파 전압 v(t)의 1주기에 대한 면적을 쉽게 구할 수 있으므로 식 (3.4)와 같이 면적 S와 주기 T를 이용하여 직류전압을 구할 수 있다. 이와 같이 정적분을 하지 않고서도 전압 v(t)의 1주기의 면적 S를 구할 수 있으면 식 (3.1)의 정의식을 이용하지 않고 1주기 면적 S를 이용하여 직류전압의 평균값을 쉽게 구할 수 있다.

$$\begin{aligned} V_{dc} &= \frac{S}{T} \\ &= \frac{0.5 \times 6V \times 10\mu s}{10\mu s} \\ &= 3V \end{aligned} \tag{3.4}$$

직류전압을 이해하기 위한 세 번째 예로 그림 3-3과 같은 반주기 정현파 전압 v(t)의 직류전압을 구한다. 반주기 정현파 전압 v(t)의 1주기에 대한 면적은 구형파 전압 등과 같이 쉽게 구할 수 없으므로 식 (3.1)의 정의식을 이용해야 한다.

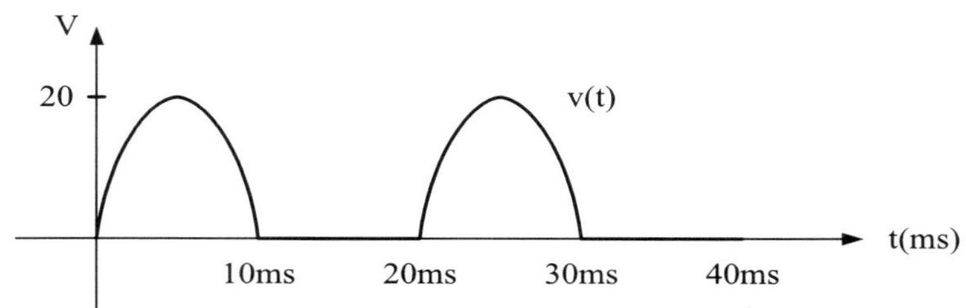

그림 3-3 반주기 정현파 전압 v(t)의 직류전압

그림 3-3에서 주어진 주기 T와 반주기의 정현파 전압 v(t)를 식 (3.1)의 정의식에 대입하여 직류전압을 구하면 식 (3.5)와 같다. 반주기 동안은 정현파 전압과 동일하고, 나머지 반주기 동안은 전압이 0인 그림 3-3과 같은 전압 v(t)에 대한 직류전압을 식 (3.5)의 결과를 이용하여 일반적으로 나타내면 식 (3.6)과 같다.

$$
\begin{aligned}
V_{dc} &= \frac{1}{T}\int_0^T v(t)dt \\
&= \frac{1}{T}\int_0^{\frac{T}{2}} V_m \sin\omega t\, dt \qquad (\rightarrow \omega = 2\pi f = \frac{2\pi}{T} = \frac{\pi}{0.01}) \\
&= \frac{1}{0.02}\int_0^{0.01} 20\sin\left(\frac{\pi}{0.01}t\right)dt \\
&= -1000 \times \frac{0.01}{\pi}\left[\cos\left(\frac{\pi}{0.01}t\right)\right]_{t=0}^{t=0.01} \\
&= -\frac{10}{\pi}(\cos\pi - \cos 0) \\
&= \frac{20}{\pi}
\end{aligned}
\qquad (3.5)
$$

$$V_{dc} = \frac{V_m}{\pi} = \frac{\sqrt{2}}{\pi}V_{rms} \text{ (반주기 정현파 전압의 직류전압 평균값)} \qquad (3.6)$$

직류전압을 이해하기 위한 네 번째 예로 그림 3-4와 같이 전파정류된 정현파 전압 v(t)의 직류전압을 구한다. 그림 3-4는 반주기 동안의 정현파 파형이 다음 반주기에도 반복해서 나타난다는 점이 그림 3-3과 다르다. 직류전압을 구하기 위한 정의식 관점에서 보면 그림 3-4는 그림 3-3과 비교하여 주기는 20 ms로 동일하고, 대신 1주기 동안의 면적이 2배가 된 것으로 생각할 수 있다. 식 (3.1)을 이용하여 직류전압을 구하면 식 (3.7)과 같고, 식 (3.7)의 결과를 이용하여 그림 3-4와 같이 전파정류된 정현파 전압 v(t)의 직류전압을 일반적으로 나타내면 식 (3.8)과 같다.

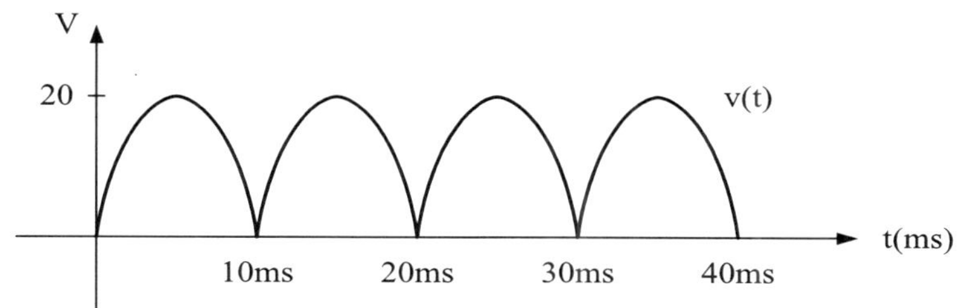

그림 3-4 전파정류 정현파 전압 v(t)의 직류전압

$$
\begin{aligned}
V_{dc} &= \frac{1}{T}\int_0^T v(t)dt \\
&= \frac{1}{T}\left\{\int_0^{\frac{T}{2}} V_m \sin\omega t\, dt \times 2\right\} \qquad \left(\rightarrow \omega = 2\pi f = \frac{2\pi}{T} = \frac{\pi}{0.01}\right) \\
&= \frac{1}{0.01}\int_0^{0.01} 20\sin\left(\frac{\pi}{0.01}t\right)dt \\
&= -2000 \times \frac{0.01}{\pi}\left[\cos\left(\frac{\pi}{0.01}t\right)\right]_{t=0}^{t=0.01} \\
&= -\frac{20}{\pi}(\cos\pi - \cos 0) \\
&= \frac{40}{\pi}
\end{aligned}
\tag{3.7}
$$

$$
V_{dc} = \frac{2V_m}{\pi} = \frac{2\sqrt{2}}{\pi}V_{rms} \text{ (전파정류된 정현파 전압의 직류전압 평균값)} \tag{3.8}
$$

3.2.2 교류전압(AC)

그림 3-5와 같이 순시전압이 연속적으로 변하는 정현파 교류전압을 어떤 대푯값으로 전압의 크기를 나타낼 수 있는지 살펴보자.

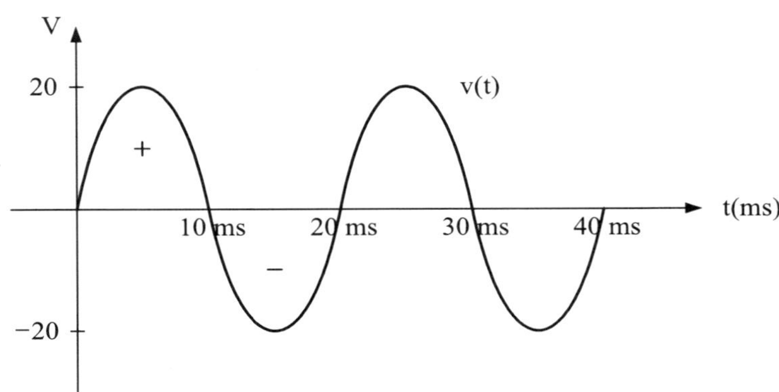

그림 3-5 최대값이 20V인 정현파 전압 v(t)

그림 3-1에서 그림 3-4까지의 예에서 순시전압이 변하는 주기함수의 전압파형에 대한 전압의 크기를 평균값으로 정의하는 직류전압에 살펴보았으므로 그림 3-5와 같은 정현파 전압에 대해서도 우선 직류전압의 평균값을 구해 보기로 한다. 식 (3.9)와 같이 정현파 교류전압의 직류전압 평균값은 0이다. 그 이유는 그림 3-5의 정현파 전압은 0~T/2까지의 정적분 결과와 T/2~T까지의 정적분 결과를 비교하면 절대값은 동일하고, 부호는 서로 반대가 되어 1주기에 대한 정적분 결과가 0이 되기 때문이다. 정현파 전압파형에 대한 이와 같은 직류전압의 평균값 결과는 정의식을 이용하여 실제 직류전압의 평균값을 구해도 확인할 수 있다.

$$V_{dc} = \frac{1}{T}\int_0^T v(t)dt = \frac{1}{0.02}\int_0^{0.02} 20\sin\omega t dt = 0 \tag{3.9}$$

식 (3.3)과 식 (3.4)에서 직류전압의 평균값을 V_{dc}=S/T로 표현하였다. 여기서 S는 정적분한 결과이므로 정적분하는 함수의 부호에 따라 양수 또는 음수가 되는 값이다. 일반적인 도형에서의 면적 S는 항상 양수이다. 그러나 직류전압의 평균값을 구하기 위한 V_{dc}=S/T에서의 S는 1주기에 대한 정적분 결과에 의해 (+) 또는 (−)의 부호를 가지므로 주의하여야 한다.

그림 3-6과 같이 그림 3-5와 최대값이 다른 정현파 전압 역시 1주기에 대한 정적분 결과가 0이 되므로 직류전압 평균값은 식 (3.10)과 같이 $V_{dc}=0$이 된다.

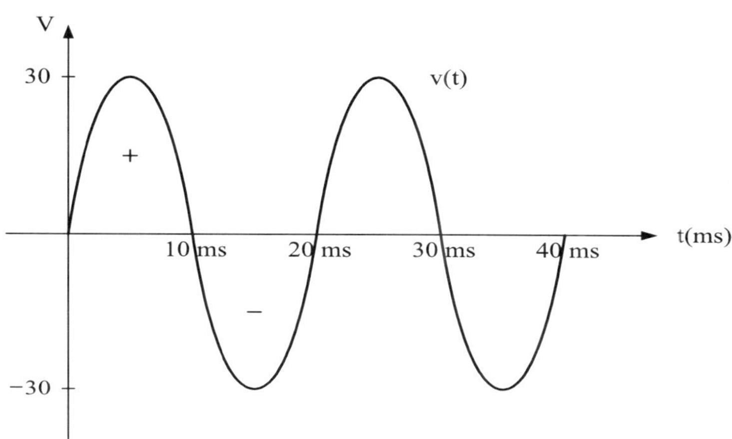

그림 3-6 최대값이 30V인 정현파 전압 v(t)

$$V_{dc} = \frac{1}{T}\int_0^T v(t)dt = \frac{1}{0.02}\int_0^{0.02} 30\sin\omega t dt = 0 \tag{3.10}$$

그림 3-5와 그림 3-6과 같은 정현파 교류전압은 최대값 V_m과 주기 T에 무관하게 직류전압의 평균값이 항상 0이 된다. 따라서 교류 전압파형에 대해서는 전압의 부호는 무시하고 전압의 크기에 의해 결정되는 새로운 전압 대푯값을 정의할 필요가 있다. 전력은 교류전압의 부호와는 무관하고 교류전압의 크기에 의해 결정되므로 전력의 관점에서 정현파 교류전압의 대푯값을 정의한다. 저항 R에 정현파 교류전압 v(t)가 인가된 경우 1주기 동안의 소비전력의 평균값 P_{ac}와 동일한 저항 R에 평활한 직류전압 V가 인가된 경우의 소비전력 P_{dc}가 서로 동일하게 되는 직류전압 V를 교류전압의 실효값(root mean square : RMS)이라고 정의한다.

$$P_{ac} = \frac{1}{T}\int_0^T \left\{\frac{v^2(t)}{R}\right\}dt \qquad \left(\rightarrow \frac{v^2(t)}{R} \ : \ \text{순시전력}\right) \tag{3.11}$$

$$P_{dc} = \frac{V^2}{R} \tag{3.12}$$

식 (3.11)은 전력 P_{ac}, 식 (3.12)는 전력 P_{dc}를 나타낸다. 식 (3.11)과 식 (3.12)에서 $P_{dc}=P_{ac}$가 되는 직류전압 V를 교류전압의 실효값이라고 정의하고, 이를 정현파 교류전압의 전압 대푯값으로 사용한다. 식 (3.13)은 $P_{dc}=P_{ac}$라는 정의에 의해 교류전압의 실효값을 구하는 정의식을 나타낸다.

$$\frac{V^2}{R}=\frac{V_{rms}^2}{R}=\frac{1}{T}\int_0^T\left\{\frac{v^2(t)}{R}\right\}dt \text{ 가 되는 전압 } V_{rms}\text{를 구하면}$$

$$V_{rms}=\sqrt{\frac{1}{T}\int_0^T v^2(t)dt} \tag{3.13}$$

이제 그림 3-5와 같은 정현파 교류전압의 실효값을 식 (3.13)의 정의식을 이용하여 구하면 식 (3.14)와 같다.

$$\begin{aligned}
V_{rms} &= \sqrt{\frac{1}{T}\int_0^T v^2(t)dt}\\
&= \sqrt{\frac{1}{T}\int_0^T (V_m \sin\omega t)^2 dt} \qquad \left(\to \sin^2\alpha=\frac{1-\cos 2\alpha}{2}\right)\\
&= \sqrt{\frac{V_m^2}{T}\int_0^T \frac{1-\cos 2\omega t}{2}dt} \qquad \left(\to \omega = 2\pi f=\frac{2\pi}{T}\right)\\
&= \sqrt{\frac{V_m^2}{T}\left[\frac{1}{2}t-\frac{1}{2}\left(\frac{T}{4\pi}\right)\sin\left(\frac{4\pi}{T}t\right)\right]_{t=0}^{t=T}}\\
&= \sqrt{\frac{V_m^2}{T}\left\{\left(\frac{T}{2}-\frac{T}{8\pi}\sin 4\pi\right)-\left(0-\frac{T}{8\pi}\sin 0\right)\right\}}\\
&= \frac{V_m}{\sqrt{2}}
\end{aligned} \tag{3.14}$$

식 (3.14)에서 정현파 전압의 실효값과 최대값 사이의 관계를 유도했다. 따라서 정현파 전압의 실효값을 구하기 위해 매번 식 (3.13)의 정의식을 이용할 필요는 없다. 예를 들어 그림 3-5와 같이 최대값이 20 V인 정현파 전압과 그림 3-6과 같이 최대값이 30 V인 정현파 전압의 실효값을 구하면 각각 식 (3.15), 식 (3.16)과 같다.

$$V_{rms} = \frac{V_m}{\sqrt{2}} = \frac{20}{\sqrt{2}} = 14.1V \qquad (3.15)$$

$$V_{rms} = \frac{V_m}{\sqrt{2}} = \frac{30}{\sqrt{2}} = 21.2V \qquad (3.16)$$

교류전압을 이해하기 위한 다른 예로 그림 3-7과 같은 구형파 교류전압 v(t)의 실효값 구한다. 식 (3.17)에서 구형파 교류전압의 실효값이 V_{rms}=V라는 결과를 확인할 수 있다. 순시전압이 반주기 간격으로 +V, −V를 교번하는 경우의 소비전력과 전압이 평활한 직류전압 +V로 일정한 경우의 소비전력이 서로 동일하기 때문이다.

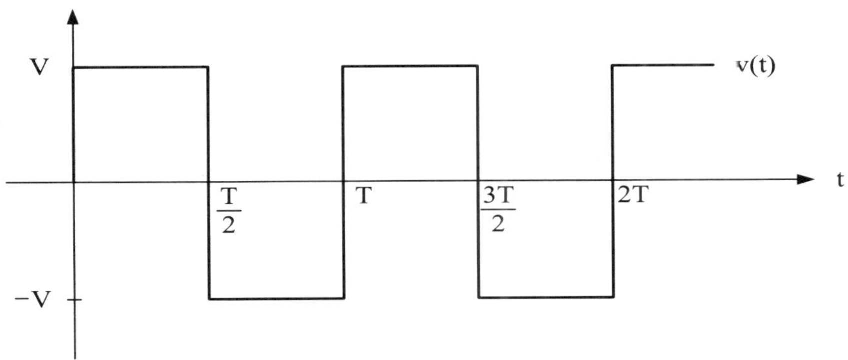

그림 3-7 구형파 교류전압 v(t)

$$\begin{aligned} V_{rms} &= \sqrt{\frac{1}{T}\int_0^T v^2(t)dt} \\ &= \sqrt{\frac{1}{T}\left\{\int_0^{\frac{T}{2}} V^2 dt + \int_{\frac{T}{2}}^{T} (-V)^2 dt\right\}} \\ &= \sqrt{\frac{1}{T}\int_0^T V^2 dt} \\ &= \sqrt{\frac{1}{T}(V^2 T)} \\ &= V \end{aligned} \qquad (3.17)$$

3.2.3 직류전압(DC)과 교류전압(AC)의 측정

정현파 교류전압 파형과 구형파 교류전압 파형 등에 대한 직류전압 평균값과 교류전압 실효값에 대하여 3.2.1절과 3.2.2절에서 설명하였다. 본 절에서는 계측장비인 오실로스코프와 디지털 멀티미터를 이용하여 직류전압과 교류전압을 직접 측정한 몇 가지 예를 통해 평균값과 실효값에 대한 이해를 더욱 높이고자 한다.

그림 3-8은 첫 번째 예로 최대값이 V_m=10 V이고, 주파수가 f=500 Hz인 정현파 교류전압을 오실로스코프와 디지털 멀티미터를 이용하여 측정한 결과이다.

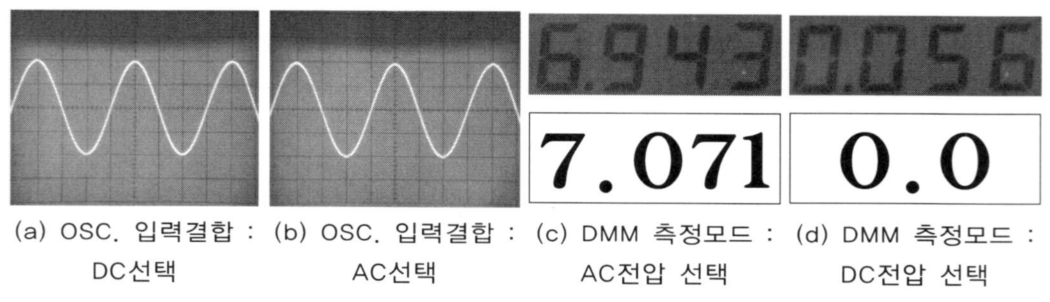

(a) OSC. 입력결합 : DC선택 (b) OSC. 입력결합 : AC선택 (c) DMM 측정모드 : AC전압 선택 (d) DMM 측정모드 : DC전압 선택

그림 3-8 오실로스코프와 디지털 멀티미터를 이용한 정현파 전압파형의 측정

그림 3-8(a)는 오실로스코프의 입력결합(input coupling)을 DC를 선택한 파형이고, 그림 3-8(b)는 오실로스코프의 입력결합(input coupling)을 AC를 선택한 파형이다. 2가지의 입력결합에 대해 파형이 서로 다르지 않고 동일하게 보이는 것은 정현파 교류전압 파형에 직류전압(DC) 성분이 포함되어 있지 않기 때문이다. 그림 3-8(c)의 상단은 디지털 멀티미터의 측정모드를 교류전압(AC)을 선택하여 측정한 전압이고, 그림 3-8(c)의 하단은 식 (3.18)에 의해 구한 교류전압의 이론값이다. 2가지 값을 비교하면 교류전압의 이론값과 측정값이 거의 일치하는 것을 알 수 있다.

$$V_{rms} = \frac{V_m}{\sqrt{2}} = \frac{10}{\sqrt{2}} = 7.071\text{V} \tag{3.18}$$

그림 3-8(d)의 상단은 디지털 멀티미터의 측정모드를 직류전압(DC)을 선택하여 측정한 전압이고, 그림 3-8(d)의 하단은 식 (3.19)에 의해 구한 직류전압의 이론값이다. 2가지 값을 비교하면 이론값과 측정값이 거의 일치하는 것을 알 수 있다.

$$V_{dc} = \frac{1}{T}\int_0^T v(t)dt = \frac{1}{T}\int_0^T V_m \sin\omega t dt = 0 \qquad (3.19)$$

그림 3-9는 두 번째 예로 최대값이 V_m=10 V이고, 주파수가 f=500 Hz인 구형파 교류전압을 오실로스코프와 디지털 멀티미터를 이용하여 측정한 결과이다.

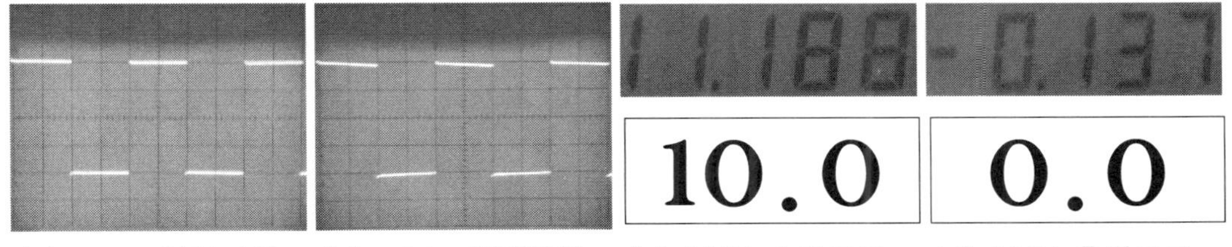

(a) OSC. 입력결합 : DC선택 (b) OSC. 입력결합 : AC선택 (c) DMM 측정모드 : AC전압 선택 (d) DMM 측정모드 : DC전압 선택

그림 3-9 오실로스코프와 디지털 멀티미터를 이용한 구형파 전압파형(#1)의 측정

그림 3-9(a)는 오실로스코프의 입력결합을 DC를 선택한 파형이고, 그림 3-9(b)는 오실로스코프의 입력결합을 AC를 선택한 파형이다. 구형파 교류전압 파형에도 직류전압 성분이 포함되지 않으므로 2개의 파형이 거의 동일하다. 그러나 실제적으로는 신호발생기에서 발생하는 구형파가 완전히 이상적인 구형파는 아니기 때문에 그림 3-9(a)와 그림 3-9(b)의 파형과 같이 약간은 차이를 보이고 있다. 그리고 그림 3-9(c)의 상단은 디지털 멀티미터의 측정모드를 교류전압(AC)을 선택하여 측정한 전압이고, 그림 3-9(c)의 하단은 식 (3.20)에 의해 구한 교류전압의 이론값이다.

$$V_{rms} = \sqrt{\frac{1}{T}\int_0^T v^2(t)dt} = \sqrt{\frac{1}{T}\int_0^T 10^2 dt} = 10V \qquad (3.20)$$

그림 3-9(c)의 2가지 값을 비교하면 이론값과 측정값이 무시할 수 없는 오차가 발생하는 것을 알 수 있다. 이는 다양한 모델의 일반적인 디지털 멀티미터를 이용해서 측정해도 유사한 오차가 발생하는 것을 확인할 수 있다. 그림 3-10(a)는 구형파 등의 전압파형에 대해서도 실효값을 정확히 측정할 수 있는 기능을 가진 디지털 멀티미터를 이용하여 측정한 교류전압 실효값이다. 정현파 교류전압 이외의 전압파형에 대한 실효값은 이와 같이 정밀한 디지털 멀티미터를 이용하여 측정해야 한다.

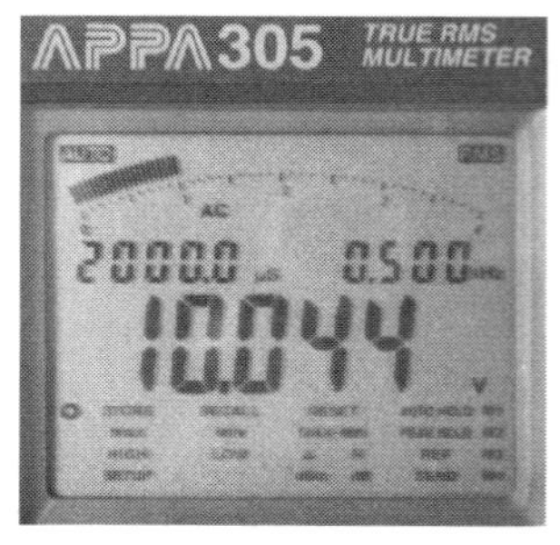

(a) 구형파 전압파형(#1)의 실효값

(b) 구형파 전압파형(#2)의 실효값

그림 3-10 RMS 정밀측정용 디지털 멀티미터를 이용한 실효값 측정

그림 3-9(d)의 상단은 디지털 멀티미터의 측정모드를 직류전압(DC)을 선택하여 측정한 전압이고, 그림 3-9(d)의 하단은 식 (3.21)에 의해 구한 직류전압의 이론값이다. 2가지 값을 비교하면 이론값과 측정값이 거의 일치하는 것을 알 수 있다.

$$V_{dc} = \frac{1}{T}\int_0^T v(t)dt = \frac{1}{T}\left\{\int_0^{\frac{T}{2}} V_m dt + \int_{\frac{T}{2}}^{T} (-V_m)dt\right\} = 0 \qquad (3.21)$$

그림 3-11은 세 번째 예로 최대값이 V_m=10 V이고, 주파수가 f=500 Hz으로 두 번째 예의 구형파 교류전압에서 (−) 전압부분이 없는 구형파 전압을 오실로스코프와 디지털 멀티미터를 이용하여 측정한 결과이다.

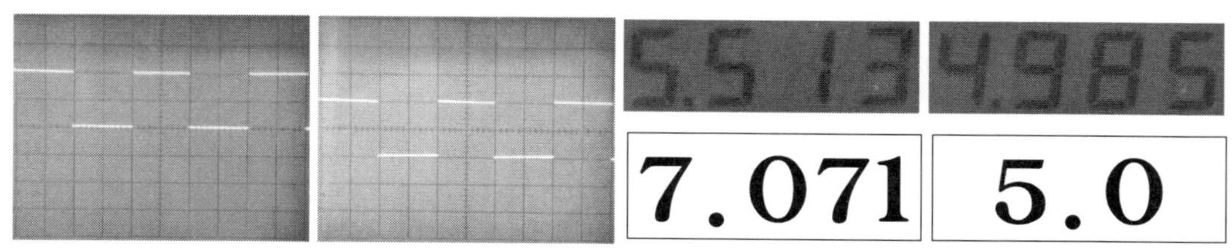

(a) OSC. 입력결합 : DC선택 (b) OSC. 입력결합 : AC선택 (c) DMM 측정모드 : AC전압 선택 (d) DMM 측정모드 : DC전압 선택

그림 3-11 오실로스코프와 디지털 멀티미터를 이용한 구형파 전압파형(#2)의 측정

그림 3-11(a)는 오실로스코프의 입력결합을 DC를 선택한 파형이고, 그림 3-11(b)는 오실로스코프의 입력결합을 AC를 선택한 파형이다. 2개의 측정파형이 서로 다른

이유는 앞의 2가지 예와는 달리 구형파 전압에 DC 성분이 포함되어 있기 때문이다. 오실로스코프에서 입력결합을 AC를 선택한다는 것은 입력파형 중에 DC 성분은 제거하고, AC 성분만을 측정한다는 의미이다. 따라서 그림 3-11(b)와 같이 직류전압의 평균값 +5V가 제거된 전압파형이 측정된다. 그리고 그림 3-11(c)의 상단은 디지털 멀티미터의 측정모드를 교류전압(AC)을 선택하여 측정한 전압이고, 그림 3-11(c)의 하단은 식 (3.22)에 의해 구한 교류전압의 이론값이다.

$$V_{rms} = \sqrt{\frac{1}{T}\int_0^T v^2(t)dt} = \sqrt{\frac{1}{T}\int_0^{\frac{T}{2}} 10^2 dt} = \frac{10}{\sqrt{2}} = 7.071V \tag{3.22}$$

그림 3-11(c)의 2가지 값을 비교하면 그림 3-9(c)와 마찬가지로 이론값과 측정값이 무시할 수 없는 오차가 발생하는 것을 알 수 있다. 일반적인 디지털 멀티미터를 이용해서는 이와 같은 오차는 피할 수 없다. 따라서 그림 3-10(b)와 같이 구형파 등의 전압파형에 대해서도 실효값을 정확히 측정할 수 있는 디지털 멀티미터를 이용해야 한다. 그림 3-11(d)의 상단은 디지털 멀티미터의 측정모드를 직류전압(DC)을 선택하여 측정한 전압이고, 그림 3-11(d)의 하단은 식 (3.23)에 의해 구한 직류전압의 이론값이다. 직류전압의 이론값과 측정값이 거의 일치하는 것을 알 수 있다.

$$V_{dc} = \frac{1}{T}\int_0^T v(t)dt = \frac{1}{T}\int_0^{\frac{T}{2}} V_m dt = \frac{V_m}{2} = \frac{10}{2} = 5V \tag{3.23}$$

그림 3-12는 네 번째 예로써 최대값이 V_m=10 V이고, 주파수가 f=500 Hz인 삼각파 교류전압을 오실로스코프와 디지털 멀티미터를 이용하여 측정한 결과이다. 그림 3-8과 그림 3-9의 예에서 교류전압 파형에는 직류전압 성분이 포함되지 않아 오실로스코프의 입력결합을 DC를 선택한 경우와 AC를 선택한 경우의 파형이 거의 동일하였다. 따라서 그림 3-12(a)에 오실로스코프의 입력결합을 DC를 선택한 경우의 삼각파 교류전압 파형만을 나타내었다. 오실로스코프를 이용하여 전압파형을 있는 그대로 정확하게 측정하기 위해서는 당연히 DC 입력결합을 선택해야 한다. 그리고 삼각파 교류전압 파형의 직류전압 평균값과 교류전압 실효값을 디지털 멀티미터를 이용하여 측정하는 경우 그림 3-8과 그림 3-9의 예에서 이미 살펴본 바와 같이 직류전압(DC) 성분은 당연히 0V이므로 그림 3-12에 직류전압 측정값은 생략하고, 교류전압(AC) 성분에 대한 측정값만을 그림 3-12(b)에 나타내었다.

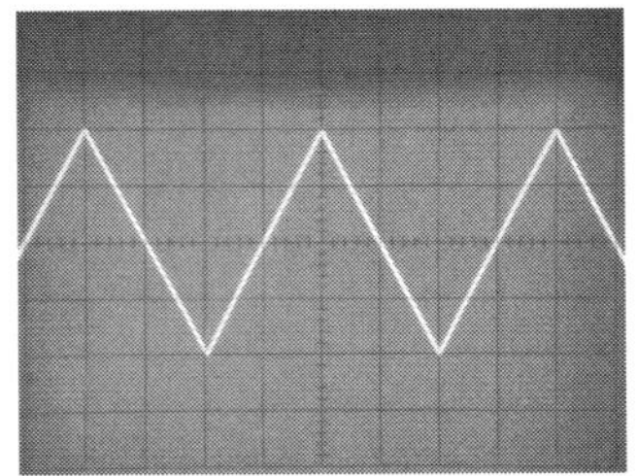

(a) OSC. 입력결합 : DC선택

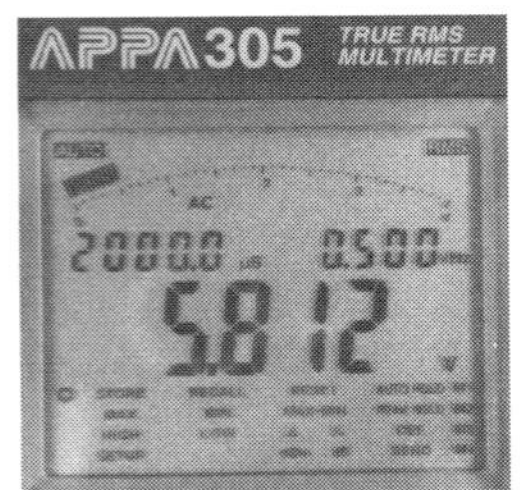

(b) DMM 측정모드 : AC전압 선택

그림 3-12 오실로스코프와 디지털 멀티미터를 이용한 삼각파 전압파형의 측정

$$V_{rms} = \sqrt{\frac{1}{T}\int_0^T v^2(t)dt} \tag{3.24}$$

식 (3.24)는 삼각파 교류전압의 이론값을 구할 수 있는 실효값의 정의식이다. 식 (3.24)를 이용하여 그림 3-12(a)의 삼각파 교류전압 파형의 실효값을 직접 구해보고, 그 결과가 그림 3-12(b)의 측정값과 일치하는지 비교하여 실효값으로 정의되는 교류전압을 정확하게 이해했는지 스스로 점검해 보는 것이 필요하다.

3.3 실험부품

부품 및 장비		규격 및 수량	
부 품	저항	2.2kΩ	1개
		3.3kΩ	1개
장 비		신호발생기(signal generator)	
		오실로스코프(oscilloscope)	
		디지털 멀티미터(DMM)	
		브레드 보드(bread board)	
기 타		jumper wire	
		wire stripper(또는 nipper)	

3.4 실험방법

실험 1. 직류전압 · 교류전압 측정 실험

① 신호발생기와 오실로스코프를 이용하여 신호발생기의 정현파 출력이 최대값(V_m)이 6 V이고, 주파수가 1 kHz인 교류전압이 되도록 조정하여라.

② 실험단계 ①에서 정확히 조정한 신호발생기의 정현파 교류전압을 입력전압 v_i로 사용하여 그림 3-13의 실험회로를 구성하여라. 실험회로 구성 시 그림 3-14를 참고하여라.

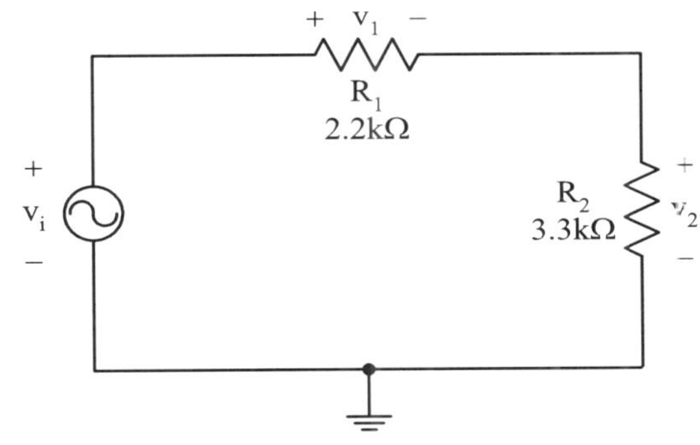

그림 3-13 직류전압 · 교류전압 측정 실험회로

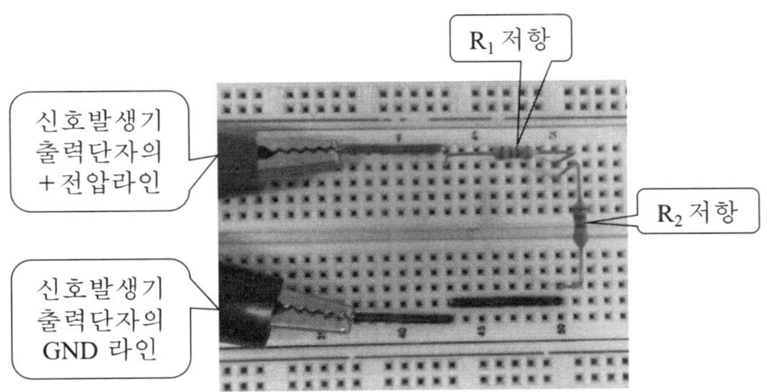

그림 3-14 직류전압 · 교류전압 측정 실험회로 구성

③ 그림 3-13의 실험회로에서 전압 v_i, v_1, v_2의 전압파형을 오실로스코프를 이용하여 각각 측정하여 표 3-1에 기록하여라. 또한 전압 v_i, v_1, v_2의 최대값(V_m)을 오실로스코프를 이용하여 각각 측정하여 표 3-2에 기록하여라. 전압파형 측정시 극성은 반드시 그림 3-13에 표시된 전압 극성을 기준으로 측정하여라. 오실로스코프를 이용하여 전압 v_i, v_1, v_2의 전압파형 측정시 그림 3-15를 참고하여라.

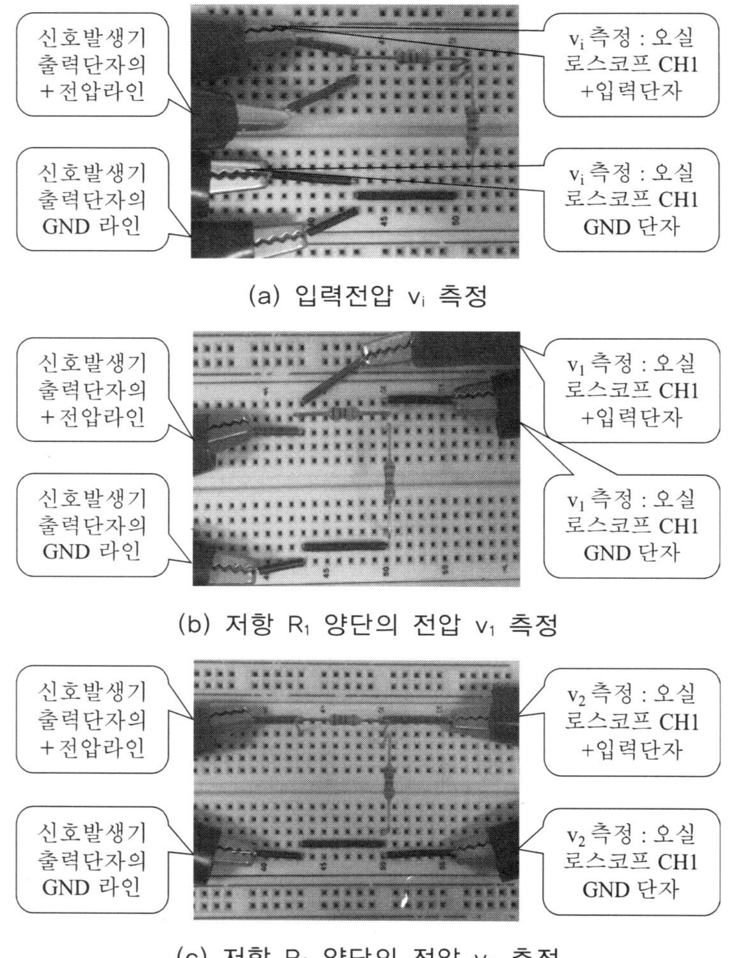

(a) 입력전압 v_i 측정

(b) 저항 R_1 양단의 전압 v_1 측정

(c) 저항 R_2 양단의 전압 v_2 측정

그림 3-15 오실로스코프를 이용한 전압 v_i, v_1, v_2 측정

④ 그림 3-13의 실험회로에서 전압 v_i, v_1, v_2의 최대값(V_m)의 이론값을 계산하여 표 3-2에 기록하여라. 또한 전압 v_i, v_1, v_2의 최대값(V_m)의 이론값이 실험단계 ③에서 측정한 최대값과 일치하는지 비교하여 표 3-2에 기록하여라.

⑤ 그림 3-13의 실험회로에서 전압 v_i, v_1, v_2를 디지털 멀티미터의 교류전압(AC) 측정모드를 이용하여 각각 측정하여 표 3-2에 기록하여라. 전압은 소수점 두 자리까지 측정하여라.

⑥ 그림 3-13의 실험회로에서 전압 v_i, v_1, v_2를 디지털 멀티미터의 직류전압(DC) 측정모드를 이용하여 각각 측정하여 표 3-2에 기록하여라. 전압은 소수점 두 자리까지 측정하여라.

⑦ 실험단계 ③에서 오실로스코프를 이용하여 측정한 실험결과를 검토하여 $v_i=v_1+v_2$가 성립하는지 여부를 표 3-2에 기록하여라.

⑧ 실험단계 ⑤에서 디지털 멀티미터의 교류전압(AC) 측정모드를 이용하여 측정한 실험결과를 검토하여 $v_i=v_1+v_2$가 성립하는지 여부를 표 3-2에 기록하여라.

⑨ 실험단계 ⑥에서 디지털 멀티미터의 직류전압(DC) 측정모드를 이용하여 측정한 실험결과를 검토하여 v_i, v_1, v_2에 대해 세울 수 있는 식을 표 3-2에 기록하여라.

⑩ 실험단계 ③에서 오실로스코프를 이용하여 측정한 최대값(V_m)과 실험단계 ⑤에서 디지털 멀티미터의 교류전압(AC) 측정모드를 이용하여 측정한 전압(V_{rms})이 서로 다른 이유를 생각해 보고, 두 전압 V_m과 V_{rms} 사이의 이론적인 관계식을 표 3-2에 기록하여라.

⑪ 실험단계 ③에서 측정한 최대값(V_m)과 실험단계 ⑤에서 측정한 실효값(V_{rms}) 사이에 실험단계 ⑩에서 기록한 V_m과 V_{rms}의 관계식이 성립하는지 여부를 기록하여라.

⑫ 전압 v_i, v_1, v_2의 교류전압 실효값과 직류전압 평균값의 이론값을 계산하여 표 3-2에 기록하여라. 또한 실험단계 ⑤, ⑥에서 디지털 멀티미터를 이용하여 구한 측정값과 일치하는지 비교하여 표 3-2에 기록하여라.

3.5 실험결과

실험 1. 직류전압 · 교류전압 측정 실험

표 3-1 오실로스코프로 측정한 v_i, v_1, v_2의 전압파형 (실험단계 ③)

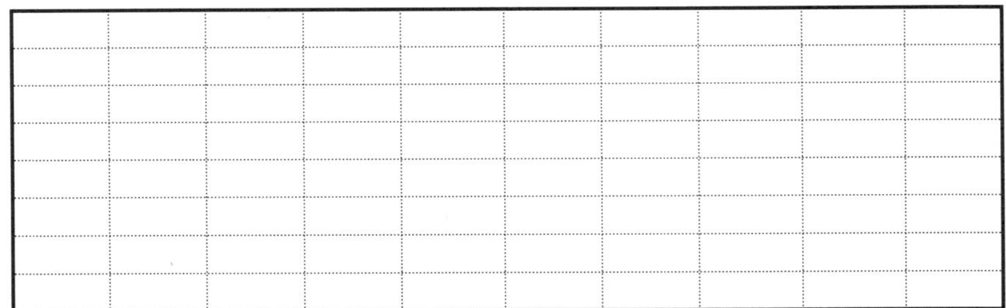

● 전압 스케일 : 2V/div ● 시간 스케일 : 0.25ms/div

(a) 실험단계 ③의 입력전압 v_i의 전압파형

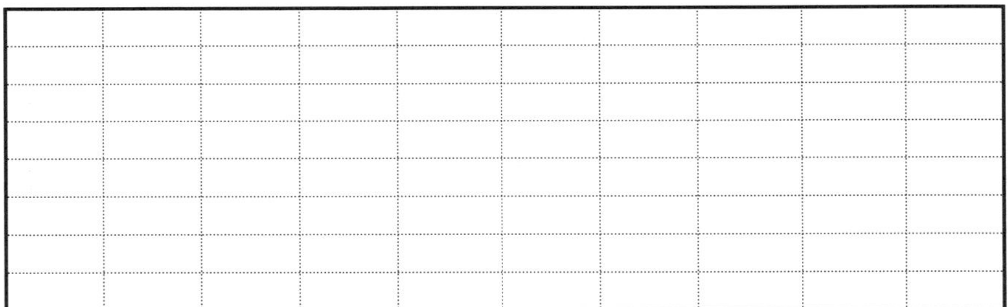

● 전압 스케일 : 2V/div ● 시간 스케일 : 0.25ms/div

(b) 실험단계 ③의 전압 v_1의 전압파형

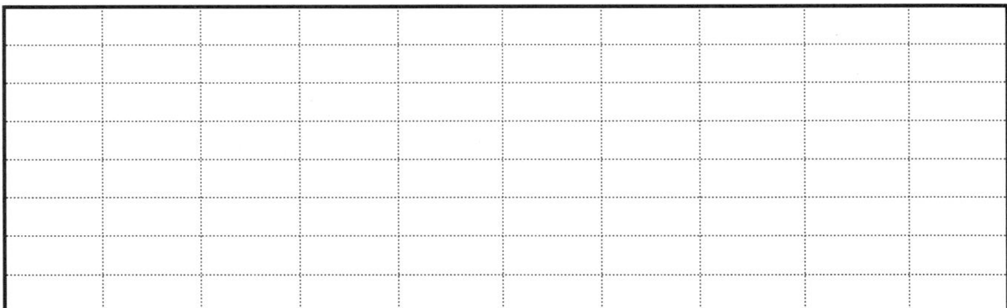

● 전압 스케일 : 2V/div ● 시간 스케일 : 0.25ms/div

(c) 실험단계 ③의 전압 v_2의 전압파형

표 3-2 직류전압 · 교류전압 측정 실험 데이터

<table>
<tr><th rowspan="2">실험단계</th><th rowspan="2" colspan="2">구분</th><th>측정값</th><th>이론값</th><th rowspan="2">이론값과 측정값의 일치여부</th></tr>
<tr><th>그림 3-13의 실험회로</th><th>그림 3-13의 실험회로</th></tr>
<tr><td rowspan="3">③, ④</td><td rowspan="3">최대값 (V_m)</td><td>v_i</td><td>[V]</td><td>[V]</td><td rowspan="3"></td></tr>
<tr><td>v_1</td><td>[V]</td><td>[V]</td></tr>
<tr><td>v_2</td><td>[V]</td><td>[V]</td></tr>
<tr><td rowspan="3">⑤, ⑫</td><td rowspan="3">AC 전압 (V_{rms})</td><td>v_i</td><td>[V]</td><td>[V]</td><td rowspan="3"></td></tr>
<tr><td>v_1</td><td>[V]</td><td>[V]</td></tr>
<tr><td>v_2</td><td>[V]</td><td>[V]</td></tr>
<tr><td rowspan="3">⑥, ⑫</td><td rowspan="3">DC 전압 (V_{dc})</td><td>v_i</td><td>[V]</td><td>[V]</td><td rowspan="3"></td></tr>
<tr><td>v_1</td><td>[V]</td><td>[V]</td></tr>
<tr><td>v_2</td><td>[V]</td><td>[V]</td></tr>
<tr><td>⑦</td><td rowspan="2" colspan="2">$v_i=v_1+v_2$의 성립여부</td><td colspan="3"></td></tr>
<tr><td>⑧</td><td colspan="3"></td></tr>
<tr><td>⑨</td><td colspan="2">v_i, v_1, v_2에 대한 식</td><td colspan="3"></td></tr>
<tr><td>⑩</td><td colspan="2">V_m과 V_{rms}의 이론적인 관계식</td><td colspan="3"></td></tr>
<tr><td>⑪</td><td colspan="2">실험단계 ⑩ 관계식의 성립여부</td><td colspan="3"></td></tr>
</table>

3.6 검토사항

1 직류전압의 크기는 평균값(average value)으로 나타낸다. 직류전압의 평균값 정의에 대하여 간단히 설명하여라.

2 교류전압의 크기는 실효값(root mean square value)으로 나타낸다. 교류전압의 실효값 정의에 대하여 간단히 설명하여라.

3 그림 3-16 전압파형의 직류전압 평균값을 정의식을 이용하여 유도하여라.

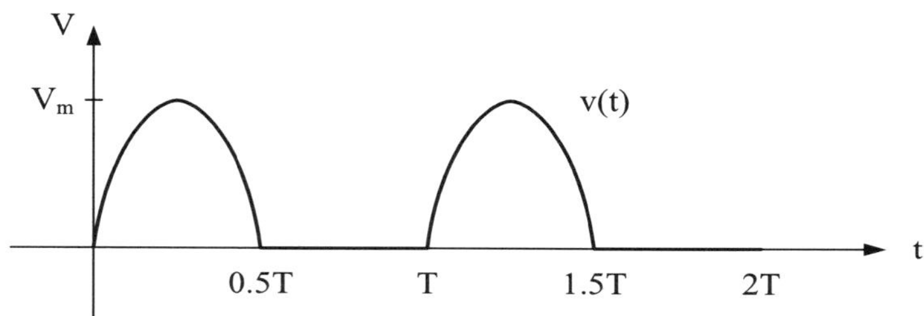

그림 3-16 반주기 정현파 전압파형의 평균값

4 그림 3-17 정현파 전압파형의 실효값을 정의식을 이용하여 유도하여라.

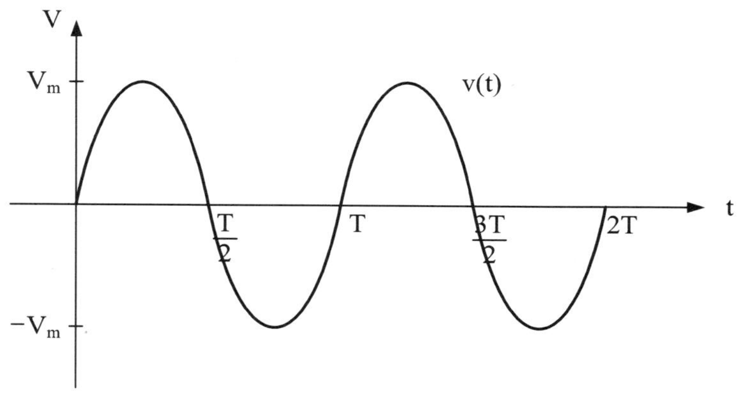

그림 3-17 정현파 전압파형의 실효값

5 그림 3-18 삼각파 전압파형의 실효값을 정의식을 이용하여 구하여라. 그림 3-12는 그림 3-18과 동일한 삼각파 전압파형의 실효값을 디지털 멀티미터를 이용하여 측정한 결과이다. 디지털 멀티미터를 이용한 측정값 V_{rms}=5.812 V와 정의식을 이용하여 구한 이론값이 일치하는지 여부를 검토하여라.

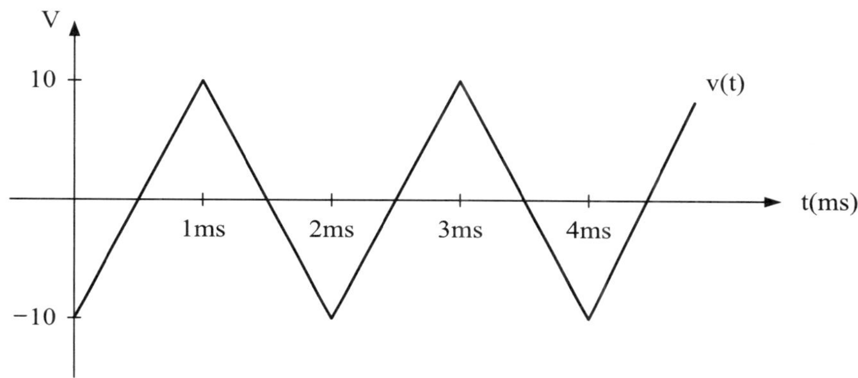

그림 3-18 삼각파 전압파형의 실효값

6 그림 3-18의 삼각파 교류전압을 그림 3-13 실험회로의 입력전압 v_i로 인가한 경우의 전압 v_1, v_2의 이론적인 전압파형을 표 3-3에 동시에 그려라.

표 3-3 삼각파 교류전압을 인가한 경우의 v_1, v_2의 전압파형(그림 3-13)

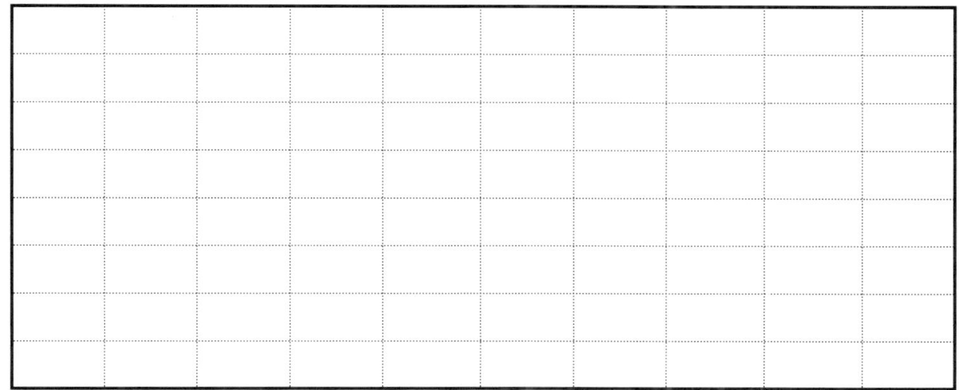

● 전압 스케일 : 2V/div ● 시간 스케일 : 0.2ms/div

7 실험시의 특이사항 및 실험에 대한 종합결론을 정리하여라.

NOTE

실험

4. 다이오드 특성 실험

4.1 실험목적

▣ 한쪽 방향으로만 전류를 흐르게 하는 스위칭 특성을 갖는 다이오드(diode)의 동작특성을 이해한다.

▣ 주요 장비를 활용하여 다이오드의 동작특성을 실험한다.

4.2 실험이론

4.2.1 다이오드

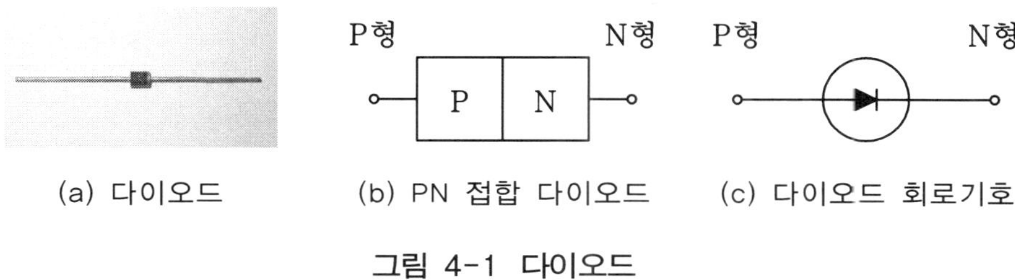

(a) 다이오드 (b) PN 접합 다이오드 (c) 다이오드 회로기호

그림 4-1 다이오드

다이오드는 다음과 같은 특성을 갖는 반도체 소자이다. 다이오드는 P형 반도체와 N형 반도체를 서로 접합하여 한쪽 방향으로만 전류를 흐르게 하는 특성을 갖는다.

P형 반도체에 +전원, N형 반도체에 −전원을 연결한 것을 순방향 바이어스라고 하고, 다이오드는 순방향 바이어스에 대해서만 P형에서 N형 방향으로 전류를 흐르게 한다. 즉, 순방향 바이어스에 대해 다이오드는 스위치 ON 상태이다. P형 반도체에 −전원, N형 반도체에 +전원을 연결한 것을 역방향 바이어스라고 하고, 다이오드는 역방향 바이어스에 대해서는 전류를 흐르지 못하게 한다. 즉, 역방향 바이어스에 대해 다이오드는 스위치 OFF 상태이다. 그림 4-2는 이상적인 다이오드의 특성을 스위치를 이용하여 나타낸 것이다.

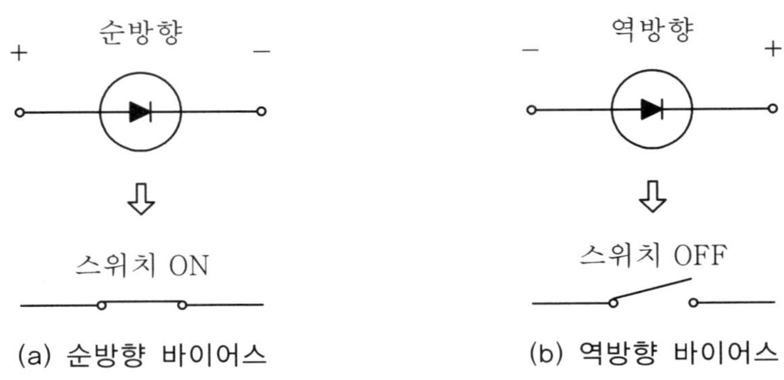

그림 4-2 이상적인 다이오드의 스위칭(ON/OFF) 특성

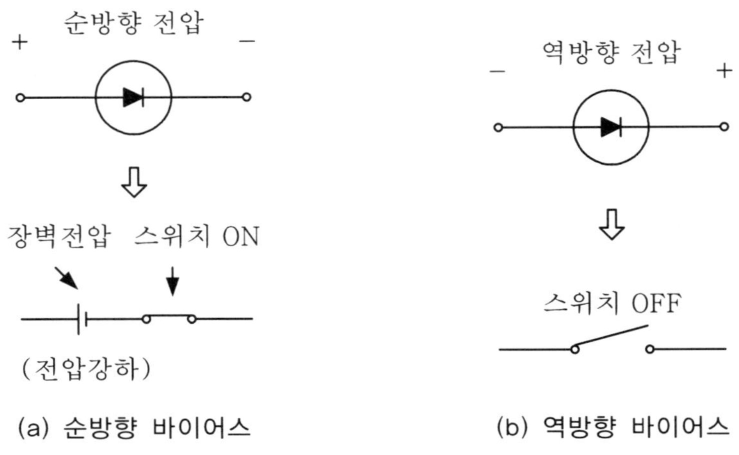

그림 4-3 실제적인 다이오드의 스위칭(ON/OFF) 특성

순방향 바이어스 전압에 의해 다이오드가 스위치 ON 상태로 되는 경우 이상적인 다이오드가 아닌 실제 다이오드에서는 다이오드의 장벽전압(threshold voltage)에 의해 전압강하가 발생한다. 장벽전압이란 실제적인 다이오드가 ON 상태가 되기 위해 필요한 최소한의 순방향 바이어스 전압이다. 그림 4-3은 장벽전압에 의한 전압강하를 고려한 실제적인 다이오드의 스위칭 특성을 나타낸 것이다. 다이오드의 장벽전압은 다음과 같이 실리콘(Si)과 게르마늄(Ge) 등 반도체 종류에 따라 약간 다르다.

다이오드 장벽전압	실리콘(Si) 다이오드 → 약 0.7 V 정도
	게르마늄(Ge) 다이오드 → 약 0.3 V 정도

4.2.2 교류입력전압을 인가한 다이오드 회로

다이오드 기본회로에 교류입력전압을 인가한 그림 4-4의 다이오드 회로의 동작을 통해 다이오드 특성을 이해하고, 확인한다. 다이오드와 저항이 직렬로 연결된 회로에 교류입력전압을 인가한 다이오드 회로의 특성 해석에 있어 가장 중요한 점은 다이오드에 걸리는 바이어스 전압이 순방향인지 역방향인지의 여부이다.

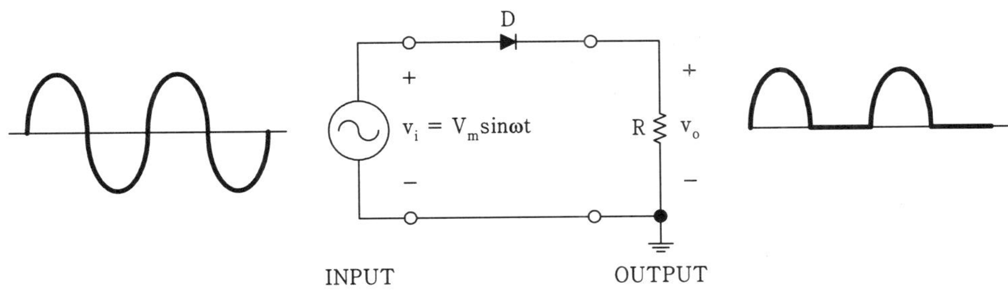

그림 4-4 교류입력전압을 인가한 다이오드 회로

회로의 간단한 해석을 위해 우선 장벽전압이 없는 이상적인 다이오드를 가정한다. 이상적인 다이오드인 경우 교류입력전압의 정극성에 대해 다이오드는 순방향 바이어스가 되어 다이오드는 스위치 ON 상태가 된다. 또한 교류입력전압의 부극성에 대해 다이오드는 역방향 바이어스가 되어 다이오드는 스위치 OFF 상태가 된다. 그림 4-4의 회로에서 다이오드가 스위치 ON 상태인 경우는 입력전압과 출력전압이 $v_i = v_o$로 동일하게 되고, 다이오드가 스위치 OFF 상태인 경우는 입력전압에 무관하게 출력전압은 $v_o = 0$이 된다. 즉, 정극성의 입력전압은 출력전압으로 그대로 나타나고, 부극성의 입력전압은 출력전압으로 나타나지 않으므로 결과적으로 교류입력전압의 정극성 부분만 출력전압으로 나타나는 특성을 갖는다.

그림 4-4에서 회로의 왼쪽에 있는 파형은 인가된 교류입력전압이고, 오른쪽에 있는 파형은 출력전압이다. 이들 파형은 위에서 설명한 바와 같이 이상적인 다이오드를 가정하는 경우 교류입력전압의 정극성 부분은 그대로 출력전압으로 동일하게 나타나고, 교류입력전압의 부극성 부분은 출력으로 나타나지 않는 특성을 파형으로 나타낸 것이다. 이와 같이 다이오드는 다이오드 양단에 순방향 바이어스가 걸리면 스위치 ON, 역방향 바이어스가 걸리면 스위치 OFF되는 특성에 의해 한쪽 방향으로만 전류를 흐르게 하는 무접점 스위치라는 것을 확인할 수 있다.

그러나 실제 다이오드는 이상적인 다이오드와는 달리 다이오드가 순방향 바이어스에 의해 ON 상태가 되기 위해서는 약간의 ＋전압이 필요하며, 이를 다이오드의 장벽전압이라 한다. 실제 다이오드는 이와 같이 장벽전압(V_{Th})에 의해 전압강하가 발생하는 특성을 가지므로 실제 다이오드 회로에서는 이를 고려하여야 한다. 즉 실제적인 다이오드 회로에서는 입력전압이 장벽전압보다 높은 정극성에 대해 순방향 바이어스가 되어 다이오드가 스위치 ON 상태가 되고, 장벽전압보다 낮은 입력전압에 대해서는 역방향 바이어스가 되어 다이오드가 스위치 OFF 상태가 된다.

교류입력전압이 인가된 실제적인 다이오드를 고려한 그림 4-4의 회로에서 다이오드의 ON/OFF 상태에 따른 출력전압은 다음과 같다. 다이오드가 스위치 ON된 상태에서 입력전압 v_i는 장벽전압 V_{Th}와 출력전압 v_o의 합과 동일하다는 것은 키르히호프 전압법칙(KVL)에 의해 쉽게 확인할 수 있다.

다이오드 ON 상태	→	$v_o = v_i$ (이상적인 다이오드 경우) $v_o = v_i - V_{Th}$ (실제 다이오드 경우)
다이오드 OFF 상태	→	$v_o = 0$ (실제 및 이상적인 다이오드 경우)

4.3 실험부품

부품 및 장비		규격 및 수량	
부 품	다이오드	1N4001	1개
	저항	10kΩ	1개
장 비		신호발생기(signal generator)	
		오실로스코프(oscilloscope)	
		디지털 멀티미터(DMM)	
		브레드 보드(bread board)	

4.4 실험방법

실험 1. 다이오드 특성 실험

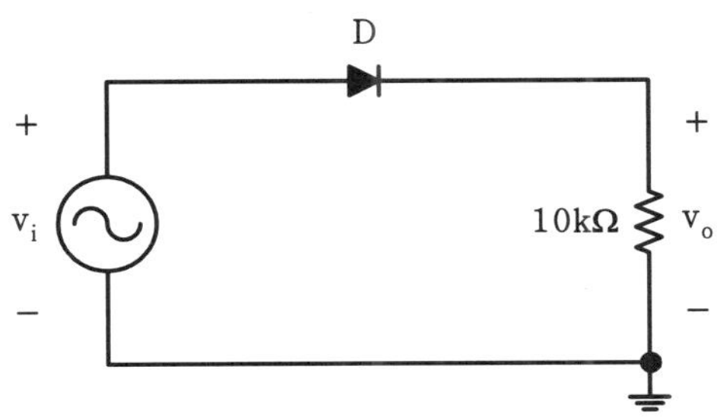

그림 4-5 다이오드 특성 실험회로

① 그림 4-5의 회로를 구성하여라.
입력전압 v_i는 신호발생기(signal generator)를 이용하여 피크-피크값 전압($V_{p\text{-}p}$)이 6 V, 주파수가 500 Hz인 정현파 신호를 만들어 사용하여라. 그림 4-6에 브레드보드를 이용한 실험회로 구성을 나타내었다. 실험회로 구성시 그림 4-6을 참고하여라.

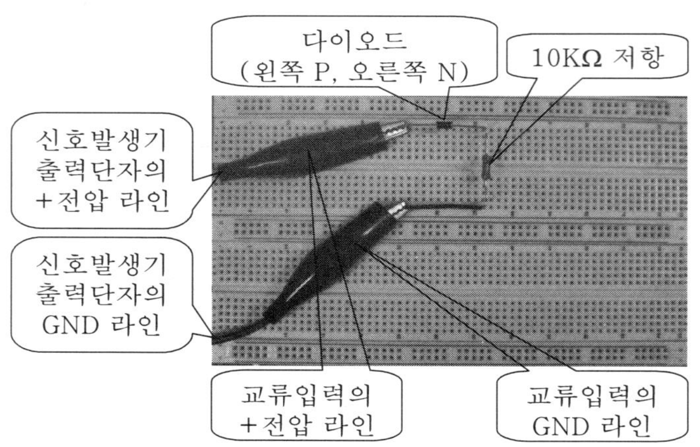

그림 4-6 브레드보드를 이용한 실험회로 구성

② 디지털 멀티미터(DMM)를 이용하여 교류입력전압 v_i와 직류출력전압 v_o를 측정하여 표 4-3에 기록하여라.
입·출력전압 측정시 입력전압은 교류전압(AC)을 측정하도록 모드를 설정하고, 출력전압은 직류전압(DC)을 측정하도록 모드를 설정하여라.

③ 입력전압과 출력전압을 오실로스코프의 듀얼 모드를 이용하여 동시에 측정하여 입력전압과 출력전압의 $V_{p\text{-}p}$전압은 표 4-3에 기록하고, 파형은 표 4-4에 그려라.
입력전압과 출력전압의 정확한 비교를 위해 CH1과 CH2의 Ground 전압 위치가 모두 오실로스코프 화면의 가운데가 되도록 CH1과 CH2 각각의 수직 위치조정기(vertical position knob)를 조정하고, 전압스케일(V/div) 역시 동일하게 설정하여라.

④ 표 4-3에서 디지털 멀티미터와 오실로스코프를 이용한 전압 측정결과가 서로 다른 이유와 측정 데이터들 사이의 관계를 생각해 보아라.

⑤ 표 4-4의 실험결과가 다이오드의 스위칭 특성과 일치하는지 검토하여 표 4-3에 기록하여라.

⑥ 표 4-4의 실험결과에서 정극성의 입력전압파형과 출력전압파형이 완전히 일치하는지 여부를 세밀하게 관찰하여 표 4-3에 기록하여라.
그리고 미세하더라도 전압 차이가 있는 경우 입력전압과 출력전압의 정

극성의 최대값(V_m) 전압을 각각 측정하여 표 4-3에 기록하여라. 또한 최대값 전압의 차이를 구하여 표 4-3에 기록하여라.

⑦ 실험단계 ⑥에서 구한 최대값 전압의 차이를 무슨 전압이라고 하는지 표 4-3에 답하여라.

⑧ 입력전압 v_i를 신호발생기를 이용하여 피크-피크값 전압(V_{p-p})이 4 V이고, 주파수가 2 kHz인 정현파 신호로 변경하여 실험단계 ②에서 실험단계 ⑦을 반복하고, 실험결과는 표 4-5와 표 4-6에 기록하여라.

표 4-1 주파수 및 주기 단위의 배수 기호와 크기

구 분	기 호	배 수	예	비 고	
giga	G	10^9	GHz	$f=\frac{1}{T}$ $T=\frac{1}{f}$	$\frac{1}{ns}=GHz$
mega	M	10^6	MHz		$\frac{1}{\mu s}=MHz$
kilo	k	10^3	kHz		$\frac{1}{ms}=kHz$
milli	m	10^{-3}	ms		$\frac{1}{kHz}=ms$
micro	µ	10^{-6}	µs		$\frac{1}{MHz}=\mu s$
nano	n	10^{-9}	ns		$\frac{1}{GHz}=ns$

표 4-2 주파수와 주기의 변환 계산 예

구분	식	계산 예 (T=2ms, f=20kHz의 2가지 경우)
주파수 계산	$f=\frac{1}{T}$	$f=\frac{1}{2ms}=\frac{1}{2\times10^{-3}s}=\frac{10^3}{2}\left(\frac{1}{s}\right)=500Hz$
		$f=\frac{1}{2ms}=\frac{1}{2}\left(\frac{1}{ms}\right)=0.5kHz=0.5\times10^3Hz=500Hz$
주기 계산	$T=\frac{1}{f}$	$T=\frac{1}{20kHz}=\frac{1}{20\times10^3}\left(\frac{1}{Hz}\right)=50\times(10^{-6}s)=50\mu s$
		$T=\frac{1}{20kHz}=\frac{1}{20}\left(\frac{1}{kHz}\right)=0.05ms=50\times(10^{-3}ms)=50\mu s$

4.5 실험결과

실험 1. 다이오드 특성 실험

표 4-3 다이오드 특성 실험 데이터

<table>
<tr><th>실험단계</th><th colspan="2">구분</th><th>측정값</th><th>참고사항</th></tr>
<tr><td rowspan="2">②</td><td colspan="2">교류입력전압 v_i</td><td>[V]</td><td rowspan="2">DMM 이용 측정</td></tr>
<tr><td colspan="2">직류출력전압 v_o</td><td>[V]</td></tr>
<tr><td rowspan="2">③</td><td colspan="2">교류입력전압 v_i</td><td>[V]</td><td rowspan="2">OSC를 이용하여 V_{p-p} 측정</td></tr>
<tr><td colspan="2">직류출력전압 v_o</td><td>[V]</td></tr>
<tr><td>⑤</td><td colspan="2">실험결과가 다이오드의 스위칭 특성과 일치하는지 여부</td><td></td><td rowspan="2">실험단계 ③의 결과(표 4-4) 분석</td></tr>
<tr><td rowspan="4">⑥</td><td colspan="2">정극성의 입력파형과 출력파형의 완전한 일치 여부</td><td></td></tr>
<tr><td rowspan="3">최대값 전압 측정</td><td>입력전압의 정극성 최대값 전압 *1</td><td>[V]</td><td rowspan="2">OSC의 GND(0 V)를 기준으로 정극성 최대값의 전압크기를 측정</td></tr>
<tr><td>출력전압의 정극성 최대값 전압 *2</td><td>[V]</td></tr>
<tr><td>최대값 전압의 차이 (V_{Th})</td><td>[V]</td><td>*1 전압 − *2 전압</td></tr>
<tr><td>⑦</td><td colspan="2">최대값 전압의 차이(V_{Th})는 무슨 전압인가?</td><td></td><td>실제적인 다이오드 특성에서 v_i와 v_o의 관계식을 고려</td></tr>
</table>

표 4-4 다이오드 특성 실험파형 (실험단계 ③)

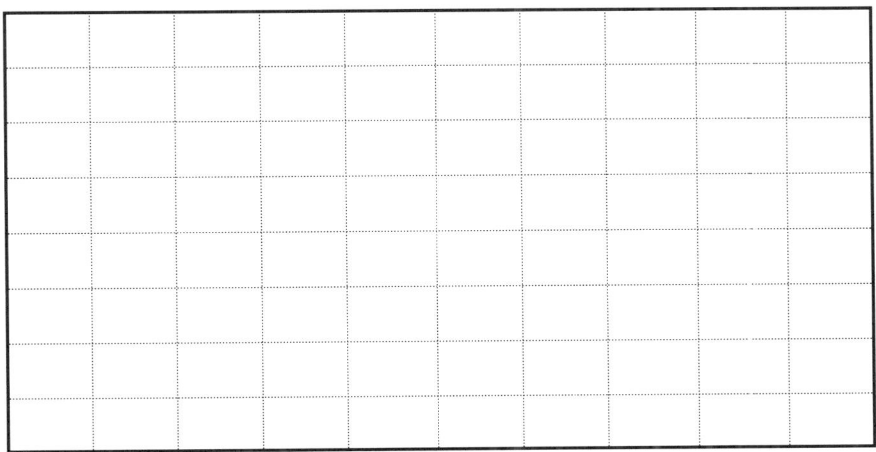

● 전압 스케일 : 1V/div ● 시간 스케일 : 0.5ms/div

표 4-5 다이오드 특성 실험파형 (실험단계 ⑧의 ③)

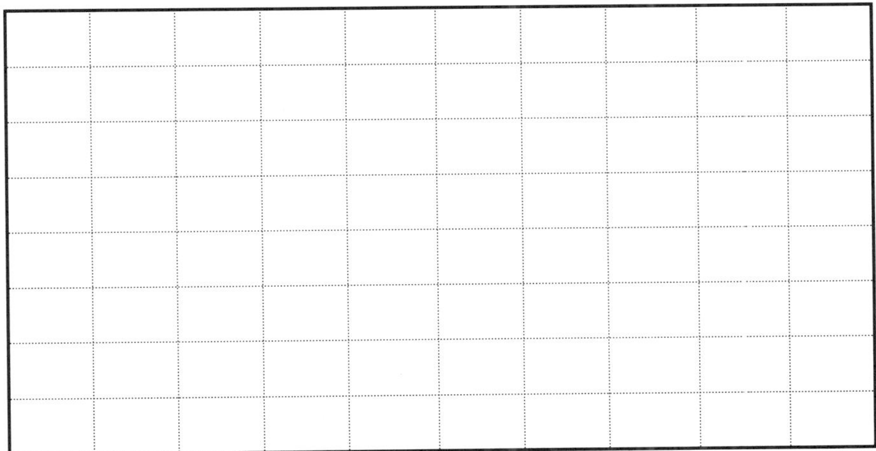

● 전압 스케일 : 1V/div ● 시간 스케일 : 0.1ms/div

표 4-6 다이오드 특성 실험 데이터

<table>
<tr><th colspan="2">실험단계</th><th colspan="2">구분</th><th>측정값</th><th>참고사항</th></tr>
<tr><td rowspan="10">⑧</td><td rowspan="2">②</td><td colspan="2">교류입력전압 v_i</td><td>[V]</td><td rowspan="2">DMM 이용 측정</td></tr>
<tr><td colspan="2">직류출력전압 v_o</td><td>[V]</td></tr>
<tr><td rowspan="2">③</td><td colspan="2">교류입력전압 v_i</td><td>[V]</td><td rowspan="2">OSC를 이용하여 $V_{p\text{-}p}$ 측정</td></tr>
<tr><td colspan="2">직류출력전압 v_o</td><td>[V]</td></tr>
<tr><td>⑤</td><td colspan="2">실험결과가 다이오드의 스위칭 특성과 일치하는지 여부</td><td></td><td rowspan="2">실험단계 ③의 결과(표 4-5) 분석</td></tr>
<tr><td rowspan="4">⑥</td><td colspan="2">정극성의 입력파형과 출력파형의 완전한 일치 여부</td><td></td></tr>
<tr><td rowspan="3">최대값 전압 측정</td><td>입력전압의 정극성 최대값 전압 *1</td><td>[V]</td><td rowspan="2">OSC의 GND(0 V)를 기준으로 정극성 최대값의 전압크기를 측정</td></tr>
<tr><td>출력전압의 정극성 최대값 전압 *2</td><td>[V]</td></tr>
<tr><td>최대값 전압의 차이 (V_{Th})</td><td>[V]</td><td>*1 전압－*2 전압</td></tr>
<tr><td>⑦</td><td colspan="2">최대값 전압의 차이(V_{Th})는 무슨 전압인가?</td><td></td><td>실제적인 다이오드 특성에서 v_i와 v_o의 관계식을 고려</td></tr>
</table>

4.6 검토사항

1 다이오드의 스위칭 특성에 대하여 간단히 설명하여라.

2 교류전압 파형에서 주파수 f와 주기 T 사이에는 f=1/T의 관계가 성립한다. 주기 T가 1 ms, 20 ms, 5 μs, 100 μs, 20 ns인 경우 각각의 주파수 f를 구하여라.

3 교류전압 파형에서 주파수 f가 100 Hz, 5 kHz, 20 kHz, 2 MHz, 100 MHz인 경우 각각의 주기 T를 구하여라.

4 교류전압은 실효값(root mean square value : RMS)이고, 직류전압은 평균값(average value)이다. 교류전압의 실효값과 직류전압의 평균값에 대하여 간단히 설명하여라.

5 실험에서 사용한 피크-피크값 전압($V_{p\text{-}p}$)이 6 V이고, 주파수가 500 Hz인 정현파 교류입력전압 v_i를 아래의 예와 같은 형태의 순시값 식으로 표현하여라.
[예 : $v_i(t) = 100 \sin 377\, t$ ← 최대값(V_m)이 100 V이고, 주파수가 60 Hz인 정현파 교류전압]

6 교류입력전압이 $v_i(t) = 100 \sin 377\, t$인 경우 교류입력전압의 실효값 V_{rms}와 피크-피크값 전압 $V_{p\text{-}p}$를 구하여라.

7 실험단계 ④의 질문과 같이 디지털 멀티미터(DMM)와 오실로스코프(OSC)에 의한 측정전압 결과의 차이가 나는 이유를 설명하여라.

8 실험단계 ⑤의 실험결과를 이용하여 확인한 다이오드 동작특성을 간단히 설명하여라.

9 그림 4-5의 실험회로에서 다이오드가 스위치 ON 상태인 경우 출력전압은 $v_o = v_i - V_{Th}$가 된다. 즉, 입력전압(v_i)에서 다이오드 장벽전압(V_{Th}) 만큼 전압강하가 발생하여 출력전압으로 나타난다. 실험단계 ⑥의 실험결과를 이용하여 실험에 사용한 다이오드의 장벽전압(V_{Th})을 구하여라.

10 실험시의 특이사항 및 실험에 대한 종합결론을 정리하여라.

NOTE

실험

5. 다이오드 정류회로 실험

5.1 실험목적

▣ 교류전압(AC)을 직류전압(DC)으로 변환하는 다이오드 정류회로의 동작특성을 이해한다.

▣ 다이오드를 이용한 반파정류회로와 전파정류회로의 동작특성을 이해한다.

5.2 실험이론

5.2.1 교류(AC)와 직류(DC)

전력전자공학을 공부하는데 있어 교류(alternating current : AC)와 직류(direct current : DC)에 대한 정의를 정확하게 이해하는 것은 매우 중요하다. 실험 3에서 자세히 설명한 바와 같이 직류는 식 (5.1)과 같이 평균값(average value)으로 크기를 정의하고, 교류는 식 (5.2)와 같이 실효값(root mean square value : rms value)으로 크기를 정의한다. 교류를 직류와 같이 평균값으로 크기를 정의한다면 식 (5.1)의 평균값의 정의식에 의해 이상적인 모든 정현파 교류의 크기는 0이 되므로 교류전원의 크기를 정의할 수 없다. 따라서 +파형과 −파형이 교번(alternating)하여 나타나는 교류의 특성을 고려하여 교류의 크기는 식 (5.2)와 같이 실효값으로 정의한다.

$$V_{dc} = \frac{1}{T}\int_{0}^{T} v(t)dt \tag{5.1}$$

$$V_{rms} = \sqrt{\frac{1}{T}\int_{0}^{T} v(t)^2 dt} \tag{5.2}$$

교류전원의 크기를 표시하는 데 있어 실효값 이외에도 최대값(maximum value)과 피크-피크값(peak-to-peak value)을 많이 사용한다. 최대값은 정현파 등의 교류파형에서 0 V(GND)를 기준으로 +파형의 최대값을 의미한다. 또한 피크-피크값은 +파형의 피크값에서 -파형의 피크값까지를 의미한다. 정현파 교류에서 최대값과 피크-피크값을 그림으로 나타내면 그림 5-1과 같다.

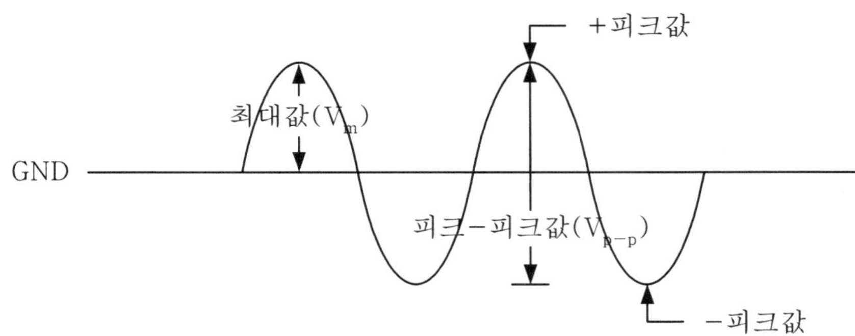

그림 5-1 교류의 최대값과 피크-피크값

교류 정현파에서 실효값을 정의식에 의해 구하면 실효값과 최대값 사이에는 $V_m = \sqrt{2}V_{rms}$의 관계가 있다. 또한 그림 5-1에서 알 수 있는 바와 같이 최대값과 피크-피크값 사이에는 $V_{p-p} = 2V_m$의 관계가 있다. 따라서 교류에서 많이 사용하는 실효값, 최대값, 피크-피크값 사이의 관계를 정리하면 식 (5.3)과 같다. AC 220 V와 같이 우리가 대푯값으로 사용하는 교류전압의 크기는 실효값이고, 필요에 따라 최대값 또는 피크-피크값 전압을 사용하기도 하므로 이들 사이의 차이와 관계를 정확히 이해할 필요가 있다.

$$V_{p-p} = 2V_m = 2\sqrt{2}V_{rms} \tag{5.3}$$

5.2.2 정류회로(rectifier)

교류와 직류 두 가지 형태를 갖는 전원을 필요에 따라 상호 변환할 필요가 있다. 즉, 필요에 따라 교류(AC)를 직류(DC)로 변환하거나, 이와는 반대로 직류(DC)를 교류(AC)로 변환하기도 한다. 이와 같이 교류와 직류를 상호 변환시키는 변환기(converter)에는 다음과 같은 네 가지 종류가 있다.

- AC-DC converter : AC 전원을 DC 전원으로 변환
- AC-AC converter : AC 전원을 다른 AC 전원으로 변환
- DC-DC converter : DC 전원을 다른 DC 전원으로 변환
- DC-AC converter : DC 전원을 AC 전원으로 변환

이들 4가지의 전력변환기 중에서 AC 전원을 DC 전원으로 변환하는 AC-DC 컨버터를 다이오드를 이용하여 구성할 수 있다. 다이오드를 이용하여 AC를 DC로 변환하는 회로를 정류기(rectifier)라고 한다. 다이오드를 이용한 정류회로에는 반파정류회로(half-wave rectifier)와 전파정류회로(full-wave rectifier)의 두 가지가 있으며, 본 실험에서는 이들 정류회로의 동작특성에 대해 살펴본다.

5.2.3 반파정류회로(half-wave rectifier)

그림 5-1의 정현파와 같이 교류전압 파형은 0 V(GND)를 기준으로 +와 −의 파형이 교대로 나타난다. 반파정류회로는 다이오드를 이용하여 교류전압 파형의 +파형만 출력으로 나타나도록 하고 −파형은 출력으로 나타나지 않도록 하는 회로이다. 이와 같은 특성을 갖는 반파정류회로는 출력으로 +파형만 나타나게 되므로 출력이 직류로 변환된 회로이다.

실험 4에서 그림 4-4의 다이오드 회로에 교류입력전압을 인가한 실험에서 다이오드 특성에 의해 입력의 +파형(정극성)만이 출력으로 나타나므로 그림 4-4가 바로 다이오드를 이용한 반파정류회로이다. 그림 4-4를 다시 나타낸 그림 5-2에서 알 수 있는 바와 같이 입력은 교류(AC), 출력은 직류(DC)가 되므로 이를 AC를 DC로 변환하는 정류회로라고 하며, 교류입력전압의 정극성과 부극성 중 반파(정극성)만이 출

력으로 나타나므로 이를 반파정류회로라고 한다.

반파정류회로의 특성을 완전히 해석하기 위해서는 출력전압의 파형을 구하는 것뿐만 아니라 출력전압의 직류전압 평균값(DC)까지를 구하는 것이 중요하다. 이를 회로의 정성적인 해석과 정량적인 해석이라고 한다. 회로나 시스템을 완전히 해석하기 위해서는 2가지를 모두 구해야 한다. 식 (5.1)에 의해 반파정류회로의 출력전압의 평균값(DC)을 구하면 식 (5.4)와 같다. 식 (5.4)는 실험 3의 식 (3.5)를 참고하여 구할 수 있다. 식 (5.4)의 결과에서 알 수 있는 바와 같이 실효값 교류입력전압(AC)의 0.45(45%)에 해당하는 크기의 전압이 평균값 직류출력전압(DC)으로 나타난다. 한 예로 실효값 10 V(실효값, V_{rms})의 교류입력전압을 인가한 경우 반파정류회로의 출력은 약 직류 4.5 V(평균값, V_{dc})의 직류출력전압이 얻어지는 것을 알 수 있다.

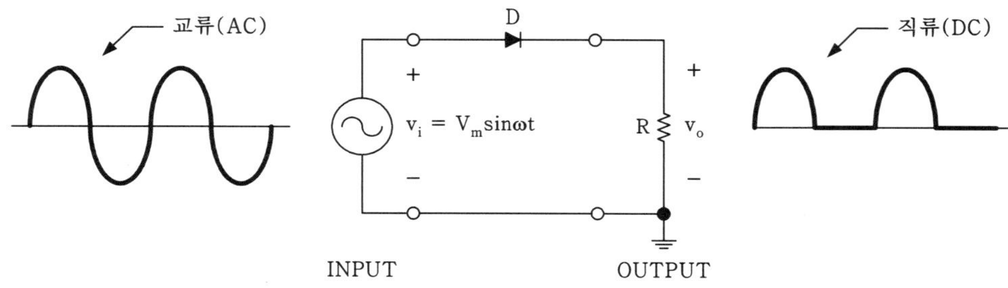

그림 5-2 다이오드 반파정류회로

$$
\begin{aligned}
V_{dc} &= \frac{1}{T}\int_0^T v_o(t)dt \\
&= \frac{1}{T}\int_0^{\frac{T}{2}} V_m \sin\omega t\,dt \\
&= \frac{1}{\pi}V_m \\
&= \frac{\sqrt{2}}{\pi}V_{rms} \\
&= 0.45V_{rms}
\end{aligned}
\tag{5.4}
$$

5.2.4 전파정류회로(full-wave rectifier)

반파정류회로는 교류의 정극성만을 직류출력으로 변환하는 데 비해 전파정류회로는 정극성뿐만 아니라 부극성 역시 직류출력으로 변환하는 회로이다. 직류출력을 얻기 위해 입력전압의 정극성은 그대로 출력으로 나타내고, 입력전압의 부극성은 극성을 반전하여 정극성 출력으로 나타나게 함으로써 반파정류회로에 비해 2배 크기의 직류출력을 얻을 수 있는 회로이다.

그림 5-3에 다이오드 전파정류회로를 나타내었다. 전파정류회로는 4개의 다이오드가 브리지 형태를 이루고 있다. 교류입력전압의 정극성 파형은 다이오드 D_1과 D_3에 의해 동일한 극성으로 출력전압으로 나타난다. 또한 교류입력전압의 부극성 파형은 다이오드 D_2와 D_4에 의해 극성이 바뀌어 정극성의 출력전압으로 나타난다. 이와 같은 전파정류회로의 동작특성에 의해 그림 5-3과 같은 직류출력전압을 얻을 수 있다. 전파정류회로는 교류입력전압의 정극성과 부극성을 모두 정극성의 직류출력전압으로 나타내므로 반파(half-wave)정류회로와 구분하여 전파(full-wave)정류회로라고 한다.

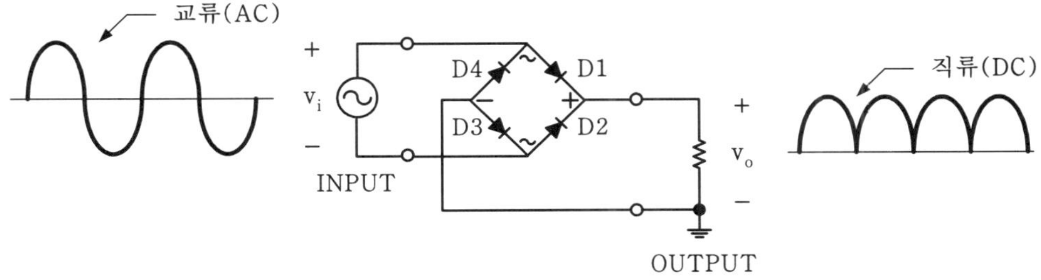

그림 5-3 다이오드 전파정류회로

반파정류회로의 해석과 마찬가지로 전파정류회로 역시 특성을 완전히 해석하기 위해서는 출력전압의 파형을 구하는 것뿐만 아니라 출력전압의 직류전압 평균값(DC)까지를 구해야 한다. 즉 정성적인 해석과 정량적인 해석을 모두 구해야 한다. 따라서 식 (5.1)에 의해 전파정류회로의 출력전압의 평균값(DC)을 구하면 식 (5.5)와 같다. 식 (5.5)는 실험 3의 식 (3.7)을 참고하여 구할 수 있다.

$$\begin{aligned} V_{dc} &= \frac{1}{T}\int_0^T v_o(t)dt \\ &= \frac{2}{T}\int_0^{\frac{T}{2}} V_m \sin\omega t\, dt \\ &= \frac{2}{\pi}V_m \\ &= \frac{2\sqrt{2}}{\pi}V_{rms} \\ &= 0.9V_{rms} \end{aligned} \tag{5.5}$$

식 (5.5)의 결과에서 알 수 있는 바와 같이 실효값 교류입력전압(AC)의 0.9(90%)에 해당하는 크기의 전압이 평균값 직류출력전압(DC)으로 나타난다. 한 예로 실효값 10 V(V_{rms})의 교류입력전압을 인가한 경우 전파정류회로의 출력은 약 직류 9 V(V_{dc})의 직류출력전압이 얻어진다.

그림 5-2와 그림 5-3의 출력전압 파형을 비교하고, 식 (5.4)와 식 (5.5)를 비교하여 알 수 있는 바와 같이 전파정류회로의 출력전압 파형이 반파정류회로의 출력전압 파형에 비해 직류전압에 가깝다는 것을 알 수 있다. 그리고 전파정류회로는 동일한 교류입력전압에 대해 반파정류회로와 비교해 2배의 직류출력전압을 얻을 수 있다.

5.3 실험부품

부품 및 장비		규격 및 수량	
부 품	다이오드	1N4001	4개
	저항	10kΩ	1개
장 비		신호발생기(signal generator)	
		오실로스코프(oscilloscope)	
		디지털 멀티미터(DMM)	
		브레드 보드(bread board)	

5.4 실험방법

실험 1. 전파정류회로 실험

① 그림 5-4의 전파정류회로를 구성하여라.

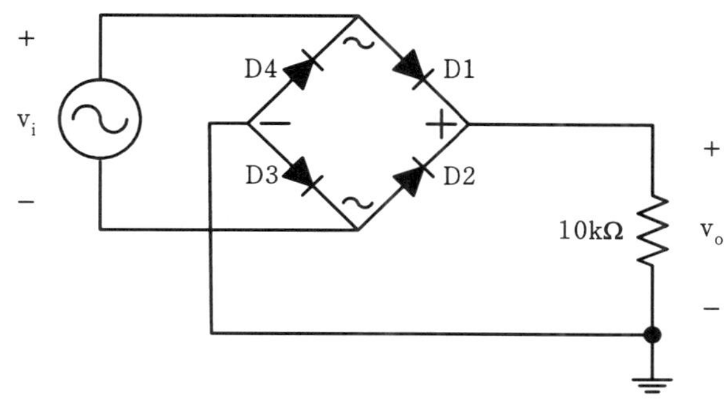

그림 5-4 전파정류회로

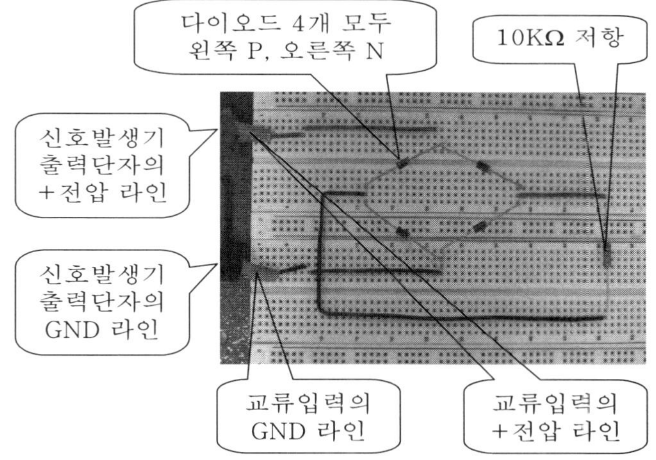

그림 5-5 브레드 보드를 이용한 전파정류 실험회로 구성

입력전압은 신호발생기(signal generator)를 이용하여 피크-피크값 전압(V_{p-p})이 6 V, 주파수가 500 Hz인 정현파 신호를 만들어서 사용하여라.
그림 5-5에 브레드 보드를 이용한 실험회로 구성을 나타내었다. 실험회로 구성시 그림 5-5를 참고하여라.

② 디지털 멀티미터(DMM)를 이용하여 교류입력전압 v_i와 직류출력전압 v_o를 측정하여 표 5-1에 기록하여라.
DMM을 이용하여 입·출력전압 측정시 입력전압 v_i는 교류전압(AC)을 측정하도록 측정모드를 설정하고, 출력전압 v_o는 직류전압(DC)을 측정하도록 측정모드를 설정하여라.
또한 DMM을 직류전압(DC)을 측정하도록 측정모드를 설정한 후 교류전압인 입력전압 v_i를 측정하고, 측정결과에 대해 생각해 보아라.

③ 입력전압과 출력전압을 오실로스코프를 이용하여 각기 측정하여 입력전압과 출력전압의 V_{p-p} 전압은 표 5-1에 기록하고, 파형은 표 5-2에 듀얼 모드로 측정한 것처럼 반드시 위상을 맞추어 그려라.
그림 5-4의 실험회로에서 알 수 있는 바와 같이 전파정류회로의 입력전압과 출력전압의 접지선(GND)이 서로 동일하지 않다. 이와 같이 접지전압이 동일하지 않은 경우는 오실로스코프의 듀얼 모드를 이용하여 파형을 동시에 측정할 수 없으므로 부득이 오실로스코프의 CH1만을 이용하여 파형을 각기 측정하여야 한다. 그리고 두 파형의 정확한 비교를 위해 측정시마다 Ground 전압 위치가 오실로스코프 화면의 가운데가 되도록 수직 위치조정기(vertical position knob)를 조정하고, 전압스케일(V/div) 역시 동일하게 설정하여라.

④ 표 5-1에서 디지털 멀티미터와 오실로스코프를 이용한 전압 측정결과가 서로 다른 이유와 측정 데이터들 사이의 관계를 생각해 보아라.

⑤ 표 5-2의 실험결과가 전파정류회로의 특성과 일치하는지 검토하여라.
또한 표 5-2의 실험결과가 이론적인 전파정류회로의 특성과 차이점이 있다면 그 이유에 대하여 생각해 보아라.

⑥ 그림 5-4의 전파정류회로에서 다이오드 D_2와 D_4를 제거하고 실험단계 ③을 반복하여라.
입력전압과 출력전압을 각기 측정하여 표 5-2(b)에 파형을 그릴 때 전

파정류회로의 다이오드들의 동작특성을 고려하여 입력전압의 정극성 구간이 출력전압으로 나타나는지, 또는 입력전압의 부극성 구간이 극성이 바뀌어 정극성의 출력전압으로 나타나는지를 생각해 보고, 입력전압과 출력전압의 위상이 반드시 서로 일치하도록 실험파형을 그려라.

표 5-2의 3개의 실험파형은 교류입력전압을 먼저 모두 동일하게 그려라. 그리고 표 5-2(a), 표 5-2(b), 표 5-2(c) 각각에 적합하도록 교류입력전압의 위상을 기준으로 직류출력전압 파형을 그려라.

⑦ 그림 5-4의 전파정류회로에서 다이오드 D_1과 D_3을 제거하고 실험단계 ③을 반복하여라.

입력전압과 출력전압을 각기 측정하여 표 5-2(c)에 파형을 그릴 때 전파정류회로의 다이오드들의 동작특성을 고려하여 입력전압의 정극성 구간이 출력전압으로 나타나는지, 또는 입력전압의 부극성 구간이 극성이 바뀌어 정극성의 출력전압으로 나타나는지를 생각해 보고, 입력전압과 출력전압의 위상이 반드시 서로 일치하도록 실험파형을 그려라.

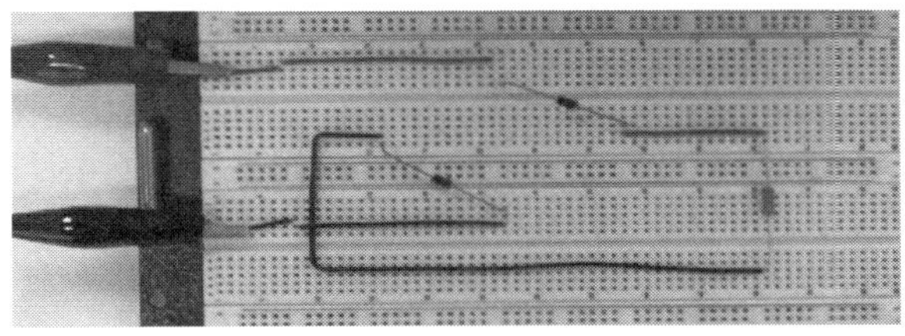

(a) 다이오드 D_2와 D_4를 제거한 실험회로

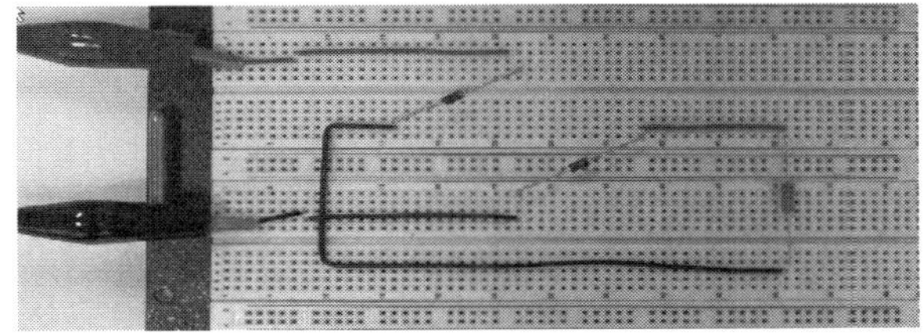

(b) 다이오드 D_1과 D_3을 제거한 실험회로

그림 5-6 D_2, D_4 또는 D_1, D_3을 제거한 실험회로

5.5 실험결과

실험 1. 전파정류회로 실험

표 5-1 전파정류회로 실험 데이터

<table>
<tr><th>실험단계</th><th colspan="2">구분</th><th>측정값</th><th>참고사항</th></tr>
<tr><td rowspan="3">②</td><td rowspan="2">교류입력 전압 v_i</td><td>교류전압 측정모드 설정시</td><td>[V]</td><td rowspan="3">DMM 이용 측정</td></tr>
<tr><td>직류전압 측정모드 설정시</td><td>[V]</td></tr>
<tr><td colspan="2">직류출력전압 v_o</td><td>[V]</td></tr>
<tr><td rowspan="2">③</td><td colspan="2">교류입력전압 v_i</td><td>[V]</td><td rowspan="2">OSC를 이용하여 V_{p-p} 측정</td></tr>
<tr><td colspan="2">직류출력전압 v_o</td><td>[V]</td></tr>
<tr><td>⑤</td><td colspan="2">실험결과가 전파정류회로 특성과 일치하는지 여부</td><td></td><td>실험단계 ③의 결과〔표 5-2(a)〕 분석</td></tr>
<tr><td rowspan="2">⑥</td><td colspan="2">교류입력전압 v_i</td><td>[V]</td><td rowspan="4">OSC를 이용하여 V_{p-p} 측정</td></tr>
<tr><td colspan="2">직류출력전압 v_o</td><td>[V]</td></tr>
<tr><td rowspan="2">⑦</td><td colspan="2">교류입력전압 v_i</td><td>[V]</td></tr>
<tr><td colspan="2">직류출력전압 v_o</td><td>[V]</td></tr>
</table>

표 5-2 전파정류회로 실험파형

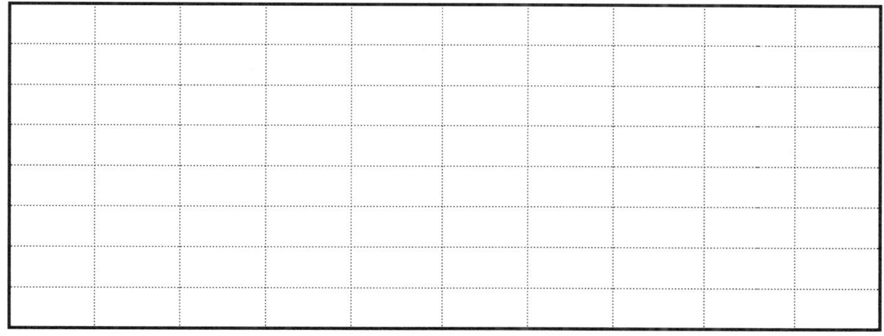

● 전압 스케일 : 1V/div ● 시간 스케일 : 0.5ms/div

(a) 실험단계 ③의 실험파형 (전파정류회로)

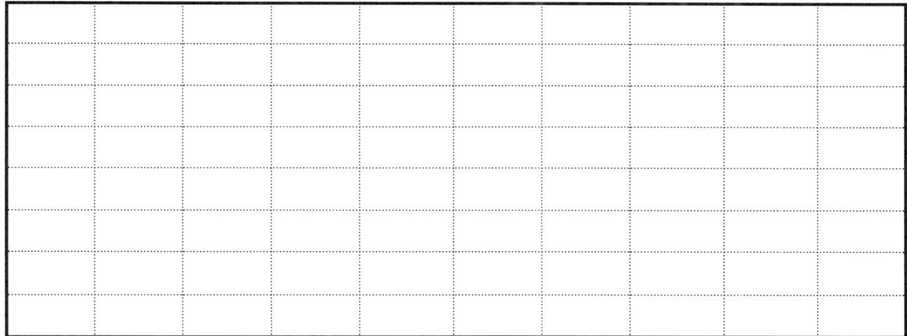

● 전압 스케일 : 1V/div ● 시간 스케일 : 0.5ms/div

(b) 실험단계 ⑥의 실험파형 (다이오드 D_2와 D_4 제거)

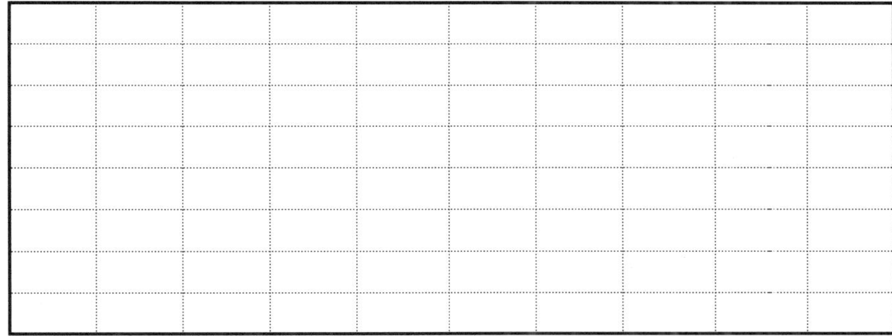

● 전압 스케일 : 1V/div ● 시간 스케일 : 0.5ms/div

(c) 실험단계 ⑦의 실험파형 (다이오드 D_1과 D_3 제거)

5.6 검토사항

1 정현파 교류전압의 실효값 V_{rms}, 최대값 V_m, 피크-피크값 전압 V_{p-p} 사이의 관계를 설명하고, 관계식을 정리하여라.

2 단상 60 Hz, 실효값 20 V의 정현파 교류전압을 반파정류회로와 전파정류회로를 이용하여 정류하는 경우 각각의 직류출력전압(DC)을 구하여라. 단, 다이오드는 이상적인 것으로 가정하여라.

3 전파정류회로를 이용하여 DC 9 V의 출력전압을 얻고자 하는 경우 교류입력전압의 최대값 V_m을 구하여라. 단, 입력전압은 단상 60 Hz이고, 다이오드는 이상적인 것으로 가정하여라.

4 전파정류회로 실험에서 입력전압과 출력전압을 오실로스코프 듀얼 모드를 이용하여 동시에 측정할 수 없는 이유를 설명하여라.

5 전파정류회로 실험의 실험단계 ④의 질문과 같이 디지털 멀티미터(DMM)와 오실로스코프(OSC)에 의한 측정전압의 차이가 나는 이유와 측정 데이터들 사이의 관계에 대하여 설명하여라.

6 전파정류회로 실험의 실험단계 ⑤의 질문과 같이 표 5-2의 실험결과가 이론적인 전파정류회로의 특성과 차이점이 있는지 관찰하여라. 그리고 차이점과 차이점이 생긴 이유에 대하여 설명하여라.

7 다이오드 D_2와 D_4를 제거한 실험단계 ⑥의 실험결과에서 출력전압은 입력전압의 정극성 구간이 나타난 것인지, 또는 입력전압의 부극성 구간이 극성이 바뀌어 정극성으로 나타난 것인지를 답하고, 그 이유를 설명하여라.

8 다이오드 D_1과 D_3을 제거한 실험단계 ⑦의 실험결과에서 출력전압은 입력전압의 정극성 구간이 나타난 것인지, 또는 입력전압의 부극성 구간이 극성이 바뀌어 정극성으로 나타난 것인지를 답하고, 그 이유를 설명하여라.

9 실험시의 특이사항 및 실험에 대한 종합결론을 정리하여라.

실험

6. 정류기 필터회로 실험

6.1 실험목적

▣ 다이오드 정류회로의 출력전압을 평활한 직류전압으로 변환하는 정류기 필터회로의 동작특성을 이해한다.

▣ 정류기 필터회로인 RC 필터회로와 커패시터 필터회로의 동작특성을 이해한다.

6.2 실험이론

6.2.1 정류기 필터회로(filter)

반파정류회로에 비해 동작특성이 우수한 전파정류회로의 경우에 있어서도 출력전압 특성은 평활한 일반적인 직류전압과 비교해서 직류전압으로써의 특성이 떨어진다. 따라서 정류회로의 출력을 보다 평활한 직류전압으로 만드는 회로가 필요하며 이와 같은 기능을 갖는 회로를 필터회로(filter)라 한다.

전파정류회로의 특성을 해석하기 위해 식 (6.1)에 전파정류회로의 평균값 직류전압을 다시 나타내었다. 전파정류회로의 출력파형에는 식 (6.1)에서 구한 직류전압(DC) 성분이 있다. 그러나 전파정류회로의 출력에는 식 (6.1)의 직류전압(DC) 성분만 존재하는 것이 아니고, 다양한 주파수의 교류전압(AC) 성분 역시 존재한다.

$$
\begin{aligned}
V_{dc} &= \frac{1}{T}\int_0^T v_o(t)dt \\
&= \frac{2}{T}\int_0^{\frac{T}{2}} V_m \sin\omega t\, dt \\
&= \frac{2}{\pi}V_m \\
&= \frac{2\sqrt{2}}{\pi}V_{rms} \\
&= 0.9V_{rms}
\end{aligned}
\tag{6.1}
$$

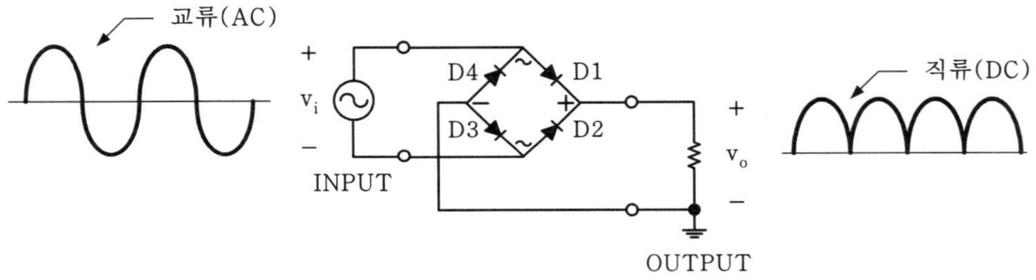

그림 6-1 다이오드 전파정류회로

그림 6-1의 전파정류회로의 출력전압 파형에는 직류와 교류 성분이 함께 포함되어 있다. 따라서 전파정류회로의 출력전압에서 직류 성분인 평균값 직류전압 $0.9V_{rms}$를 빼면 남는 파형은 순수한 교류 성분이다. 정현파와는 다른 모양의 이와 같은 출력전압의 교류 성분에는 입력전압과 같은 주파수의 교류 성분을 기본파로 하여 이보다 주파수가 2배, 3배, ⋯, ∞배가 되는 다양한 주파수의 교류 성분들이 포함된다.

임의의 주기파형에 존재하는 직류 및 교류 주파수 성분들을 구하기 위해서는 푸리에 급수(Fourier series)를 이용한 해석이 필요하다. 전파정류회로의 출력에는 직류 성분뿐만 아니라 교류 성분들이 존재하여 출력파형이 직선적인 직류전압 특성을 갖지 못하는 것이다. 따라서 전파정류회로의 출력파형에서 직류 성분은 그대로 두고, 교류 성분들만을 제거함으로써 보다 평활한 직류전압 파형을 얻을 수 있다. 이와 같은 기능을 하는 대표적인 정류기 필터회로가 RC 필터회로와 커패시터 필터회로 등이다.

6.2.2 RC 필터회로

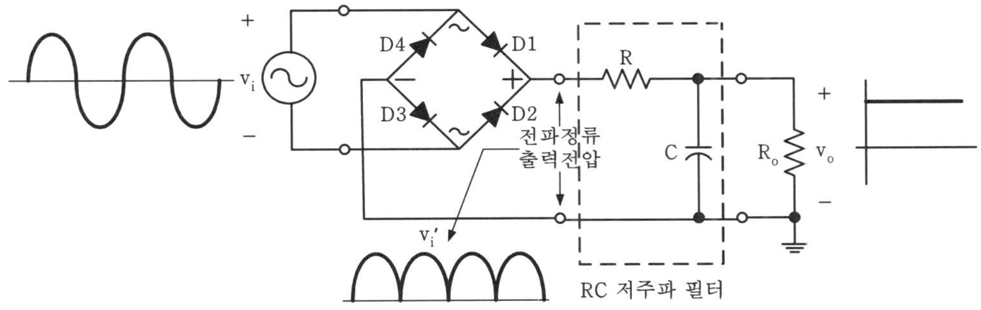

그림 6-2 RC 필터회로를 부가한 전파정류회로

RC 필터회로의 동작특성을 간단히 설명한다. 커패시터는 식 (6.2)와 같이 주파수에 따라 리액턴스가 변하는 특성을 갖는다. 식 (6.3)과 같이 낮은 즈파수($f \to 0$)에 대해 커패시터의 리액턴스 X_c는 증가하고, 식 (6.4)와 같이 높은 주파수($f \to \infty$)에 대해 커패시터의 리액턴스 X_c는 감소하는 특성을 갖는다.

$$\frac{1}{j2\pi fC} = -jX_c \tag{6.2}$$

$$X_c|_{f\to 0} = \left.\frac{1}{2\pi fC}\right|_{f\to 0} \approx \infty \tag{6.3}$$

$$X_c|_{f\to \infty} = \left.\frac{1}{2\pi fC}\right|_{f\to \infty} \approx 0 \tag{6.4}$$

커패시터 C의 리액턴스가 주파수에 따라 변화하므로 RC 필터회로 입력에 낮은 주파수($f \to 0$) 성분이 인가되면 식 (6.3)과 같이 커패시터의 리액턴스 X_c가 증가하여 상대적으로 X_c가 R보다 크게 된다. RC 직렬회로에서 리액턴스 X_c가 저항 R보다 크게 되면 인가된 낮은 입력주파수 성분은 식 (6.5)와 같이 대부분 커패시터 양단에 걸리게 된다. 즉 낮은 주파수의 입력 성분은 그대로 출력전압으로 나타난다.

이와는 반대로 RC 필터회로 입력에 높은 주파수($f \to \infty$) 성분이 인가되면 식 (6.4)와 같이 커패시터의 리액턴스 X_c는 감소하여 상대적으로 X_c가 R보다 작게 된다. RC 직렬회로에서 임피던스 X_c가 R보다 작게 되면 인가된 높은 입력주파수 성분은 대부분 저항 양단에 걸리게 되고, 식 (6.6)과 같이 커패시터 양단에는 작은 전압만이 걸린다. 즉 높은 주파수의 입력 성분은 출력전압으로 잘 나타나지 않는다.

$$v_o|_{f\to 0} = \frac{X_c}{R+X_c}\cdot v_i = \left(\left.\frac{\frac{1}{2\pi fC}}{R+\frac{1}{2\pi fC}}\right|_{f\to 0}\right)v_i' \approx v_i' \tag{6.5}$$

$$v_o|_{f\to \infty} = \frac{X_c}{R+X_c}\cdot v_i = \left(\left.\frac{\frac{1}{2\pi fC}}{R+\frac{1}{2\pi fC}}\right|_{f\to \infty}\right)v_i' \approx 0 \tag{6.6}$$

이와 같은 RC 필터회로의 특성에 의해 낮은 주파수 성분, 즉 직류 성분은 출력으로 잘 통과시키고, 높은 주파수 성분, 즉 교류 성분은 잘 통과시키지 않음으로써 전파정류회로의 출력파형에서 교류 성분을 제거하여 그림 6-2의 출력전압파형과 같이 평활한 직류출력전압을 얻을 수 있다. RC 필터회로는 저주파 성분은 잘 통과시키는 특성을 가지므로 이를 저주파 통과 필터(low pass filter : LPF) 또는 줄여서 저주파 필터라고 부른다. 물론 저주파 필터인 RC 필터회로에서 원하는 평활한 출력전압을 얻기 위해서는 R과 C값을 적절히 잘 선정하여야 한다.

$$RC = \frac{K}{\omega} \tag{6.7}$$

RC 시정수(time constant)를 식 (6.7)과 같이 설정하면 n차 고조파를 약 1/(Kn)로 감소시킬 수 있다. 예를 들어 RC 시정수를 각주파수 ω의 역수의 10배, 즉 RC=10/ω이 되도록 설정하면 n차 고조파를 1/(Kn)로 감소시킨다는 특성에 의해 3차 고조파는 1/30, 5차 고조파는 1/50, 7차 고조파는 1/70 등으로 크게 감소시킬 수 있다.

6.2.3 커패시터 필터회로

전파정류회로의 출력파형에서 직류 성분은 그대로 두고 교류 성분들만을 제거함으로써 보다 평활한 직류출력파형을 얻을 수 있는 또 다른 대표적인 필터회로는 그림 6-3의 커패시터 필터회로이다.

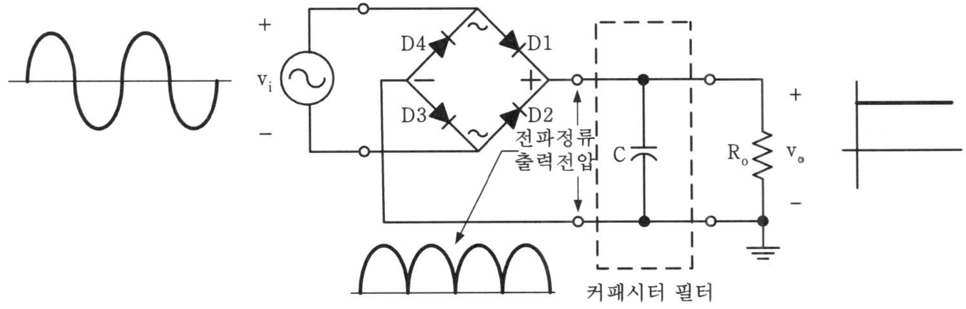

그림 6-3 커패시터 필터회로를 부가한 전파정류회로

그림 6-3의 커패시터 필터회로는 커패시터 C의 임피던스가 주파수에 따라 변하는 특성에 의해 RC 필터회로와 거의 동일한 특성에 의해 전파정류회로의 출력전압에 포함되어 있는 직류 이외의 교류 성분들을 제거하여 평활한 직류출력전압을 얻을 수 있는 필터회로이다. 다이오드를 이용한 전파정류회로의 출력단에 RC 필터회로나 커패시터 필터회로를 추가하여 교류 입력전압을 평활한 직류전압으로 변환할 수 있다.

6.3 실험부품

부품 및 장비		규격 및 수량	
부 품	다이오드	1N4001	4개
	저항	10Ω	1개
		10kΩ	1개
	커패시터(전해콘덴서)	1μF	1개
		4.7μF	1개
		100μF	1개
장 비		신호발생기(signal generator)	
		오실로스코프(oscilloscope)	
		디지털 멀티미터(DMM)	
		브레드 보드(bread board)	

6.4 실험방법

실험 1. RC 필터회로 실험

① 그림 6-4와 같이 전파정류회로에 RC 필터회로를 추가하여 구성하여라. 입력전압은 신호발생기(signal generator)를 이용하여 피크-피크값 전압($V_{p\text{-}p}$)이 6 V이고, 주파수가 500 Hz인 정현파 신호를 만들어서 사용하여라. 또한 RC 필터회로는 저항 R=10Ω, 커패시터 C=1μF를 사용하여라.

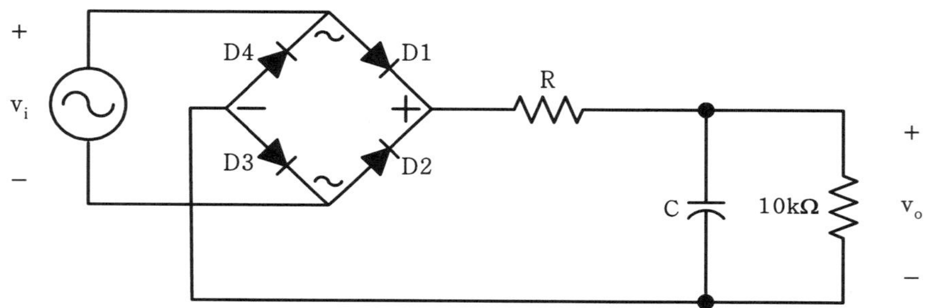

그림 6-4 RC 필터회로를 부가한 전파정류 실험회로

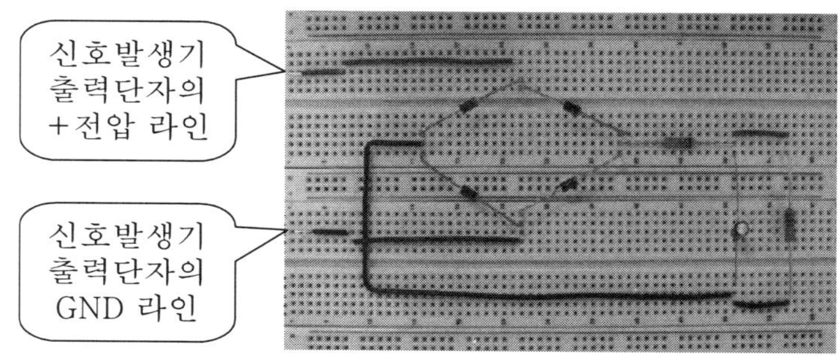

그림 6-5 RC 필터회로를 부가한 전파정류회로 구성

② 디지털 멀티미터(DMM)를 이용하여 교류입력전압 v_i와 직류출력전압 v_o를 측정하여 표 6-1에 기록하여라.

DMM을 이용하여 전압 측정시 입력전압은 교류전압(AC)을 측정하도록 모드를 설정하고, 출력전압은 직류전압(DC)을 측정하도록 모드를 설정하여라.

③ 입력전압과 출력전압을 오실로스코프를 이용하여 각기 측정하여 입력전압과 출력전압의 파형을 표 6-2에 그려라.

그림 6-4의 회로는 그림 6-1의 회로와 마찬가지로 입력전압과 출력전압의 접지선(GND)이 서로 동일하지 않다. 이와 같이 접지전압이 동일하지 않은 경우는 오실로스코프의 듀얼 모드를 이용하여 파형을 동시에 측정할 수 없으므로 부득이 오실로스코프의 CH1만을 이용하여 파형을 각기 측정하여야 한다. 그러나 두 파형의 정확한 비교를 위해 측정시 마다 Ground 전압 위치가 오실로스코프 화면의 가운데가 되도록 수직 위치조정기(vertical position knob)를 조정하고, 전압스케일(V/div) 역시 동일하게 설정하여라.

④ 그림 6-4에서 필터회로의 커패시터를 C=4.7μF로 바구고 실험단계 ②, ③을 반복하여라.

⑤ 그림 6-4에서 필터회로의 커패시터를 C=100μF로 바꾸고 실험단계 ②, ③을 반복하여라.

⑥ 실험단계 ④, ⑤의 결과에서 커패시터값을 증가시킴으로써, 즉 RC 시정수를 증가시킴으로써 직류출력전압의 파형이 어떻게 변화하는지를 관찰하고, 그 이유를 생각해 보아라.

⑦ 실험단계 ⑤에서 DMM을 이용하여 측정한 직류출력전압과 OSC를 이용하여 측정한 직류출력전압이 일치하는지를 관찰하여라

⑧ 실험단계 ⑤에서와 같이 입력전원의 주파수가 f=500 Hz인 회로에서 R=10Ω, C=100μF인 RC 필터를 사용하는 경우 ωRC=K의 K값을 정수값으로 구하여 표 6-1에 기록하여라.

실험 2. 커패시터 필터회로 실험

① 그림 6-6의 커패시터 필터회로를 추가한 전파정류회로를 구성하여라. 입력전압은 신호발생기(signal generator)를 이용하여 피크-피크값 전압(V_{p-p})이 6 V이고, 주파수가 500 Hz인 정현파 신호를 만들어서 사용하여라. 또한 커패시터 필터회로는 커패시터 C=100μF를 사용하여라.

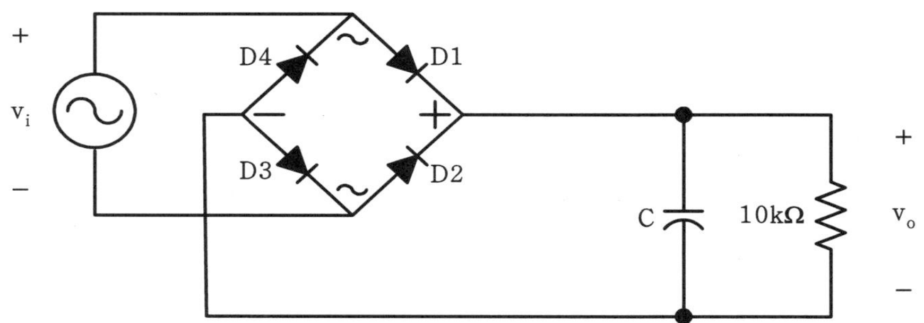

그림 6-6 커패시터 필터회로를 부가한 전파정류 실험회로

② 입력전압과 출력전압을 오실로스코프를 이용하여 각기 측정하여 입력전압과 출력전압의 파형을 표 6-3에 그려라.
그림 6-6의 회로는 그림 6-1의 회로와 마찬가지로 입력전압과 출력전압의 접지선(GND)이 서로 동일하지 않다. 이와 같이 접지전압이 동일하지 않은 경우는 오실로스코프의 듀얼 모드를 이용하여 파형을 동시에 측정할 수 없으므로 부득이 오실로스코프의 CH1만을 이용하여 파형을 각기 측정하여야 한다. 그러나 두 파형의 정확한 비교를 위해 측정시마다 Ground 전압 위치가 오실로스코프 화면의 가운데가 되도록 수직 위치조정기를 조정하고, 전압스케일(V/div) 역시 동일하게 설정하여라.

③ 표 6-3의 결과에서 출력전압이 입력전압의 최대값과 동일한 크기의 직류전압인지 관찰하여라. 또한 출력전압에 리플이 있는지를 세밀하게 관찰하고, 리플이 있는 경우 리플전압의 피크-피크값 전압을 측정하여라. 표 6-4에 실험결과를 기록하여라.

6.5 실험결과

실험 1. RC 필터회로 실험

표 6-1 RC 필터회로 실험 데이터

실험단계	구분	측정값	참고사항
②	교류입력전압 v_i	[V]	DMM 이용 측정 • 교류입력전압은 DMM의 교류전압(AC) 측정모드 설정 • 직류출력전압은 DMM의 직류전압(DC) 측정모드 설정
	직류출력전압 v_o	[V]	
④	교류입력전압 v_i	[V]	
	직류출력전압 v_o	[V]	
⑤	교류입력전압 v_i	[V]	
	직류출력전압 v_o	[V]	
⑥	RC 시정수의 증가에 의한 직류출력전압의 파형 변화		실험단계 ③, ④, ⑤의 결과(표 6-2) 분석
⑦	실험단계 ⑤에서 DMM과 OSC에 의해 측정한 직류출력전압의 일치 여부		실험단계 ⑤의 결과[표 6-1, 표 6-2(c)] 비교
⑧	ωRC=K의 근사적인 정수 K값		주파수 f=500 Hz이고, R=10Ω, C=100μF인 경우 RC=K/ω을 만족하는 정수 K값 계산

표 6-2 RC 필터회로 실험파형

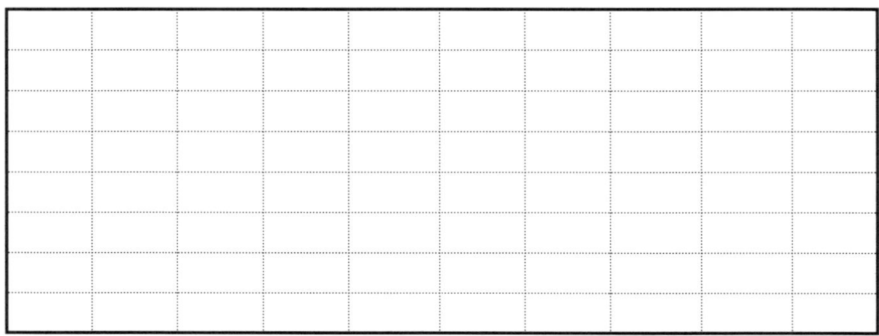

● 전압 스케일 : 1V/div ● 시간 스케일 : 0.5ms/div

(a) 실험단계 ③의 실험파형 (R=10Ω, C=1μF)

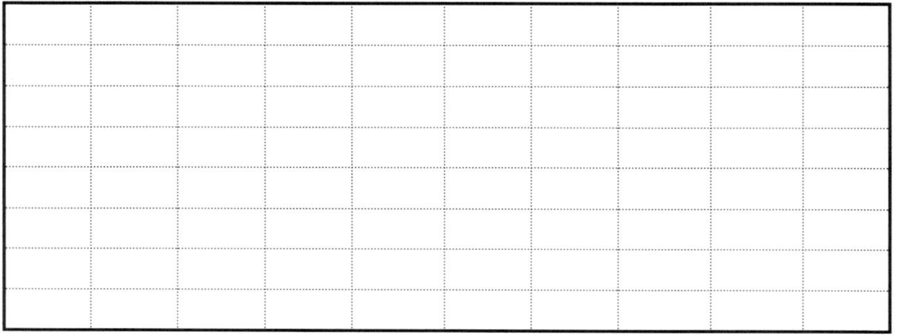

● 전압 스케일 : 1V/div ● 시간 스케일 : 0.5ms/div

(b) 실험단계 ④의 실험파형 (R=10Ω, C=4.7μF)

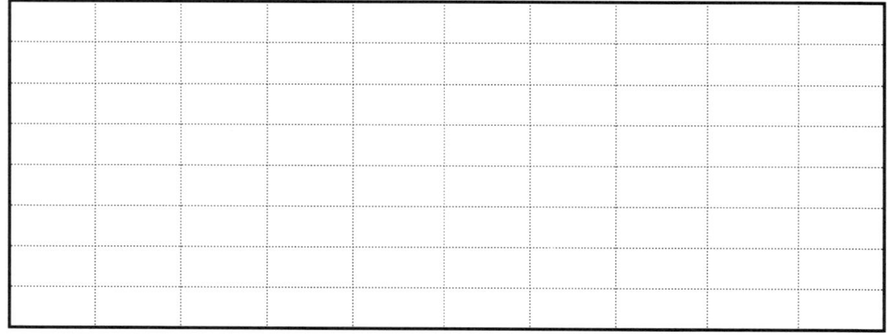

● 전압 스케일 : 1V/div ● 시간 스케일 : 0.5ms/div

(c) 실험단계 ⑤의 실험파형 (R=10Ω, C=100μF)

실험 2. 커패시터 필터회로 실험

표 6-3 커패시터 필터회로 실험파형(실험단계 ②)

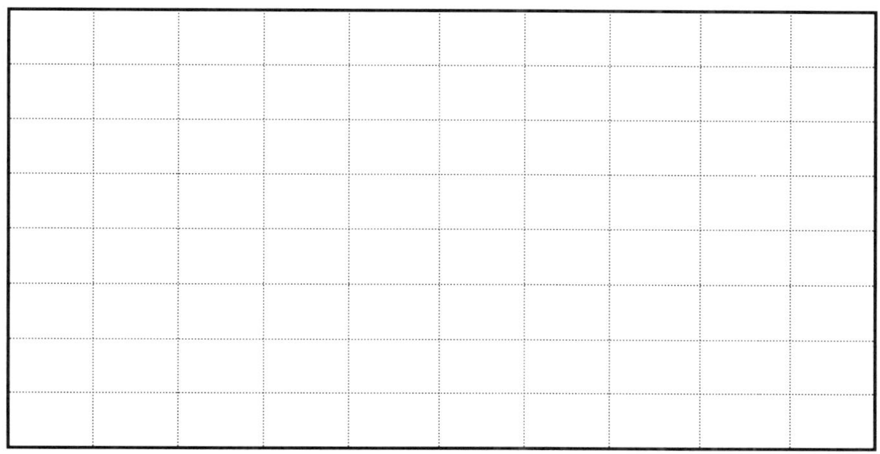

● 전압 스케일 : 1V/div ● 시간 스케일 : 0.5ms/div

표 6-4 커패시터 필터회로 실험 데이터

실험단계	실험내용	실험결과	참고사항
③	직류출력전압이 교류입력전압의 최대값과 일치하는지 여부		실험단계 ②의 결과(표 6-3) 분석
	직류출력전압에 리플이 존재하는지의 여부		
	직류출력전압에 리플이 존재하는 경우 피크-피크값 리플전압		

6.6 검토사항

1 그림 6-4와 그림 6-6의 실험회로에서 입력전압과 출력전압을 오실로스코프 듀얼 모드를 이용하여 동시에 측정할 수 없는 이유를 설명하여라.

2 그림 6-4 RC 필터회로의 실험단계 ⑥의 질문과 같이 커패시터값을 증가시킴으로써 출력전압 파형이 달라지는 이유를 설명하여라.

3 그림 6-4 RC 필터회로의 실험단계 ⑧에서 구한 K값과 식 (6.7)을 이용하여 R=10Ω, C=100μF인 RC 필터회로에 의해 3차, 5차, 7차, 9차 고조파가 각각 대략 얼마나 감소하는지 계산하여라.

4 그림 6-7은 R과 C의 위치를 변경한 RC 필터회로이다. 입력전압 v_i에 낮은 주파수(f→0) 성분이 인가되는 경우 출력전압 v_o는 어떤 값에 수렴하는지 유도하여라. 식 (6.5)를 참고하여 식 (6.5)와 같은 형태로 유도과정을 나타내어라.

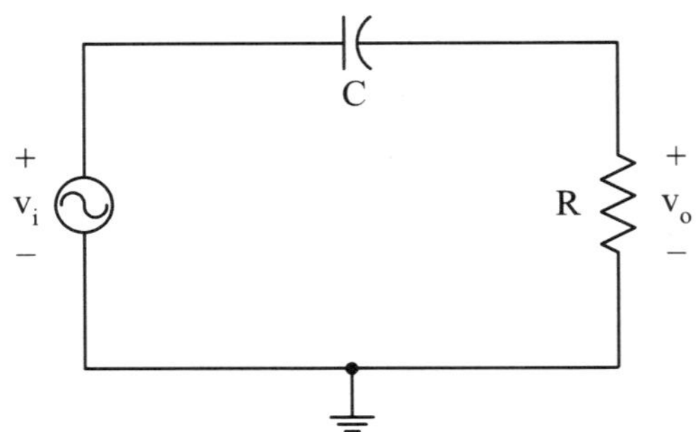

그림 6-7 R과 C의 위치를 변경한 RC 필터회로

5 그림 6-7의 RC 필터회로에서 입력전압 v_i에 높은 주파수(f→∞) 성분이 인가되는 경우 출력전압 v_o는 어떤 값에 수렴하는지 유도하여라. 식 (6.6)을 참고하여 식 (6.6)과 같은 형태로 유도과정을 나타내어라. 또한 그림 6-7의 RC 필터회로가 결과적으로 저주파 필터회로인지 고주파 필터회로인지 답하여라.

6 실험시의 특이사항 및 실험에 대한 종합결론을 정리하여라.

실험

7. 정전압회로 실험

7.1 실험목적

▣ 정전압회로의 기본적인 원리를 이해한다.

▣ 실용적으로 사용되는 정전압 IC의 응용회로를 이해한다.

7.2 실험이론

7.2.1 정전압회로

일반적인 전원으로 사용하고 있는 220 V의 교류전압을 이용하여 전기·전자회로에서 필요로 하는 직류전압으로 변환하는 전원회로는 대부분의 전기·전자회로에 있어 필수적이고, 매우 중요하다. 이와 같은 목적으로 사용하는 회로가 정류회로(rectifier)이며, 가장 대표적으로 사용하는 정류회로가 실험 6의 필터회로가 부가된 다이오드 전파정류회로이다. 직류전원회로로 사용하기 위해서는 이와 같은 정류회로의 기능과 함께 정전압을 유지할 수 있는 기능이 필요하다. 전기·전자회로가 안정적인 동작을 하기 위해서는 전기·전자회로에서 필요로 하는 직류전압을 공급하는 것과 함께 직류전압의 크기가 일정한 정전압을 유지하는 것이 중요하기 때문이다. 즉, 정류회로에서 입력전압으로 사용하는 교류전압의 변동이나 부하전류의 변동 등에 따라서도 직류전압의 크기가 변하지 않아야 한다.

실험 6에서 살펴 본 RC 필터회로가 부가된 다이오드 전파정류회로를 이용하여 평활한 직류전압을 얻을 수 있는 직류전원회로를 구성할 수 있다. 그러나 다이오드 전파정류회로는 교류입력전압이 변동되는 경우 이에 의해 직류출력전압이 쉽게 변동된다. 또한 교류입력전압이 변동되지 않는 경우에도 부하전류 등의 변화에 따라서 직류출력전압이 변동될 수 있다. 따라서 직류전압을 출력하는 다이오드 전파정류회로 등에 정전압을 유지할 수 있는 정전압회로를 추가하는 것이 필요하다.

7.2.2 정전압 IC 기본회로

정전압회로를 간단히 구성하기 위해 가장 일반적으로 사용하는 방법이 3단자 정전압 IC를 사용하는 방법이다. 3단자 정전압 IC에는 크게 2가지 종류가 있다. 한 종류는 78××의 정전압 IC이고, 또 다른 종류는 79××의 정전압 IC이다. 예로, 정전압 IC 7805는 +5V의 직류전압을 위한 정전압 IC이고, 7905는 −5 V의 직류전압을 위한 정전압 IC이다. +5 V의 직류전압을 필요로 하는 TTL을 이용한 회로 등에는 정전압 IC 7805가 유용하게 이용된다. 또한 연산증폭기를 이용하는 회로와 같이 +15 V와 −15 V의 직류전원이 동시에 필요한 경우에는 7815 정전압 IC와 7915 정전압 IC를 함께 사용하여 정전압회로를 구성하여야 한다.

그림 7-1은 3단자 정전압 IC의 핀 배치도를 나타내고 있다. 그림 7-1에서 알 수 있는 바와 같이 양(+)의 정전압을 위한 78×× 정전압 IC와 음(−)의 정전압을 위한 79×× 정전압 IC의 핀 배치도가 서로 다르다. 따라서 정전압회로를 결선할 때 정전압 IC의 핀 배치도에 주의하여야 한다.

(a) 3단자 정전압 IC

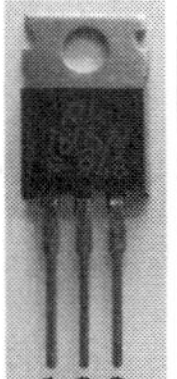

1 : Input
2 : Ground
3 : Output

(b) 78××의 핀 배치도

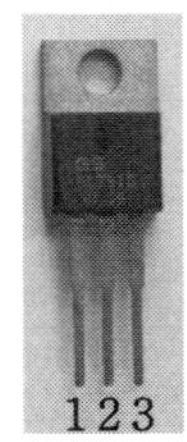

1 : Ground
2 : Input
3 : Output

(c) 79××의 핀 배치도

그림 7-1 정전압 IC

그림 7-2는 양(+)의 정전압을 위한 정전압 IC의 하나인 7805를 이용한 +5 V 정전압 기본회로이다. 그림 7-2의 7805를 이용한 정전압회로에서 출력전압이 +5 V의 정전압을 유지하기 위해서는 입력전압 V_i가 +5 V보다 적절히 높아야 한다. 입력전압 V_i가 +5 V보다 낮으면 출력전압은 +5 V의 정전압을 유지하지 못한다. 따라서 입력전압이 +5 V보다 적절히 높은 전압이 인가되도록 하여야 한다. 만일 직류입력전압 V_i로 전파정류회로의 출력전압을 사용한다면 전파정류회로의 평활한 출력전압이 +5 V보다 조금 높은 약 7~8 V 정도의 직류전압이 되도록 고려하여야 한다.

그림 7-2의 회로에서 입력단과 출력단의 커패시터는 직류출력전압에 발진이 발생하지 않고 평활한 직류출력전압을 얻을 수 있도록 하기 위해 사용하는 필터용 커패시터이다. 커패시터 C_1과 C_2는 약 1μF 정도의 커패시터를 사용하면 된다.

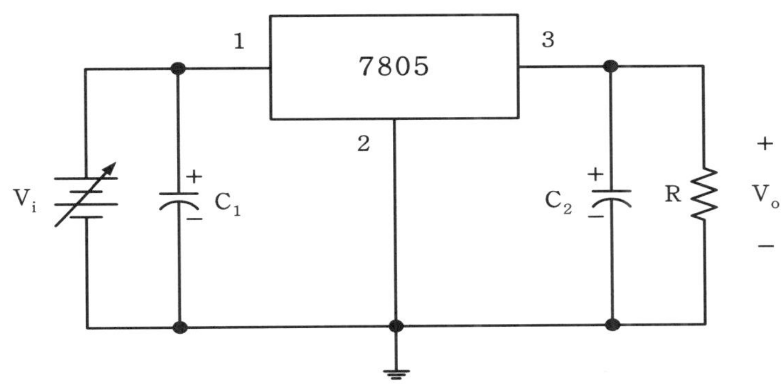

그림 7-2 양(+)의 정전압 IC 기본회로

그림 7-3은 7815와 7915를 이용하여 +15 V와 −15 V의 직류전압을 공급하기 위한 정전압회로로 연산증폭기 회로의 전원회로 등에 적합한 정전압회로이다. 입력전압으로 +20 V와 −20 V로 인가한 것은 7815 정전압 IC를 이용하는 경우 입력전압이 +15 V보다 높은 전압을 인가하여야 +15 V의 정전압출력을 얻을 수 있고, 7915 정전압 IC를 이용하는 경우 입력전압이 −15 V보다 더 낮은 전압을 인가하여야 −15 V의 정전압출력을 얻을 수 있기 때문이다. 즉 7815와 7915를 이용하여 안정화된 정전압 ±15 V를 얻기 위한 입력전압의 예로 +20 V와 −20 V를 인가하였다. 그리고 입력단과 출력단의 커패시터들은 평활한 직류출력전압을 얻기 위해 7815와 7915에 각각 연결한 필터용 커패시터들이다.

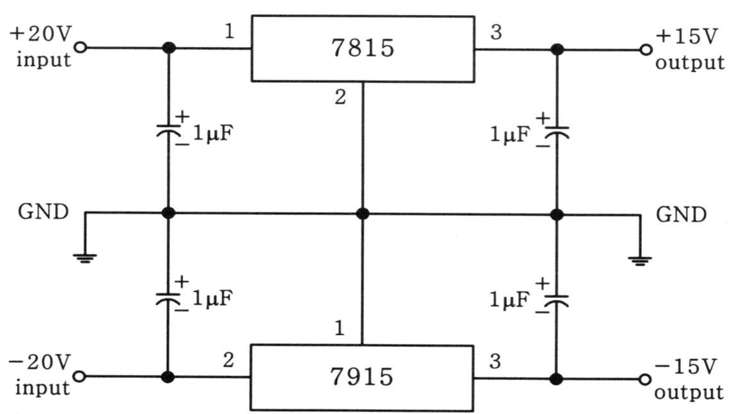

그림 7-3 양(+)/음(−)의 정전압 IC 기본회로

7.2.3 정전압 IC 응용회로

정전압 IC 응용회로는 특정한 정전압 IC를 이용하여 임의의 정전압을 얻을 수 있는 회로이다. 그림 7-4는 정전압 IC 7805를 이용한 응용회로이다.

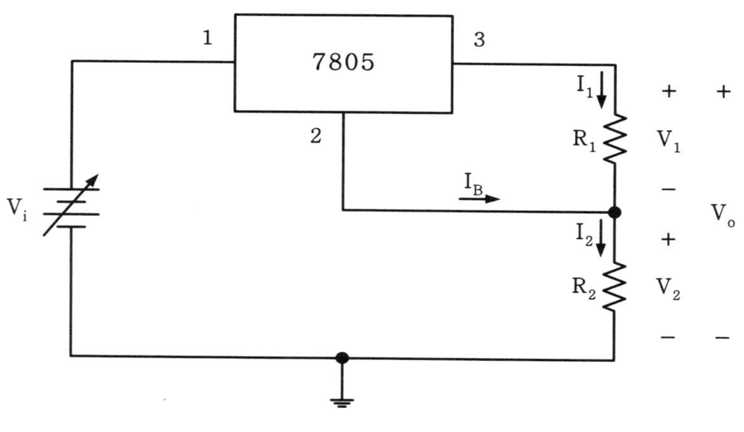

그림 7-4 정전압 IC 응용회로

그림 7-2 양(+)의 정전압 IC 기본회로에서는 2번 단자를 직접 접지로 연결하고, 1번 단자를 입력전압으로 연결하고, 3번 단자를 출력전압으로 연결하여 정전압회로

를 구성하였다. 이에 비해 정전압 IC 응용회로에서는 그림 7-4와 같이 2번 단자와 3번 출력단자 사이에 저항 R_1을 연결하고, 2번 단자와 접지 사이에 저항 R_2를 연결하여 구성한다. 그림 7-4 정전압 IC 응용회로의 출력전압 V_o를 구하기 위해 우선 KCL을 이용하여 전류에 대한 회로방정식을 세우면 식 (7.1)과 같다.

$$\begin{aligned} I_2 &= I_B + I_1 \\ &= I_B + \frac{V_1}{R_1} \end{aligned} \tag{7.1}$$

또한 KVL을 이용하여 출력전압에 대한 회로방정식을 세우면 식 (7.2)와 같다. 식 (7.2)에서 I_B는 그림 7-4의 회로에서 2번 단자에 미세하게 흐르는 전류로 일반적으로 수 mA 정도이다. 따라서 그림 7-4의 회로에서 2번 단자에 흐르는 전류 I_B는 3번 단자에 흐르는 부하전류 I_1에 비하면 매우 작은 전류이다. 즉, $I_B \ll I_1 (= V_1/R_1)$이므로 식 (7.2)의 유도과정에서 전류 I_B를 무시하고, 출력전압 V_o의 근사식을 구할 수 있다.

$$\begin{aligned} V_o &= V_1 + V_2 \\ &= V_1 + R_2 I_2 \\ &= V_1 + R_2 (I_B + I_1) \qquad (\because I_2 = I_B + I_1) \\ &\simeq V_1 + R_2 I_1 \qquad (\because I_B \ll I_1) \\ &= V_1 + R_2 \cdot \frac{V_1}{R_1} \\ &= \left(1 + \frac{R_2}{R_1}\right) V_1 \end{aligned} \tag{7.2}$$

식 (7.2)에서 V_1은 3단자 정전압 IC의 2번 단자와 3번 단자 사이의 전압으로 정전압이다. 예를 들어 7805 정전압 IC의 경우 2번 단자와 3번 단자 사이의 전압이 +5 V의 정전압이다. 따라서 식 (7.2)는 저항 R_1과 R_2를 적절히 조정하여 정전압출력을 가변할 수 있음을 의미한다. 예를 들어, 그림 7-4의 정전압 IC 응용회로에서 $R_1 = R_2 = 100\Omega$인 경우의 출력전압은 식 (7.3)과 같이 10 V의 정전압이 된다. 또한 $R_1 = 100\Omega$, $R_2 = 200\Omega$인 경우의 출력전압은 식 (7.4)와 같이 15 V의 정전압이 된다. 이는 정전압 IC를 이용하여 그림 7-4와 같이 회로를 구성하면 저항 R_1과 R_2를 적절히 조정함으로써 정전압출력을 임의의 전압으로 조정할 수 있다는 것이다.

$R_1 = R_2 = 100\Omega$인 경우

$$V_o = \left(1 + \frac{R_2}{R_1}\right) V_1$$

$$= \left(1 + \frac{100\Omega}{100\Omega}\right) \cdot 5 \qquad (\because V_1 = 5\,V \text{ 정전압}) \tag{7.3}$$

$$= 10\ V$$

$R_1 = 100\Omega$, $R_2 = 200\Omega$인 경우

$$V_o = \left(1 + \frac{R_2}{R_1}\right) V_1$$

$$= \left(1 + \frac{200\Omega}{100\Omega}\right) \cdot 5 \qquad (\because V_1 = 5\,V \text{ 정전압}) \tag{7.4}$$

$$= 15\ V$$

7.3 실험부품

부품 및 장비		규격 및 수량	
부 품	정전압 IC	7805	1개
	저항	100Ω	2개
		220Ω	1개
	전해콘덴서	1μF	2개
장 비		직류전원 공급장치(DC power supply)	
		오실로스코프(oscilloscope)	
		디지털 멀티미터(DMM)	
		브레드 보드(bread board)	

7.4 실험방법

실험 1. 정전압 IC 기본회로 실험

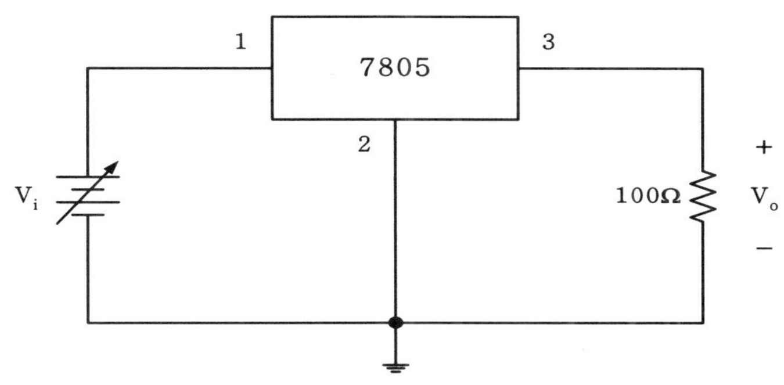

그림 7-5 정전압 IC 기본회로

① 정전압 IC 7805를 이용하여 +5 V의 정전압출력을 위한 그림 7-5의 정전압 IC 기본회로를 구성하여라.
입력전압 V_i는 직류전원 공급장치를 이용하고, 입력전압 V_i가 0 V가 되도록 직류전원 공급장치를 조정하여라.

② 오실로스코프는 듀얼 모드를 이용하여 CH1은 입력전압 V_i, CH2는 출력전압 V_o를 동시에 측정할 수 있도록 측정케이블을 연결하여라.
가능한 넓은 전압범위의 직류전압을 측정하기 위해 CH1과 CH2의 접지전압 위치는 모두 오실로스코프 화면의 최하단이 되도록 CH1과 CH2 각각의 수직위치조정기를 조정하고, 전압스케일은 동일하게 2 V/div로 설정하여라.

③ 입력전압 V_i를 0 V에서 20 V까지 서서히 증가시키면서 출력전압을 관찰하여 출력전압파형이 평활한지 또는 발진하는지 관찰하여라.

④ 실험단계 ③에서 출력전압파형이 평활한 직류전압이 아니고, 발진하는 경우는 출력파형을 관찰하여 표 7-1에 대략적인 출력전압 파형을 그려라.
출력전압파형이 발진이 없는 평활한 직류전압인 경우는 실험단계 ④와

⑤를 생략하여라. 즉 표 7-1과 표 7-2의 출력전압파형의 기록을 생략하여라.

⑤ 그림 7-5 정전압회로의 출력전압파형이 발진을 일으키는 경우는 그림 7-6과 같이 입력단과 출력단에 각각 1μF의 전해콘덴서를 연결하고, 실험단계 ③을 반복하여 출력파형을 표 7-2에 그려라.

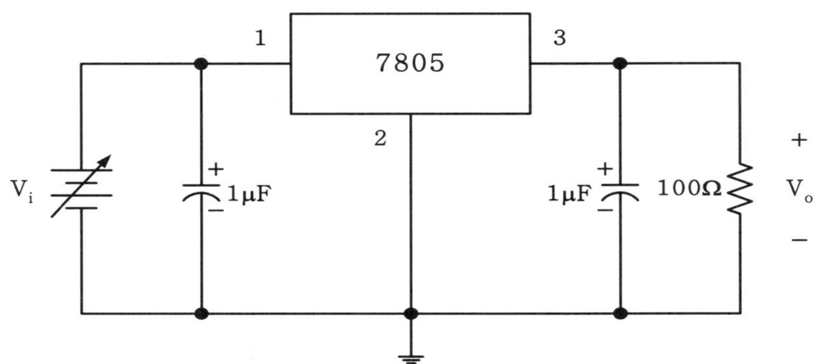

그림 7-6 정전압 IC 기본회로(필터용 커패시터 추가)

⑥ 오실로스코프를 이용하여 측정한 출력전압 V_o가 발진이 없는 평활한 직류전압으로 확인되면 표 7-3의 입력전압 각각에 대한 출력전압을 측정하여 표 7-3에 기록하여라.

⑦ 실험단계 ⑥의 실험결과인 표 7-3에서 출력전압이 정전압 5V를 유지하지 못하는 입력전압의 범위를 구하여 표 7-3에 기록하여라. 즉 입력전압이 몇 V 이하인 경우 정전압 IC 7805가 정격 정전압 5V를 유지하지 못하는지 실험 데이터를 이용하여 구하여라.

⑧ 실험단계 ⑥의 실험결과인 표 7-3에서 출력전압이 정전압 5V를 유지하는 입력전압의 범위를 구하여 표 7-3에 기록하여라. 즉 입력전압이 몇 V 이상인 경우 정전압 IC 7805가 정격 정전압 5V를 유지하는지 실험 데이터를 이용하여 구하여라.

실험 2. 정전압 IC 응용회로 실험

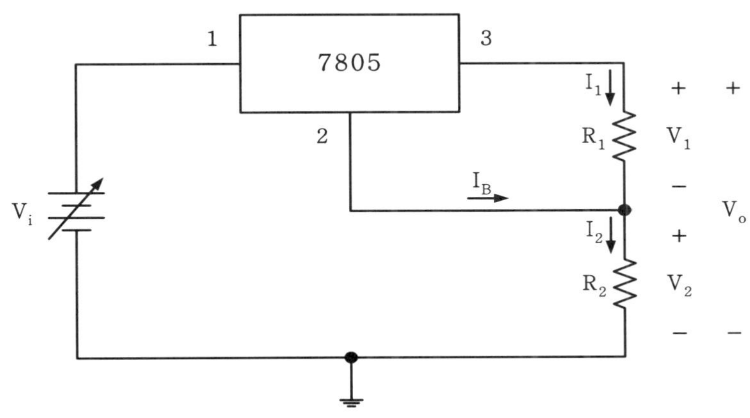

그림 7-7 정전압 IC 응용회로

① 정전압 IC 7805를 이용하여 그림 7-7의 정전압 IC 응용회로를 구성하여라. 그림 7-7의 회로에서 저항은 $R_1=R_2=100\Omega$이다.
입력전압 V_i는 직류전원 공급장치를 이용하고, 입력전압 V_i가 0 V가 되도록 직류전원 공급장치를 조정하여라.

② 표 7-4의 직류입력전압 V_i 각각에 대해 저항 R_1 양단의 전압 V_1과 출력전압 V_o를 측정하여 표 7-4에 기록하여라.
오실로스코프는 듀얼 모드를 이용하여 CH1은 입력전압 V_i, CH2는 출력전압 V_o를 측정하여라. 가능한 넓은 전압범위의 직류전압을 측정하기 위해 CH1과 CH2의 접지전압 위치는 모두 오실로스코프 화면의 최하단이 되도록 CH1과 CH2 각각의 수직 위치조정기를 조정하고, 전압스케일은 각 실험에 가장 적합하도록 조정하여라. 저항 R_1의 양단전압 V_1은 디지털 멀티미터(DMM)를 이용하여 측정하여라.

③ 저항 R_2를 $R_2=220\Omega$으로 변경하고, 표 7-5의 직류입력전압 V_i 각각에 대해 저항 R_1의 양단전압 V_1과 출력전압 V_o를 실험단계 ②와 동일한 방법으로 측정하여 표 7-5에 기록하여라.

7.5 실험결과

실험 1. 정전압 IC 기본회로 실험

표 7-1 정전압 IC 기본회로 실험파형 (실험단계 ④)

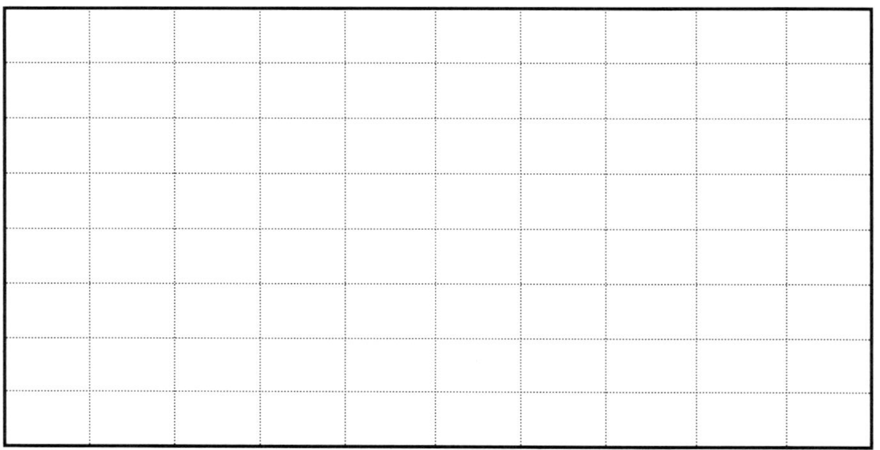

● 전압 스케일 : 2V/div ● 시간 스케일 : 0.5ms/div

표 7-2 정전압 IC 기본회로 실험파형 (실험단계 ⑤)

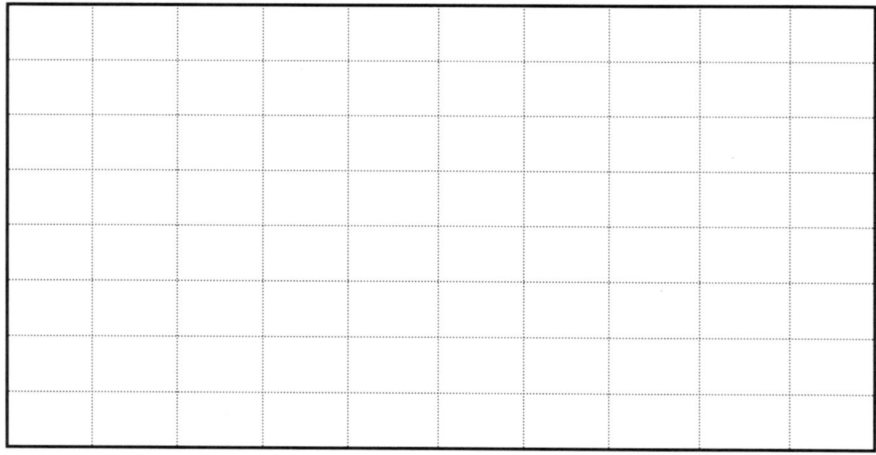

● 전압 스케일 : 2V/div ● 시간 스케일 : 0.5ms/div

표 7-3 정전압 IC 기본회로 실험 데이터

실험단계	V_i [V]	V_o	참고사항
⑥	1	[V]	직류전원 공급 장치를 이용하여 입력전압 V_i를 정확히 설정하고, 출력전압 V_o를 디지털 멀티미터(DMM)를 이용하여 측정하여 소수점 1자리까지 기록
	2	[V]	
	3	[V]	
	4	[V]	
	5	[V]	
	6	[V]	
	7	[V]	
	8	[V]	
	9	[V]	
	10	[V]	
	15	[V]	
	20	[V]	
⑦	V_i : [ ] V 이하		출력전압이 정전압 5V가 아닌 입력전압 범위
⑧	V_i : [ ] V 이상		출력전압이 정전압 5V인 입력전압 범위

실험 2. 정전압 IC 응용회로 실험

표 7-4 정전압 IC 응용회로 실험 데이터 (R_1=100Ω, R_2=100Ω)

실험단계	입력전압 V_i	R_1 양단전압 V_1	출력전압 V_o
②	5 V	[V]	[V]
	8 V	[V]	[V]
	10 V	[V]	[V]
	15 V	[V]	[V]
	20 V	[V]	[V]

표 7-5 정전압 IC 응용회로 실험 데이터 (R_1=100Ω, R_2=220Ω)

실험단계	입력전압 V_i	R_1 양단전압 V_1	출력전압 V_o
③	5 V	[V]	[V]
	10 V	[V]	[V]
	15 V	[V]	[V]
	20 V	[V]	[V]
	25 V	[V]	[V]

7.6 검토사항

1 〔실험 1〕 정전압 IC 기본회로 실험의 표 7-3의 실험 데이터에서 입력전압 V_i가 몇 V 이상인 경우 출력전압이 정전압을 유지하는지 답하여라. 또한 출력전압 V_o가 몇 V의 정전압을 유지하는지 답하고, 정전압 IC 7805의 특성과 일치하는지 검토하여라.

2 〔실험 1〕 정전압 IC 기본회로 실험의 그림 7-5의 실험파형에서 출력전압에 발진이 발생하여 그림 7-6과 같이 입·출력단에 커패시터를 연결한 경우 출력전압의 발진현상이 제거되고, 평활한 직류출력전압 특성이 나타났는지 답하여라. 단, 그림 7-5의 실험파형에서 출력전압의 발진현상이 발생하지 않고, 평활한 직류출력전압 특성을 나타낸 경우는 검토사항 2번을 생략하여라.

3 〔실험 2〕 정전압 IC 응용회로 실험에서 +5 V의 정전압을 유지하는 전압은 V_1, V_2, V_o 중 어느 전압인지 답하여라.

4 〔실험 2〕 정전압 IC 응용회로 실험에서 $R_1=R_2=100\Omega$인 경우는 그림 7-7의 회로를 몇 V 의 정전압회로라고 말할 수 있는지 답하고, 그 이유를 설명하여라.

5 〔실험 2〕 정전압 IC 응용회로 실험의 실험단계 ②의 실험결과인 표 7-4의 실험 데이터가 검토사항 4의 답과 일치하는지 설명하여라.

6 〔실험 2〕 정전압 IC 응용회로 실험에서 $R_1=100\Omega$, $R_2=220\Omega$인 경우는 그림 7-7의 회로를 몇 V의 정전압회로라고 말할 수 있는지 답하고, 그 이유를 설명하여라.

7 〔실험 2〕 정전압 IC 응용회로 실험의 실험단계 ③의 실험결과인 표 7-5의 실험 데이터가 검토사항 6의 답과 일치하는지 설명하여라.

8 실험시의 특이사항 및 실험에 대한 종합결론을 정리하여라.

NOTE

8. 사이리스터 특성 실험

8.1 실험목적

▣ 스위칭 소자인 사이리스터의 동작특성을 이해한다.

▣ 사이리스터를 이용한 기본적인 위상제어 정류회로를 이해한다.

8.2 실험이론

8.2.1 사이리스터 특성

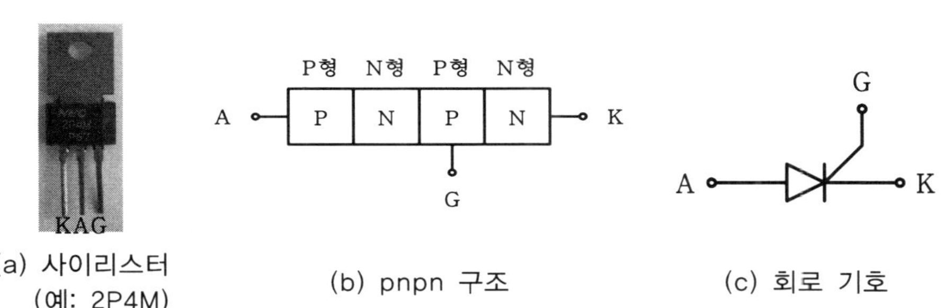

(a) 사이리스터 (예: 2P4M) (b) pnpn 구조 (c) 회로 기호

그림 8-1 사이리스터

사이리스터(thyristor)는 그림 8-1과 같이 P형 반도체와 N형 반도체를 이용한 pnpn 구조로 되어 있으며, 애노드(anode), 캐소드(cathode), 게이트(gate)의 3단자로 구성되

어 있다. 사이리스터는 애노드와 캐소드로 구성된 다이오드에 게이트가 추가된 구조를 가진 것으로 생각할 수 있다. 사이리스터는 애노드단자와 캐소드단자 사이에 순방향 전압을 인가하고, 게이트단자에 펄스전압을 인가하면 사이리스터가 도통되어 애노드에서 캐소드 방향으로 사이리스터 전류가 흐르는 특성을 가지고 있다. 또한 애노드단자와 캐소드단자 사이에 순방향 전압이 인가되고 있는 상태에서 게이트에 짧은 시간동안만 펄스전압을 인가한 후 게이트에 인가된 펄스전압을 제거하여도 사이리스터는 도통상태를 유지한다는 특성을 가지고 있다.

그러나 도통상태에서 사이리스터 전류 I_T가 너무 미약한 경우에는 사이리스터가 도통상태를 유지하지 못할 수도 있으므로 게이트전류가 제거된 후 도통상태를 계속 유지하기 위해서는 사이리스터 전류가 일정 전류 이상이 되어야 하는데 이를 유지전류(holding current)라고 한다. 사이리스터 전류가 유지전류 이상인 경우 애노드와 캐소드에 순방향 전압이 유지되고 있는 동안은 게이트전류가 제거되어도 도통상태를 유지하지만 애노드와 캐소드에 역방향 전압이 인가되면 사이리스터는 차단상태로 전환된다.

사이리스터와 다이오드는 애노드에서 캐소드 방향으로만 전류가 흐를 수 있다는 특성은 동일하다. 그러나 사이리스터와 다이오드의 가장 큰 동작특성의 차이점은 다이오드는 애노드와 캐소드에 순방향 전압이 인가되면 무조건 도통되는데 비해, 사이리스터는 애노드와 캐소드에 순방향 전압이 인가되고 동시에 게이트신호가 인가되어야 도통된다는 점이다. 사이리스터는 순방향 전압이 인가된 상태에서 사이리스터의 점호각(firing angle)을 제어할 수 있는 스위칭소자이다.

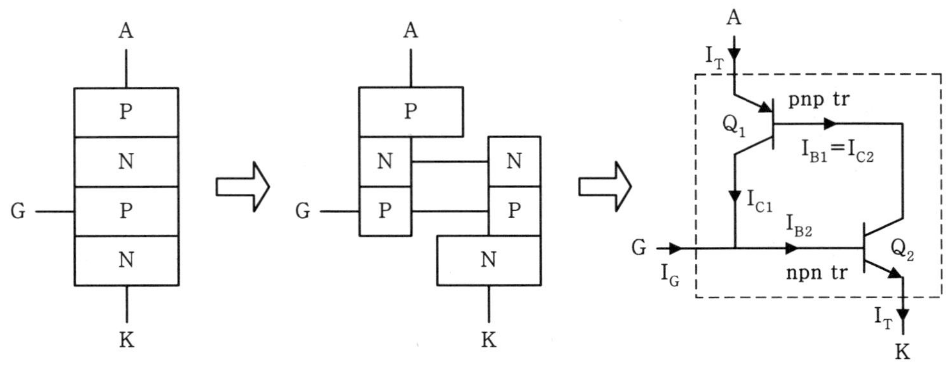

그림 8-2 사이리스터 등가회로

pnpn 구조의 사이리스터는 그림 8-2와 같이 가운데에 있는 N형 반도체와 P형 반도체를 각각 2개로 분리하면 pnp 트랜지스터(Q_1)와 npn 트랜지스터(Q_2)가 서로 결합된 등가회로로 생각할 수 있다. 그림 8-2의 등가회로에서 보는 바와 같이 pnp 트랜지스터 Q_1의 베이스(B_1)가 npn 트랜지스터 Q_2의 컬렉터(C_2)와 연결된다. 또한 pnp 트랜지스터 Q_1의 컬렉터(C_1)가 npn 트랜지스터 Q_2의 베이스(B_2)와 연결된다. 그리고 트랜지스터 Q_1의 이미터(E_1)가 사이리스터의 애노드(A), 트랜지스터 Q_2의 이미터(E_2)가 사이리스터의 캐소드(K), 서로 연결된 트랜지스터 Q_1의 컬렉터(C_1)와 트랜지스터 Q_2의 베이스(B_2)가 사이리스터의 게이트(G) 단자가 되는 구조를 갖는다.

사이리스터의 동작특성을 보다 정확하게 이해하기 위해 사이리스터의 등가회로를 이용하여 그림 8-3과 같은 사이리스터 회로를 살펴본다. 그림 8-3은 사이리스터의 애노드와 캐소드에 순방향 전압을 인가하고, 스위치를 이용하여 게이트에 펄스전압을 인가할 수 있는 기본적인 사이리스터 회로이다. 그림 8-3에서 스위치를 닫으면 사이리스터의 게이트전류 I_G가 인가되고, 이 게이트전류 I_G는 트랜지스터 Q_2의 베이스전류 I_{B2}가 되어 트랜지스터 Q_2는 도통상태가 된다.

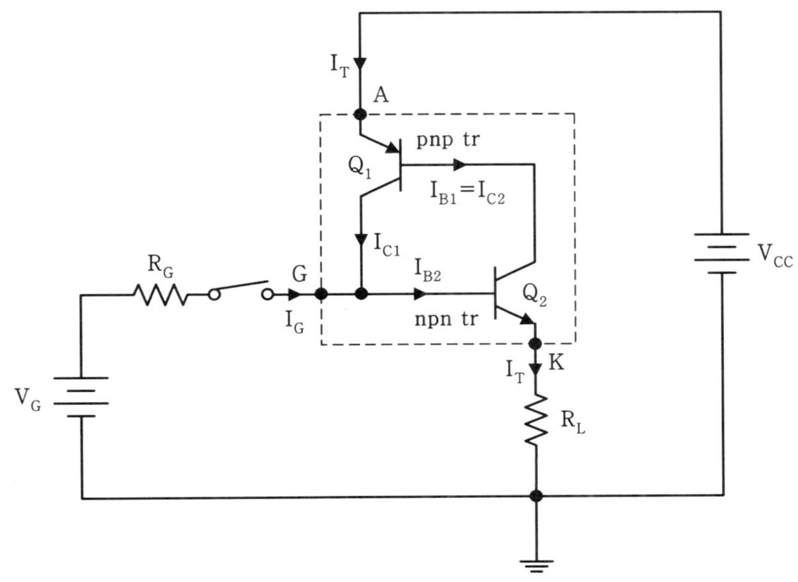

그림 8-3 사이리스터 회로

트랜지스터 Q_2가 도통상태가 되면 컬렉터전류 I_{C2}가 흐르게 되고, 트랜지스터 Q_2의 컬렉터전류 I_{C2}는 사이리스터 등가회로의 트랜지스터 Q_1의 베이스전류 I_{B1}이 되어 트랜지스터 Q_1 역시 도통상태가 된다. 트랜지스터 Q_1이 도통상태가 되면 컬렉터전류 I_{C1}이 흐르게 된다. 트랜지스터 Q_1의 컬렉터전류 I_{C1}은 트랜지스터 Q_2의 베이스전류 I_{B2}로 작용하여 게이트전류 I_G를 제거해도 사이리스터는 도통상태를 유지하게 된다. 이와 같이 게이트 펄스전류에 의해 사이리스터가 일단 도통상태가 되면 내부 등가회로의 트랜지스터 Q_1의 컬렉터전류 I_{C1}이 게이트전류 I_G의 역할을 대신하므로 게이트전류 I_G가 제거되어도 사이리스터는 도통상태를 유지하게 된다.

게이트 펄스전류 I_G에 의해 사이리스터가 도통되어 흐르는 사이리스터 전류 I_T는 애노드단자(A)에서 캐소드단자(K)로 흐르는 전류이다. 사이리스터의 동작에서 사이리스터 전류 I_T와 게이트전류 I_G를 정확히 구분할 필요가 있다. 게이트전류는 단지 사이리스터가 도통되도록 하기 위한 전류이고, 도통된 후 사이리스터에 실제 흐르는 전류는 사이리스터 전류 I_T이다.

그림 8-4는 게이트전류에 의해 사이리스터가 도통되는 특성을 나타내는 사이리스터 특성곡선이다. 그림 8-4의 순방향 항복전압(V_{BO})은 게이트전류를 인가하지 않은 상태에서 애노드와 캐소드에 과도한 순방향 전압을 인가한 경우 사이리스터가 차단상태를 유지하지 못하고 강제적으로 도통상태가 되는 전압을 의미한다. 이는 사이리스터가 비정상적으로 도통상태가 되는 것이므로 사이리스터의 데이터를 확인하여 순방향 항복전압을 초과하는 과도한 순방향 전압이 인가되지 않도록 하여야 한다.

또한 역방향 항복전압(V_{RB})은 애노드와 캐소드에 역방향으로 과도한 전압을 인가한 경우 사이리스터가 차단상태를 유지하지 못하고 강제적으로 역방향 도통상태가 되는 전압이다. 순방향 항복전압과 마찬가지로 이 역시 비정상적인 도통상태이므로 사이리스터에 인가되는 역방향 전압이 역방향 항복전압보다 작은 전압이 인가되도록 주의하여야 한다.

사이리스터의 정상적인 동작은 애노드와 캐소드 사이에 순방향 전압이 인가된 상태에서 적절한 게이트전류 I_G를 인가한 경우 사이리스터는 도통상태가 되어 애노드와 캐소드 사이의 전압 V_{AK}는 급격히 감소하고, 사이리스터 전류 I_T 는 증가하게 된다. 이와 같은 사이리스터의 전압·전류 특성을 그림 8-4의 사이리스터 특성 곡선을 통해 알 수 있다.

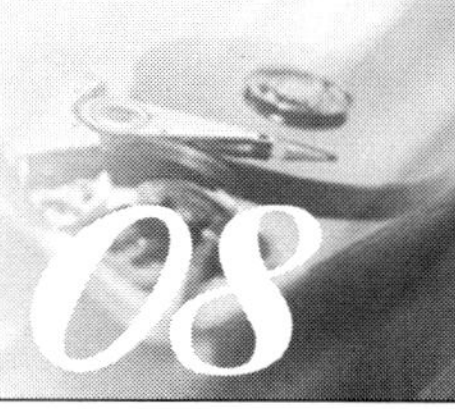

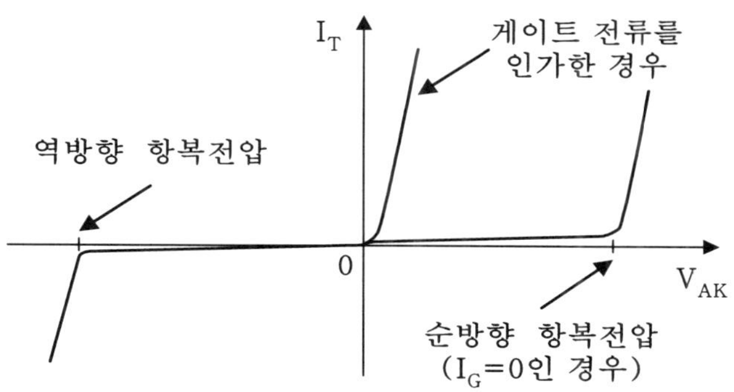

그림 8-4 사이리스터 특성 곡선

8.2.2 사이리스터 위상제어 정류회로

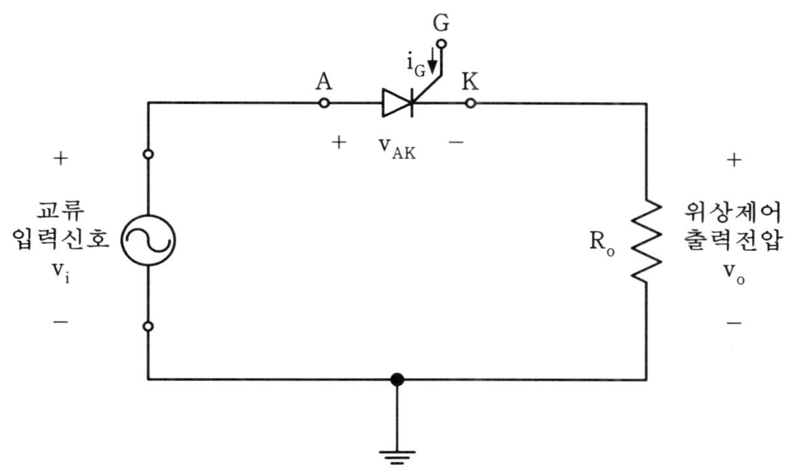

그림 8-5 사이리스터 위상제어 정류회로

사이리스터의 가장 기본적인 응용회로는 사이리스터의 동작특성을 이용한 그림 8-5와 같은 위상제어(phase control) 정류회로이다. 만일 그림 8-5의 회로가 사이리스터 대신에 다이오드를 사용한 다이오드 정류회로인 경우 다이오드의 동작특성에 의해 입력전압의 정극성이 그대로 출력전압으로 나타나게 되고, 정극성의 입력전압을 점호각 제어하여 출력전압으로 나타나게 하는 동작특성은 불가능하다. 그러나 사이리스터는 게이트신호에 의한 위상제어가 가능하다.

위상제어는 그림 8-6에 나타낸 바와 같이 점호각 α가 0°≤α≤180°의 범위 내에서 가능하다. 사이리스터를 이용한 위상제어 정류회로의 실제 응용 예를 주변에서 쉽게 찾아볼 수 있다. 실내조명인 백열전구의 밝기를 볼륨 스위치(volume switch)를 이용하여 조정하는 조광기(dimmer)가 바로 사이리스터를 이용한 위상제어 정류회로이다.

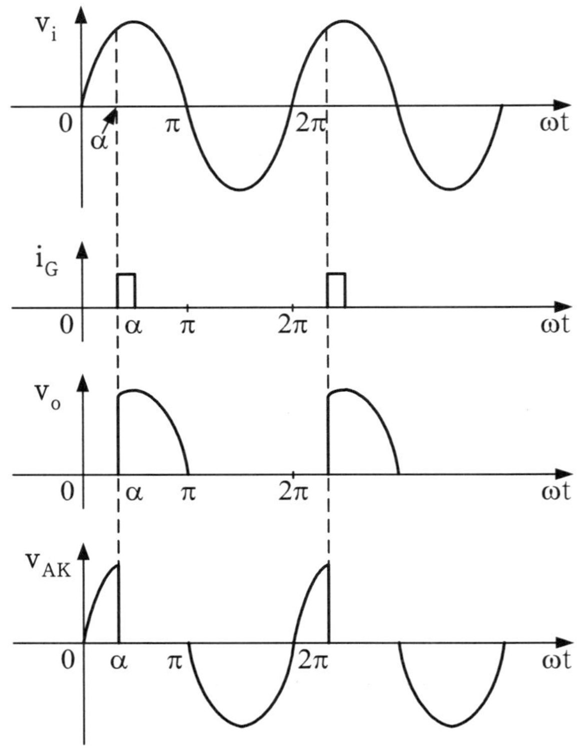

그림 8-6 사이리스터 위상제어 정류회로의 각부 파형

사이리스터 위상제어 정류회로의 특성을 나타내는 가장 중요한 식은 출력전압의 직류전압을 구할 수 있는 식이다. 정류회로는 교류전압을 직류전압으로 변환하는 회로, 즉 AC를 DC로 변환하는 회로이므로 출력전압의 직류전압 평균값을 구하는 것이 중요하다. 그림 8-6에서 교류입력전압 v_i가 식 (8.1)과 같은 정현파 교류전압인 경우 출력전압 v_o의 직류전압 평균값 V_{DC}는 식 (8.2)와 같이 구할 수 있다. 식 (8.2)

의 결과식에서 점호각 α에 의해 출력전압이 제어되는 것을 알 수 있다. 예를 들어 점호각이 α=0°인 경우 직류전압 평균값이 $V_{DC}=\sqrt{2}V_{rms}/\pi$가 되고, α=180°인 경우 직류전압 평균값은 0이 된다. 점호각 α=0°인 경우의 직류전압 평균값 $V_{DC}=\sqrt{2}V_{rms}/\pi$는 다이오드 정류회로의 직류전압 평균값과 동일한 결과이다.

$$v_i(t) = V_m \sin\omega t \tag{8.1}$$

$$\begin{aligned} V_{DC} &= \frac{1}{T}\int_0^T v_o(t)dt \\ &= \frac{1}{2\pi}\int_\alpha^\pi v_i(\theta)d\theta \\ &= \frac{1}{2\pi}\int_\alpha^\pi V_m \sin\theta\, d\theta \\ &= \frac{V_m}{2\pi}[-\cos\theta]_\alpha^\pi \\ &= \frac{V_m}{\pi}\cdot\frac{1+\cos\alpha}{2} \\ &= \frac{\sqrt{2}V_{rms}}{\pi}\cdot\frac{1+\cos\alpha}{2} \end{aligned} \tag{8.2}$$

8.3 실험부품

부품 및 장비		규격 및 수량	
부 품	사이리스터	2P4M	1개
	저항	10kΩ	1개
		68kΩ	1개
장 비		직류전원 공급장치(DC power supply)	
		오실로스코프(oscilloscope)	
		디지털 멀티미터(DMM)	
		브레드 보드(bread board)	

8.4 실험방법

실험 1. 사이리스터 특성 실험

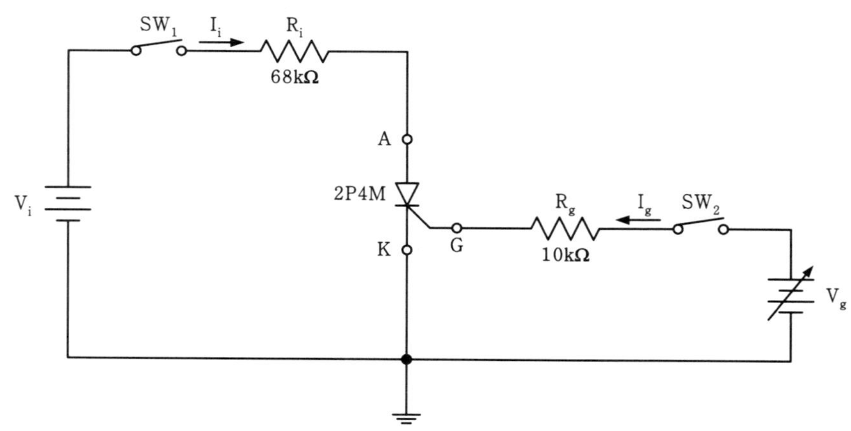

그림 8-7 사이리스터 특성 실험회로

① 그림 8-7의 사이리스터 특성 실험회로에서 사용하는 사이리스터 2P4M의 애노드(anode), 캐소드(cathode), 게이트(gate)단자를 데이터 시트에서 확인하여라.

② 사이리스터 2P4M을 이용하여 그림 8-7의 사이리스터 특성 실험회로를 구성하여라. 입력전압 V_i와 게이트전압 V_g는 직류전원 공급장치를 이용하여 V_i=15 V, V_g= 0 V가 되도록 조정하고, 스위치 SW_1과 SW_2는 개방(OFF)상태로 하여라.
직류전원 공급장치는 일반적으로 상이한 2개의 직류전압을 사용할 수 있다. DC 15 V인 V_i는 직류전원 공급장치 왼쪽의 출력단자를 이용하고, DC 0 V인 V_g는 직류전원 공급장치 오른쪽의 출력단자를 이용하여 조정한 후 연결하여라. 이때 2개의 직류(DC) 출력전압의 접지선(흑색 －단자)이 그림 8-7의 실험회로와 같이 동일한 접지선이 되도록 하기 위해 직류전원 공급장치의 2개의 접지선(－단자)을 서로 연결하여라.

③ 오실로스코프는 듀얼 모드를 이용하여 CH1은 사이리스터의 애노드와 캐소드 사이의 전압 V_{ak}, CH2는 게이트전압 V_g를 동시에 측정할 수 있도록 측정케이블을 연결하여라.

④ 스위치 SW_1과 SW_2를 도통(ON)시키고, 게이트전압 V_g를 0 V에서 서서히 증가시키면서 사이리스터가 도통되는 순간의 V_{ak}, V_g, V_{gk}를 측정하여라.

오실로스코프를 이용하여 측정하고 있는 V_{ak}전압이 갑자기 0~1 V 정도의 낮은 전압으로 떨어지는 순간이 사이리스터가 도통되는 순간이다. 이 순간의 애노드와 캐소드 양단전압 V_{ak}, 게이트전압 V_g, 게이트와 캐소드 양단전압 V_{gk}를 디지털 멀티미터를 이용하여 소수점 2자리까지 정확히 측정하여 표 8-1에 기록하여라.

⑤ 실험단계 ④의 실험결과를 이용하여 사이리스터 전류 I_i와 게이트전류 I_g를 다음 식을 이용하여 소수점 2자리까지 정확히 계산하여 표 8-2에 기록하여라.

$$\text{사이리스터 전류} : \quad I_i = \frac{V_i - V_{ak}}{R_i}$$

$$\text{게이트전류} : \quad I_g = \frac{V_g - V_{gk}}{R_g}$$

⑥ 실험단계 ④에서 사이리스터가 도통(ON)상태가 된 후 스위치 SW_2를 개방(OFF)하여 게이트전압 V_g를 제거하고, 이와 같이 게이트전압 V_g를 제거한 상태에서도 사이리스터가 도통상태를 유지하는지 확인하여 표 8-2에 기록하여라.

실험단계 ④에서 설명한 바와 같이 사이리스터의 도통상태 여부는 0~1 V 정도로 떨어진 V_{ak}전압에 의해 확인 가능하므로 게이트전압 V_g를 제거한 후 V_{ak}전압을 다시 측정하여 V_{ak} 전압이 0~1 V 정도이면 도통상태, V_{ak}전압이 $V_{ak}=V_i$이면 차단상태임을 확인할 수 있다.

⑦ 입력전압 V_i를 12 V, 9 V, 6 V, 3 V로 순차적으로 변화시키면서 각각의 입력전압 V_i에 대해 실험단계 ④, ⑤, ⑥을 반복하여 실험결과를 표 8-1과 표 8-2에 기록하여라.

8.5 실험결과

실험 1. 사이리스터 특성 실험

표 8-1 사이리스터 특성 실험 데이터 (V_{ak}, V_g, V_{gk})

실험단계	V_i	V_{ak}	V_g	V_{gk}
④, ⑦	15 V	[V]	[V]	[V]
	12 V	[V]	[V]	[V]
	9 V	[V]	[V]	[V]
	6 V	[V]	[V]	[V]
	3 V	[V]	[V]	[V]

표 8-2 사이리스터 특성 실험 데이터 (I_i, I_g)

실험단계	V_i	I_i	I_g	V_g제거 후 사이리스터의 도통상태 유지여부
⑤, ⑥, ⑦	15 V	[mA]	[μA]	도통(○ , ×)
	12 V	[mA]	[μA]	도통(○ , ×)
	9 V	[mA]	[μA]	도통(○ , ×)
	6 V	[mA]	[μA]	도통(○ , ×)
	3 V	[mA]	[μA]	도통(○ , ×)

8.6 검토사항

1 사이리스터와 다이오드의 공통점과 차이점을 설명하여라.

2 그림 8-3의 사이리스터 회로에서 점선으로 표시한 네모 박스안의 회로와 같이 pnpn 구조의 사이리스터를 pnp 트랜지스터 Q_1과 npn 트랜지스터 Q_2가 서로 연결된 등가회로로 나타낼 수 있는 이유를 설명하여라.

3 그림 8-4의 사이리스터 특성 곡선에서 순방향 항복전압과 역방향 항복전압에 대하여 설명하여라.

4 사이리스터 동작특성에서 애노드와 캐소드 사이에 순방향 전압이 인가된 경우 게이트전류를 짧은 시간동안 인가했다가 제거해도 사이리스터가 도통상태를 유지하는 이유를 설명하여라.

5 그림 8-5 사이리스터 위상제어 정류회로에서 사이리스터의 점호각 α가 $\alpha = 0°$인 경우는 무슨 회로와 동일한 회로가 되는지 설명하여라.

6 그림 8-5 사이리스터 위상제어 정류회로에서 사이리스터의 점호각 α가 $\alpha = 90°$인 경우 출력전압 v_o의 직류전압(DC) 성분 V_{DC}를 구하여라. 단 입력전압은 $v_i(t) = V_m \sin\omega t$인 것으로 가정하여라.

7 사이리스터가 도통상태가 되면 애노드와 캐소드 사이의 전압 V_{ak}는 약 0~1 V 정도의 낮은 전압이 된다. 표 8-1의 실험결과에서 사이리스터가 도통된 경우의 V_{ak}전압들의 평균값을 이용하여 실험회로에서 사용한 사이리스터(2P4M)의 도통전압 V_{Th}를 구하여라.

8 사이리스터의 유지전류(holding current)에 대하여 간단히 설명하여라.

9 그림 8-7의 사이리스터 특성 실험회로에서 유지전류 I_h를 표 8-2의 실험결과를 이용하여 전류값의 범위로 나타내고, 그 이유를 설명하여라. (예 : △ [mA] < I_h ≦ □ [mA])

10 실험시의 특이사항 및 실험에 대한 종합결론을 정리하여라.

NOTE

실험

9. 단상반파 위상제어 정류회로 실험

9.1 실험목적

▣ 정류회로의 직류출력전압을 제어하는 단상반파 위상제어 정류회로의 동작특성을 이해한다.

▣ 위상제어용 IC를 이용하여 단상반파 위상제어 정류회로를 구성하고, 위상제어 정류회로의 실제 구성회로를 이해한다.

9.2 실험이론

9.2.1 사이리스터 위상제어 정류회로

그림 9-1은 사이리스터를 이용한 위상제어(phase control) 정류회로이다. 그리고 그림 9-1의 사이리스터 위상제어 정류회로는 반파정류회로의 특성을 가지므로 단상반파 위상제어 정류회로라고 한다. 다이오드 반파정류회로와 사이리스터 단상반파 위상제어 정류회로를 비교하면 다이오드 대신에 사이리스터를 사용한 것이 위상제어 정류회로이므로 기본회로의 구성은 그림 9-1과 같이 매우 간단하다. 그러나 실제 사이리스터 위상제어 정류회로의 구성은 그렇게 간단하지는 않다. 이는 사이리스터의 점호각(firing angle) 제어신호를 위한 제어회로의 구성이 간단하지는 않기 때문이다. 따라서 위상제어 정류회로에서 점호각 제어회로의 구성이 매우 중요하다.

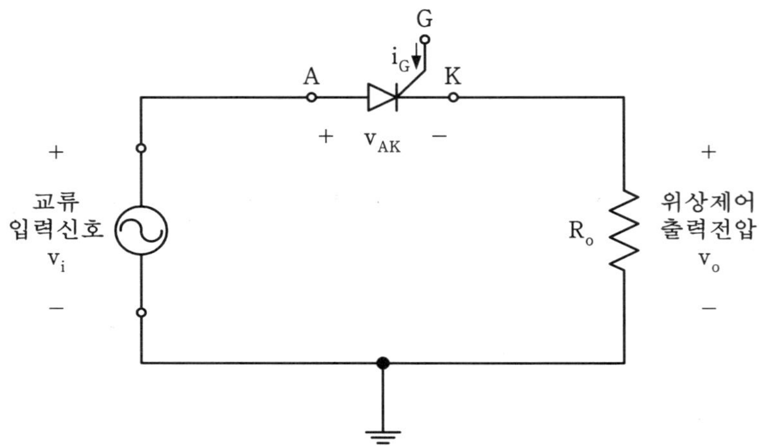

그림 9-1 사이리스터 위상제어 정류회로

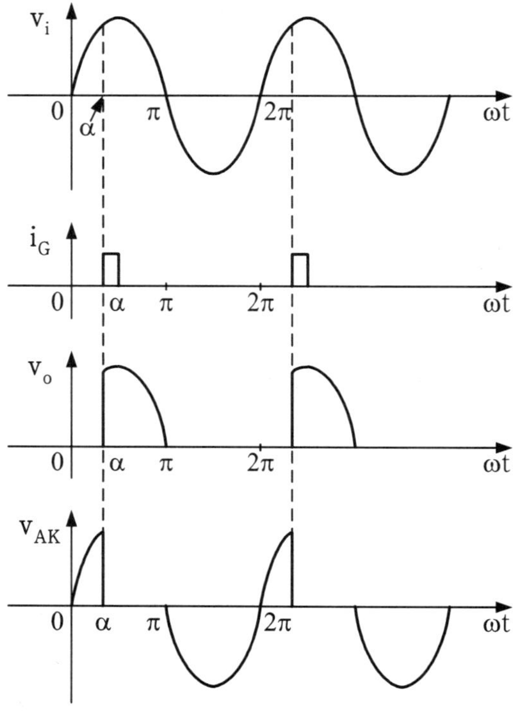

그림 9-2 사이리스터 위상제어 정류회로의 각 부 파형

위상제어는 그림 9-2에 나타낸 바와 같이 점호각 α가 0°≤α≤180°의 범위 내에서 가능하다. 사이리스터를 이용한 위상제어 정류회로의 실제 응용 예를 주변에서 쉽게 찾아볼 수 있다. 실험 8에서 설명한 바와 같이 실내조명인 백열전구의 밝기를 볼륨 스위치(volume switch)를 이용하여 조정하는 조광기(dimmer)가 사이리스터를 이용한 위상제어 정류회로의 대표적인 예이다.

사이리스터를 이용한 단상반파 위상제어 정류회로의 특성을 나타내는 가장 중요한 식은 출력전압의 직류전압을 구하는 식이다. 실험 8에서 이미 살펴보았지만 위상제어 정류회로의 출력전압의 평균값을 구하는 식을 다시 살펴본다. 그림 9-2에서 교류 입력전압 v_i가 식 (9.1)과 같은 정현파 교류전압인 경우 출력전압 v_o의 직류전압 평균값 V_{DC}는 식 (9.2)와 같이 구할 수 있다. 식 (9.2)의 결과식에서 점호각 α에 의해 출력전압이 제어되는 것을 알 수 있다.

예를 들어 점호각이 α=0°인 경우 직류전압 평균값이 $V_{DC}=\sqrt{2}V_{rms}/\pi$가 되고, α =180°인 경우 직류전압 평균값은 0이 된다. 즉 단상반파 위상제어 정류회로는 점호각에 따라 출력전압의 평균값이 0에서 $\sqrt{2}V_{rms}/\pi$까지 제어 가능하다. 점호각 α=0°인 경우의 직류전압 평균값 $V_{DC}=\sqrt{2}V_{rms}/\pi$는 다이오드 반파정류회로의 직류전압 평균값인 식 (5.4)와 동일한 결과이다. 이는 그림 9-2에서 알 수 있는 바와 같이 점호각이 α=0°인 경우는 사이리스터와 다이오드가 동일한 특성을 갖기 때문이다.

$$v_i(t) = V_m \sin\omega t \tag{9.1}$$

$$\begin{aligned} V_{DC} &= \frac{1}{T}\int_0^T v_o(t)dt \\ &= \frac{1}{2\pi}\int_\alpha^\pi v_i(\theta)d\theta \\ &= \frac{1}{2\pi}\int_\alpha^\pi V_m \sin\theta\, d\theta \\ &= \frac{V_m}{2\pi}[-\cos\theta]_\alpha^\pi \\ &= \frac{V_m}{\pi}\cdot\frac{1+\cos\alpha}{2} \\ &= \frac{\sqrt{2}V_{rms}}{\pi}\cdot\frac{1+\cos\alpha}{2} \end{aligned} \tag{9.2}$$

9.2.2 점호각 제어회로

사이리스터 위상제어 정류회로의 점호각을 제어하기 위한 회로를 살펴보기로 한다. 점호각 제어회로는 교류입력전압의 영점(zero cross)을 기준으로 원하는 점호각에서 사이리스터를 도통시키기 위한 게이트 신호가 발생되도록 하는 제어회로이다. 이와 같은 점호각 제어회로를 위한 위상제어용 IC가 있으며, 본 실험에서는 위상제어용 IC인 TCA785를 이용하여 점호각 제어회로를 구성한다. 그림 9-3은 위상제어용 IC TCA785의 핀 배치도이고, 표 9-1은 TCA785의 동작표이다.

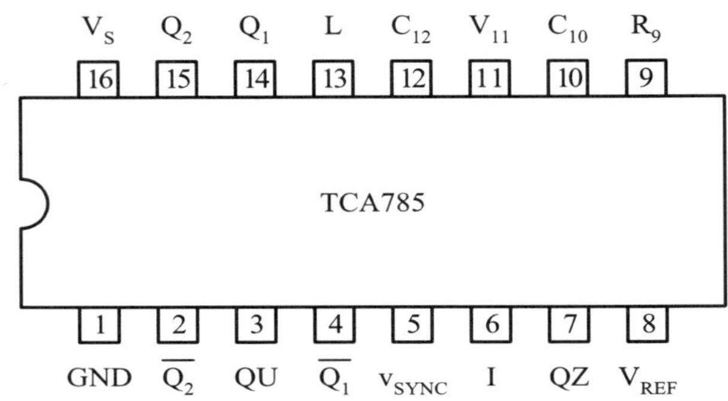

그림 9-3 위상제어용 IC(TCA785)의 핀 배치도

표 9-1 위상제어용 IC(TCA785)의 동작표

구분	단자(pin)	단자 명칭	기능	구분	단자(pin)	단자 명칭	기능
입력단자	1	GND	접지(ground)		6	I	inhibit
	16	V_S	직류입력전압		8	V_{REF}	안정화 전압
	5	v_{SYNC}	교류동기전압	출력단자	14	Q_1	출력 Q_1
제어단자	9	R_9	램프(ramp) 저항		4	$\overline{Q_1}$	반전된 출력 Q_1
	10	C_{10}	램프 커패시터		15	Q_2	출력 Q_2
	11	V_{11}	점호각 제어전압		2	$\overline{Q_2}$	반전된 출력 Q_2
	12	C_{12}	pulse extension		3	QU	출력 U
	13	L	long pulse		7	QZ	출력 Z

위상제어용 IC인 TCA785를 이용하여 점호각 제어회로를 구성하기 위해서는 TCA785의 동작을 정확히 이해하여야 한다. 그러기 위해서는 그림 9-3의 핀 배치도, 표 9-1의 동작표와 함께 그림 9-4의 내부 회로도도 참고하여야 한다.

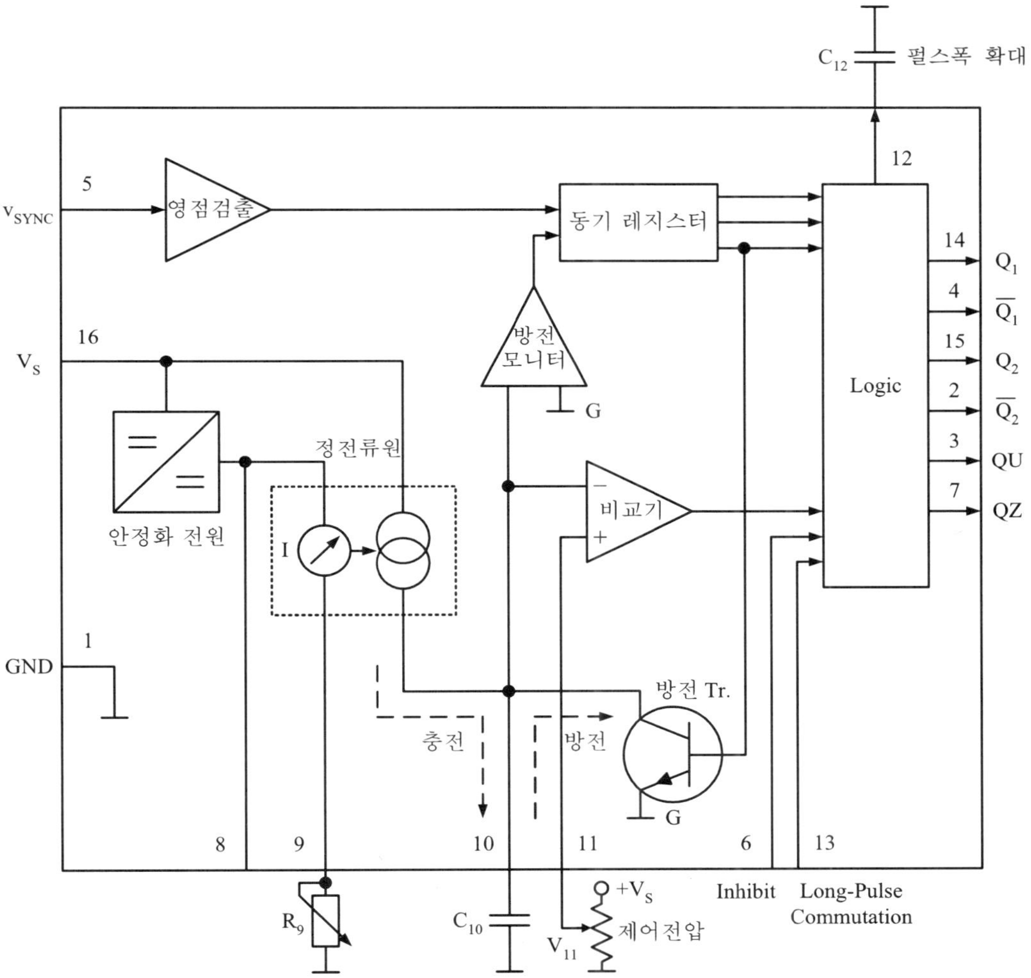

그림 9-4 위상제어용 IC(TCA785)의 내부 회로도

TCA785의 가장 중요한 기능은 위상제어 하고자 하는 교류입력전압에서 영점을 검출하고, 이 영점을 기준으로 점호각 α에서 사이리스터 도통을 위한 게이트 펄스 신호를 발생하는 것이다. 그림 9-4의 내부 회로도 상단의 영점검출부는 교류입력전압의 영점검출과 관련한 부분이다. 또한 TCA785의 점호각 제어 기능을 이해하기 위해 가장 핵심적인 부분은 TCA785 내부의 정전류원 I와 연결되는 외부 커패시터(C_{10}) 회로의 동작을 이해하고, 또한 외부 커패시터(C_{10})와 연결되는 내부 트랜지스터 회로의 동작을 이해하는 것이다.

TCA785의 10번 단자에 연결되는 커패시터(C_{10}) 전압 $v_C(t)$는 일반적으로 식 (9.3)의 첫 번째 식과 같다. 그런데 TCA785에서 커패시터(C_{10})에 연결되어 흐르는 충전전류는 내부의 정전류원(I)이므로 커패시터 전압은 식 (9.3)과 같이 유도된다. 즉 커패시터 전압은 시간에 비례해서 증가하는 1차함수가 된다. 커패시터 전압을 적절히 방전시키지 않으면 커패시터 전압은 시간에 비례해서 한없이 큰 전압이 된다. 이와 같은 커패시터 전압을 교류입력전압의 영점을 기준으로 방전하기 위한 회로가 TCA785 내부의 트랜지스터이다. 교류입력전압의 영점이 검출되면 이는 방전용 트랜지스터를 도통시키기 위한 적절한 베이스 전압으로 인가되고, 이에 의해 커패시터 전압은 트랜지스터를 통해 방전되어 커패시터 전압이 다시 낮아지게 된다. 그림 9-5는 충·방전 동작에 의해 삼각파 모양을 갖는 커패시터(C_{10}) 전압을 나타낸 것이다.

$$\begin{aligned} v_C(t) &= \frac{1}{C}\int_0^t i_C(t)dt \\ &= \frac{1}{C}\int_0^t I\,dt \qquad (\because\ i_C(t) = I \leftarrow \text{정전류원}) \\ &= \frac{I}{C}t \\ &\propto t \end{aligned} \tag{9.3}$$

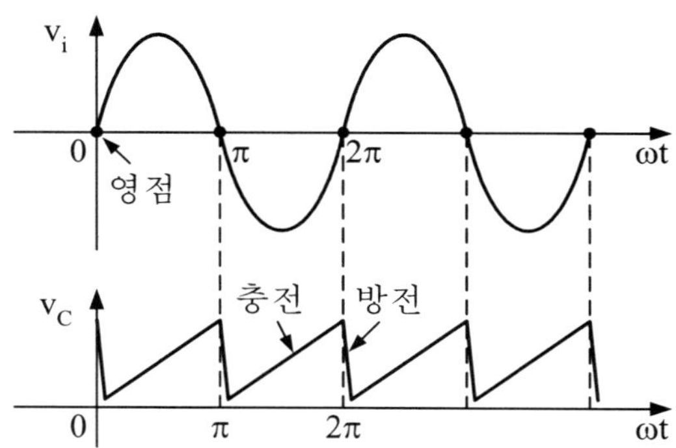

그림 9-5 커패시터(C_{10})의 충·방전 전압

그림 9-6은 10번 단자의 커패시터 전압(v_{10})과 11번 단자의 제어전압(v_{11})을 동시에 나타낸 것이다. 커패시터 전압 v_C는 10번 단자의 전압이므로 그림 9-6에서는 v_{10}으로 표현하였다. 그림 9-4에서 v_{10}과 v_{11}은 비교기의 입력으로 주어지고, $v_{10}=v_{11}$이 되는 점에서 게이트 펄스가 발생되도록 내부회로가 구성되어 있다. 제어전압 v_{11}은 가변저항을 이용하여 쉽게 가변할 수 있고, 제어전압 v_{11}이 가변된다는 것은 점호각이 가변된다는 것을 의미한다. 즉 점호각 제어는 11번 단자의 가변저항을 이용한다.

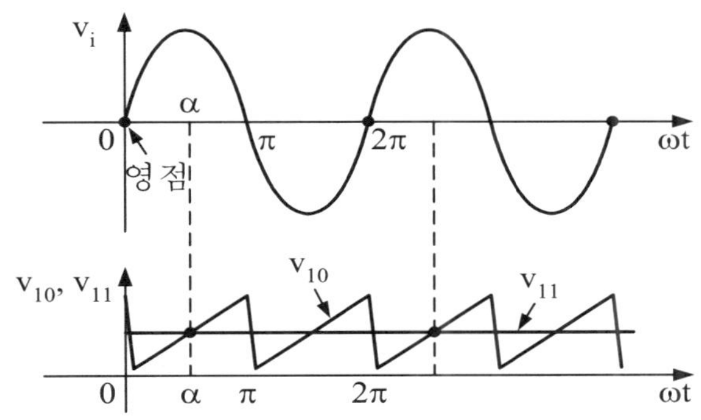

그림 9-6 점호각 제어

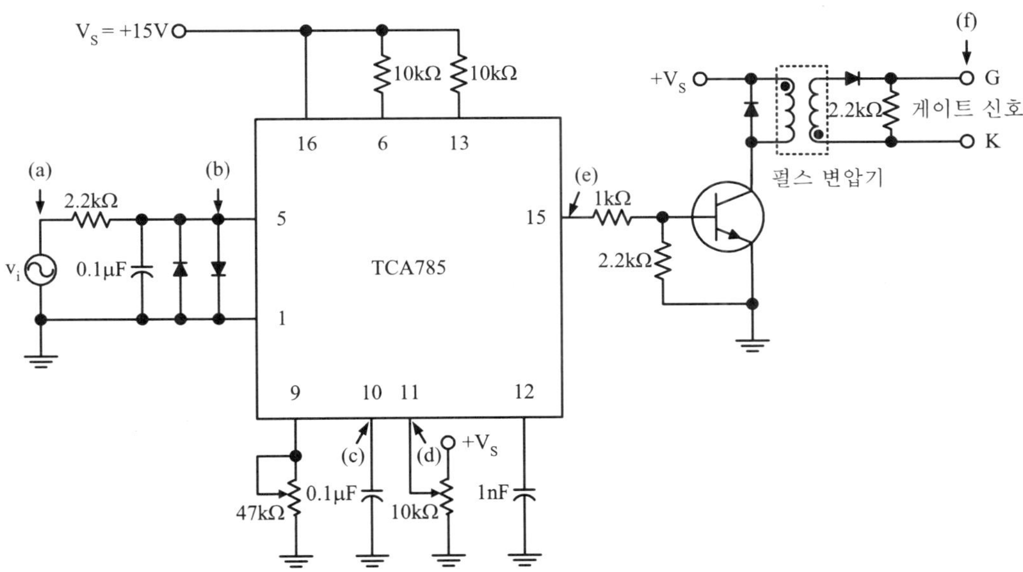

그림 9-7 위상제어용 IC(TCA785)를 이용한 점호각 제어회로

그림 9-7은 TCA785를 이용한 점호각 제어회로이다. 즉 사이리스터의 게이트 신호를 발생시키기 위한 회로이다. 점호각 제어회로의 동작을 살펴보기 위해 그림 9-7에 (a)~(f)의 문자를 표시하였고, 그림 9-8에 (a)~(f) 각각의 파형을 나타내었다.

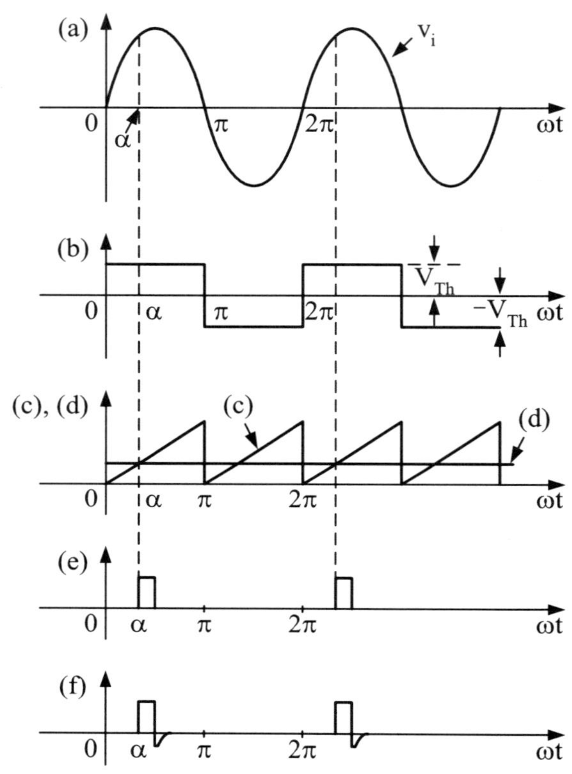

그림 9-8 점호각 제어회로의 각 부 파형

그림 9-8에서 (a)는 교류입력파형이고, (b)는 다이오드를 이용해 교류입력전압을 다이오드 도통전압(V_{Th})으로 제한한 것으로 영점검출을 위한 파형이다. 교류입력전압이 고압인 경우 실제 교류입력전압을 직접 입력전압 v_i로 사용하는 대신 위상은 동일하고, 전압은 충분히 강압시킨 전압을 입력전압 v_i로 사용한다. 파형 (c), (d)는 그림 9-5와 그림 9-6에서 이미 설명하였다. 파형 (e)는 파형 (c)와 (d)의 교점에 의한 점호각 제어신호이다. 파형 (f)는 파형 (e)의 게이트 펄스를 펄스 변압기를 이용해 전기적으로 절연시켜 사이리스터에 인가시키기 위한 최종적인 게이트 신호이다.

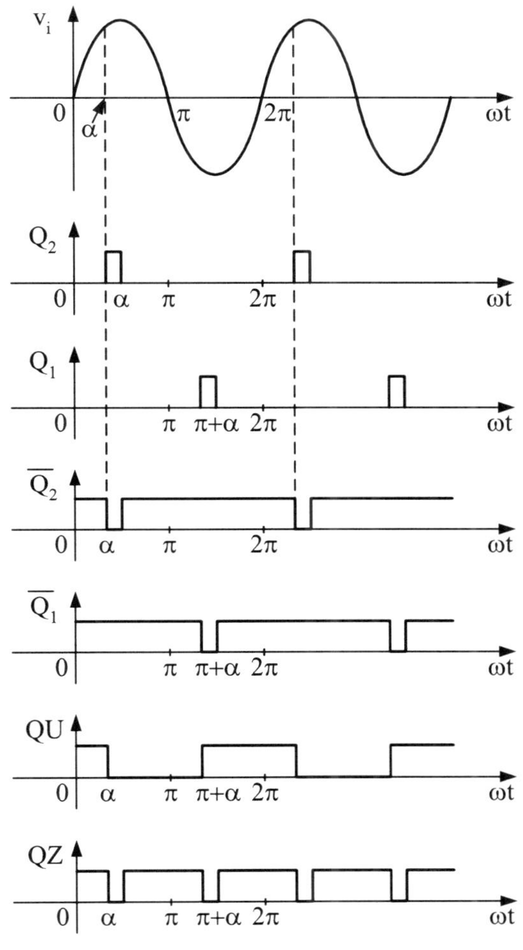

그림 9-9 위상제어용 IC(TCA785)의 각 출력단자의 파형

그림 9-7의 점호각 제어회로에서 출력단자로 사용한 TCA785의 15번 단자는 표 9-1에서 알 수 있는 바와 같이 출력 Q_2이다. TCA785는 표 9-1에 표시된 바와 같이 모두 6개의 출력단자가 있다. TCA785를 단상반파 위상제어 정류회로가 아니고, 단상전파 위상제어 정류회로 등에 활용하기 위해서는 다른 출력단자의 동작도 알아야 한다. 그림 9-9에 TCA785 6개 출력단자들의 출력파형을 나타내었다. 단상전파 위상제어 정류회로의 구성을 위해서는 출력 Q_2 뿐만 아니라 출력 Q_1도 사용하여야 한다. 위상제어용 IC를 이용한 위상제어 정류회로는 직류전압제어, 전력제어, 직류전동기

속도제어 등에 매우 유용하게 활용할 수 있다.

9.3 실험부품

부품 및 장비		규격 및 수량	
부 품	사이리스터	2P4M	1개
	위상제어용 IC	TCA785	1개
	트랜지스터	npn C1815	1개
	다이오드	1N4004	4개
	펄스 변압기	SCR 게이트용	1개
	저항	1kΩ	1개
		2.2kΩ	3개
		10kΩ	3개
	시멘트저항	500Ω/5W	1개
	가변저항	10kΩ	1개
		47kΩ	1개
	커패시터	1nF(102)	1개
		0.1μF(104)	2개
장 비		직류전원 공급장치(DC power supply)	
		교류전원 공급장치(slidac/transformer)	
		아날로그 랩 유닛(analog lab unit)†	
		신호발생기(signal generator)	
		오실로스코프(oscilloscope)	
		디지털 멀티미터(DMM)	
		브레드 보드(bread board)	

† 실험에 필요한 직류전압(DC)과 교류전압(AC)은 각각의 전원공급장치를 이용하여 실험할 수도 있고, 실험장비에 있는 직류전압(DC)과 교류전압(AC)을 이용하여 실험할 수도 있음

9.4 실험방법

실험 1. 점호각 제어회로 실험

① 그림 9-10의 점호각 제어 실험회로를 구성하여라.

DC 15 V인 V_S는 직류전원 공급장치를 이용하고, 교류입력 v_i는 신호발생기와 디지털 멀티미터를 이용하여 주파수 60 Hz, 실효값 8 V인 교류전압을 인가하여라.

점호각 제어회로의 구성과 동작을 실험하면서 안전한 실험을 위해 교류 220 V와 같이 높은 상용전압을 사용하지 않고, 신호발생기를 이용하여 60 Hz, 8 V의 낮은 교류전압을 입력전압 v_i로 사용하여라.

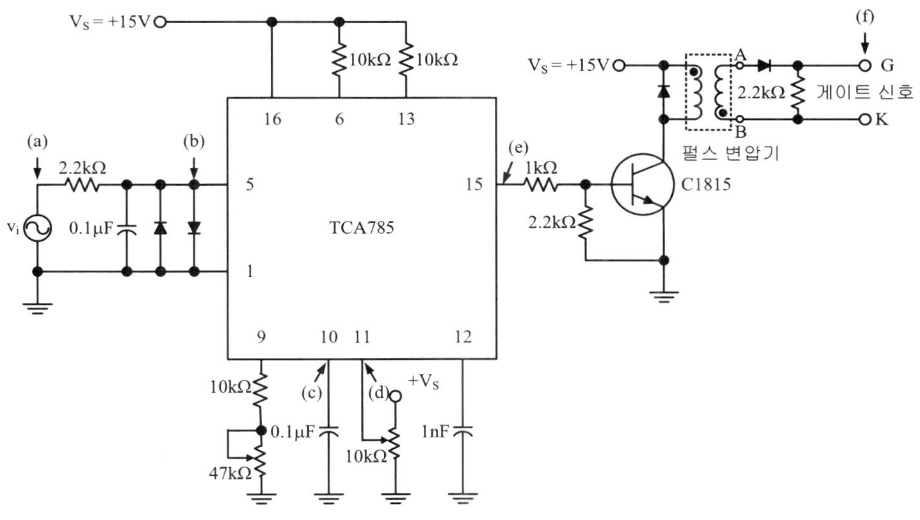

그림 9-10 점호각 제어 실험회로

② 입력전압 v_i와 점호각 제어회로의 출력단자(15번 단자)를 오실로스코프를 이용하여 동시에 측정할 수 있도록 측정용 프로브를 연결하여라.

오실로스코프는 듀얼 모드를 이용하여 CH1은 입력전압 v_i, CH2는 TCA785의 출력신호(15번 단자)를 측정할 수 있도록 측정용 프로브를 연결하여라. 오실로스코프 CH1과 CH2의 접지(GND) 전압 위치는 모두 오실로스코프 화면의 가운데가 되도록 CH1과 CH2 각각의 수직 위치조정기를 조정하고, 전압 스케일 역시 동일하게 설정하여라.

③ TCA785의 11번 단자에 연결된 가변저항을 조정함에 따라 TCA785 출력 신호(15번 단자)의 점호각 α가 0°≤α≤180°까지 정확히 가변되는지를 관찰하여 점호각 제어회로의 정상적인 동작여부를 표 9-3에 기록하여라. 점호각이 가변되는 경우에도 점호각이 0°≤α≤180°의 일부라도 가변되지 않는 경우는 정상적인 동작을 하지 않는 것으로 기록하여라.

④ 실험단계 ③에서 점호각 제어회로가 정상적으로 동작하지 않는 경우 그림 9-10 실험회로의 잘못된 부분을 찾아 수정하여라.
실험회로의 오류를 수정하는 경우 실험회로 수정방법을 참고하여라.

⑤ 입력전압 v_i와 점호각 제어회로의 최종 출력단자인 (f)단자 즉 게이트 신호를 오실로스코프의 듀얼 모드를 이용해 측정용 프로브를 연결하여라.
오실로스코프는 듀얼 모드를 이용하여 CH1은 입력전압 v_i, CH2는 점호각 제어회로의 최종 출력신호인 게이트 신호를 측정할 수 있도록 측정용 프로브를 연결하여라. 오실로스코프 CH1과 CH2의 접지(GND) 전압 위치는 모두 오실로스코프 화면의 가운데가 되도록 CH1과 CH2 각각의 수직 위치조정기를 조정하고, 전압 스케일 역시 동일하게 설정하여라.

⑥ TCA785의 11번 단자에 연결된 가변저항을 조정함에 따라 최종 출력신호의 점호각 α가 0°≤α≤180°까지 정확히 가변되는지를 관찰하여 점호각 제어회로의 정상적인 동작여부를 표 9-3에 기록하여라.

⑦ 실험단계 ⑥에서 점호각 제어회로가 정상적으로 동작하지 않는 경우 그림 9-10 실험회로의 잘못된 부분을 찾아 수정하여라.
실험회로의 오류를 수정하는 경우 실험회로 수정방법을 참고하여라.

⑧ 그림 9-10의 실험회로에서 점호각을 α=90°로 조정한 후 파형 (c), (d)를 오실로스코프의 듀얼 모드로 측정하여 측정파형을 표 9-2에 그려라.

⑨ 그림 9-10의 실험회로에서 점호각을 α=90°로 조정한 후 파형 (a), (f)를 오실로스코프의 듀얼 모드로 측정하여 측정파형을 표 9-2에 그려라.

실험 2. 단상반파 위상제어 정류회로 실험

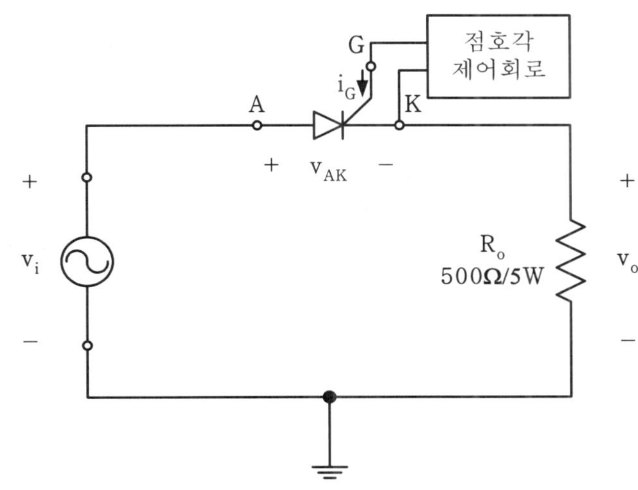

그림 9-11 단상반파 위상제어 정류회로 실험회로

① 사이리스터(2P4M)와 500Ω/5W의 부하저항(시멘트저항)을 이용하고, 실험 1에서 구성한 점호각 제어회로의 최종 출력신호를 사이리스터의 게이트 신호로 인가하여 그림 9-11의 실험회로를 구성하여라.
그림 9-11 실험회로의 입력전압 v_i는 실험 1 점호각 제어 실험회로에서 사용한 주파수 60Hz, 실효값 8V의 입력전압 v_i를 동일하게 인가하여라.

② TCA785의 11번 단자에 연결된 가변저항을 이용하여 점호각을 $\alpha=45°$로 조정한 후 입력전압 v_i와 출력전압 v_o를 오실로스코프의 듀얼 모드로 측정하여 측정파형을 표 9-4에 그려라.

③ TCA785의 11번 단자에 연결된 가변저항을 이용하여 점호각을 $\alpha=90°$로 조정한 후 입력전압 v_i와 출력전압 v_o를 오실로스코프의 듀얼 모드로 측정하여 측정파형을 표 9-4에 그려라.

④ 점호각 $\alpha=0°$, $\alpha=45°$, $\alpha=90°$로 위상제어된 출력전압의 직류전압의 이론값을 구하여 표 9-5에 기록하여라. 단상반파 위상제어 정류회로의 직류출력전압은 식 (9.2)를 이용하여 계산하여라.

참 고 점호각 제어회로가 정상 동작하지 않는 경우의 실험회로 수정방법

1. 실험회로의 결선이 올바른지 확인하기

① 실험회로를 구성하는 각 부품의 결선과 실험장비의 결선이 올바르게 되었는지 확인하기 ⇨ 주요 부품의 핀 배치도를 데이터 시트에서 재확인

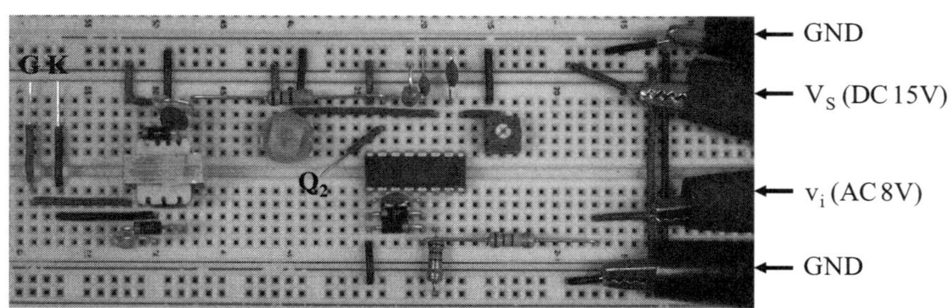

그림 9-12 점호각 제어 실험회로의 결선확인

2. 실험회로의 입력(입력전원, 입력신호)이 올바르게 인가되는지 확인하기

① 실험회로를 동작시키기 위해 외부에서 주어지는 입력전원(V_S)과 입력신호(v_i)가 실험회로에 올바르게 인가되고 있는지 오실로스코프를 이용하여 확인하기

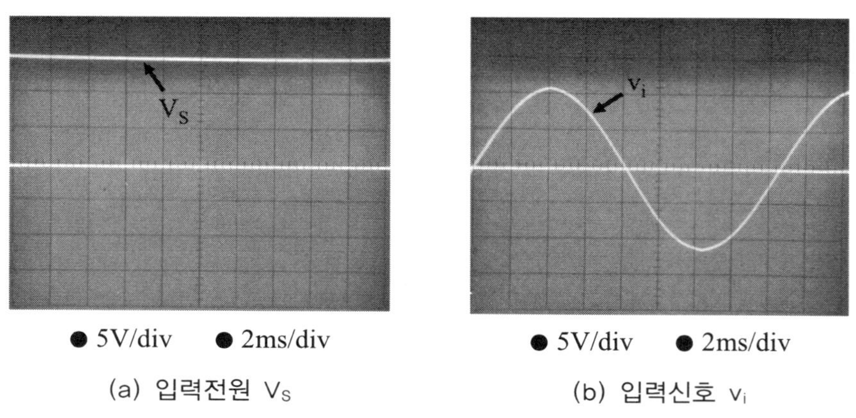

(a) 입력전원 V_S (b) 입력신호 v_i

그림 9-13 입력전원(V_S)과 입력신호(v_i) 확인

3. 실험회로의 입력단에서 출력단까지의 동작신호 또는 동작전압이 올바른지 순차적으로 확인하기

① 실험회로의 최초 입력단에서 최종 출력단까지 순차적으로 모든 파형을 오실로스코프를 이용해 측정하여 각 단의 신호가 정상적인지 여부를 확인하기 ⇨ (a)에서 (f)까지의 파형을 순차적으로 확인

② 그림 9-10 실험회로의 (a), (b) 파형을 오실로스코프 듀얼 모드로 측정하여 그림 9-8의 이론적인 파형과 일치하는지 확인

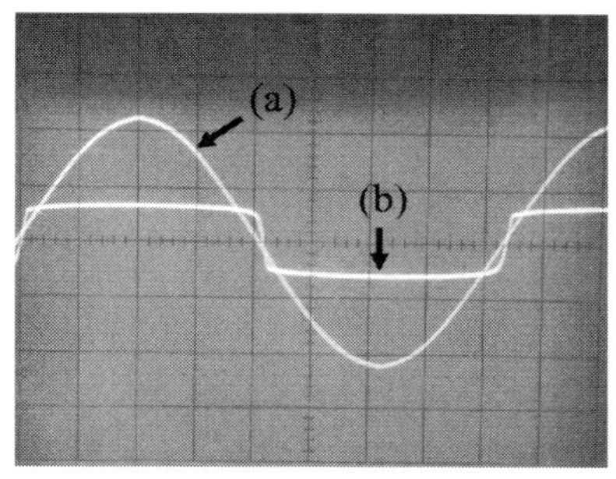

파형 (a) ● 5V/div ● 2ms/div
파형 (b) ● 1V/div ● 2ms/div

그림 9-14 파형 (a), (b)의 동작확인

③ 그림 9-10 실험회로의 (c), (d) 파형을 오실로스코프 듀얼 모드로 측정하여 그림 9-8의 이론적인 파형과 일치하고, 제어전압(v_{11})을 가변함에 따라 (c), (d) 파형의 교점 즉 점호각 α가 $0° \leq \alpha \leq 180°$까지 가변되는지 확인하고, 오동작하는 경우는 9번 단자의 가변저항 R_9를 적절히 조정

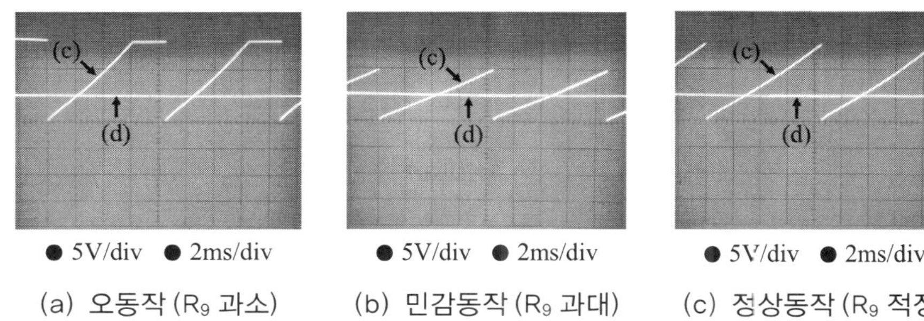

● 5V/div ● 2ms/div　● 5V/div ● 2ms/div　● 5V/div ● 2ms/div

(a) 오동작 (R_9 과소)　(b) 민감동작 (R_9 과대)　(c) 정상동작 (R_9 적정)

그림 9-15 파형 (c), (d)의 동작확인

④ 그림 9-10 실험회로의 (a), (e) 파형을 오실로스코프 듀얼 모드로 측정하여 그림 9-8의 이론적인 파형과 일치하는지 확인

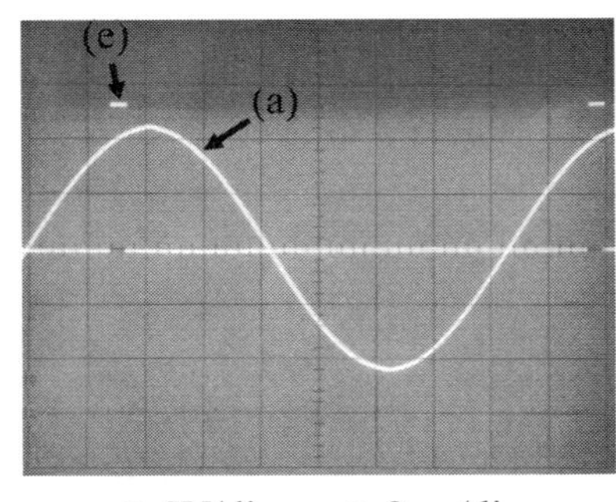

● 5V/div ● 2ms/div

그림 9-16 파형 (a), (e)의 동작확인

⑤ 그림 9-10 실험회로의 (a), (f) 파형을 오실로스코프 듀얼 모드로 측정하여 그림 9-8의 이론적인 파형과 일치하는지 확인 ⇨ 오동작하는 경우 실험회로의 펄스 변압기 2차측의 A, B 단자를 서로 바꾸어 회로를 구성한 후 파형 (a), (f)를 재확인

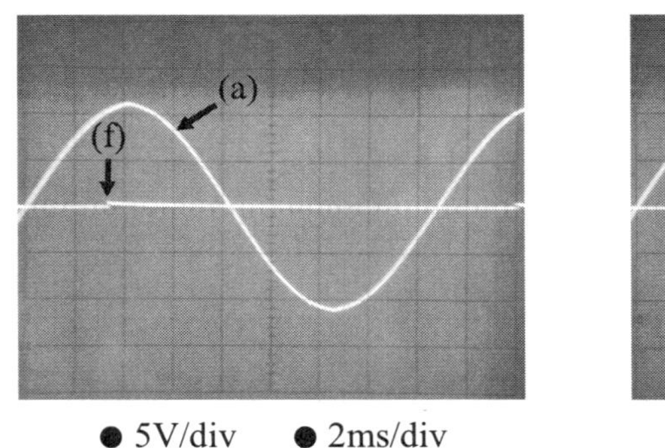

● 5V/div ● 2ms/div

(a) 펄스 변압기 2차측 결선의 극성오류

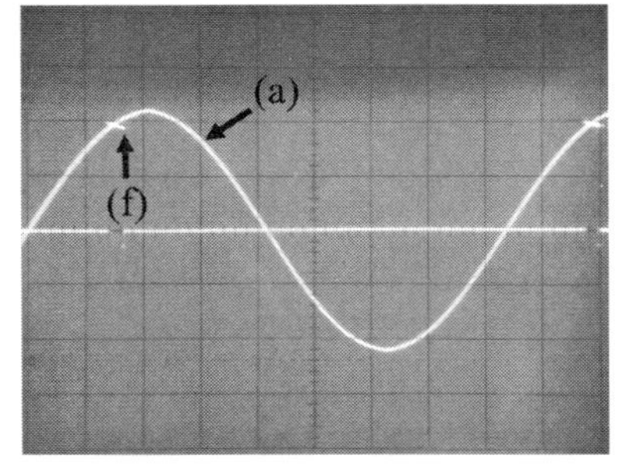

● 5V/div ● 2ms/div

(b) 펄스 변압기 2차측 결선의 극성정상

그림 9-17 파형 (a), (f)의 동작확인

⑥ 입력단부터 순차적으로 각 단의 측정파형과 이론파형의 일치여부 확인 ⇨ 측정파형과 이론파형이 일치하지 않는 경우 해당 회로부분이 실험회로의 오류원인 ⇨ 실험회로의 오류원인을 제거·수정

9.5 실험결과

실험 1. 점호각 제어회로 실험

표 9-2 점호각 제어회로 실험파형 (실험단계 ⑧,⑨)

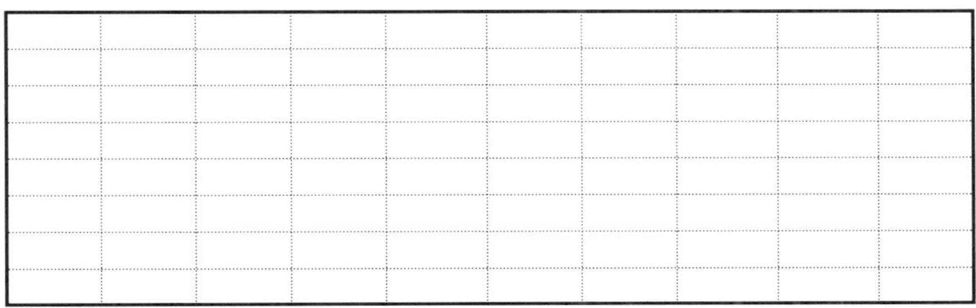

● 전압 스케일 : 5V/div ● 시간 스케일 : 2ms/div

(a) 실험단계 ⑧의 (c), (d)의 전압파형

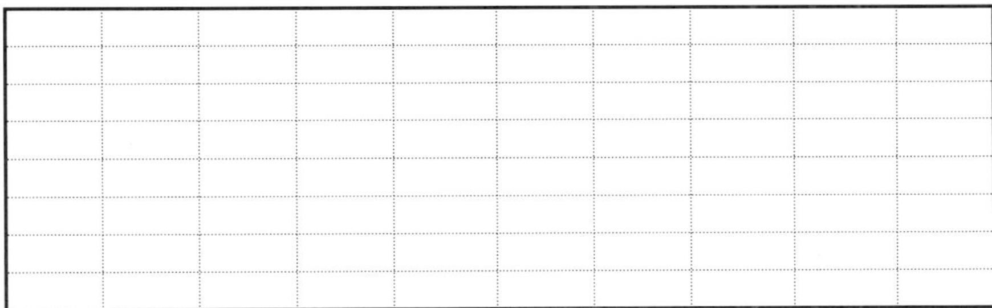

● 전압 스케일 : 5V/div ● 시간 스케일 : 2ms/div

(b) 실험단계 ⑨의 (a), (f)의 전압파형

표 9-3 점호각 제어회로 실험 데이터

실험단계	실험내용	실험결과	참고사항
③	점호각 제어회로 출력단자(15번 단자)의 정상적인 동작여부		점호각이 $0° \leq \alpha \leq 180°$까지 정확히 가변되는지의 여부
⑥	점호각 제어회로 최종 출력단자(G-K단자)의 정상적인 동작여부		

실험 2. 단상반파 위상제어 정류회로 실험

표 9-4 단상반파 위상제어 정류회로 실험파형 (실험단계 ②,③)

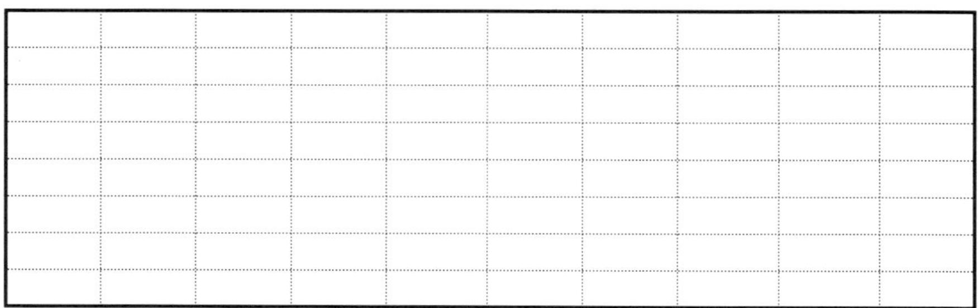

● 전압 스케일 : 5V/div ● 시간 스케일 : 2ms/div

(a) 실험단계 ②에서 점호각이 45°인 경우 v_i, v_o의 전압파형

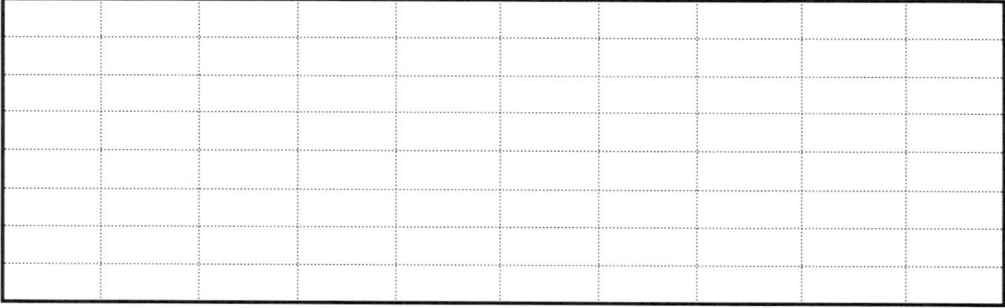

● 전압 스케일 : 5V/div ● 시간 스케일 : 2ms/div

(b) 실험단계 ③에서 점호각이 90°인 경우 v_i, v_o의 전압파형

표 9-5 단상반파 위상제어 정류회로 실험 데이터

실험단계	실험내용	계산결과	참고사항
④	α=0°인 경우 위상제어 출력전압의 직류전압 V_{DC}의 이론값	[V]	식 (9.2)를 이용하여 출력전압의 직류전압 V_{DC}를 계산
	α=45°인 경우 위상제어 출력전압의 직류전압 V_{DC}의 이론값	[V]	
	α=90°인 경우 위상제어 출력전압의 직류전압 V_{DC}의 이론값	[V]	

9.6 검토사항

1 단상반파 위상제어 정류회로의 출력전압의 직류전압 V_{DC}를 구할 수 있는 일반식을 유도하여라. 단 교류입력전압은 $v_i(t) = V_m \sin\omega t$로 가정하고, 직류출력전압($V_{DC}$)은 점호각 α의 함수로 나타내어라.

2 교류입력전압이 220V인 경우 단상반파 위상제어 정류회로에서 직류출력전압의 제어범위를 구하여라. 즉 직류출력전압이 몇 V에서 몇 V까지 제어가능한지 구하여라.

3 그림 9-18은 위상제어용 IC(TCA785)를 이용한 점호각 제어회로의 커패시터 전압(V_{10})이다. 점호각을 α=45°, α=135°로 위상제어하기 위해서는 TCA785 11번 단자의 제어전압(V_{11})을 각각 몇 V로 조정해야 하는지 구하여라.

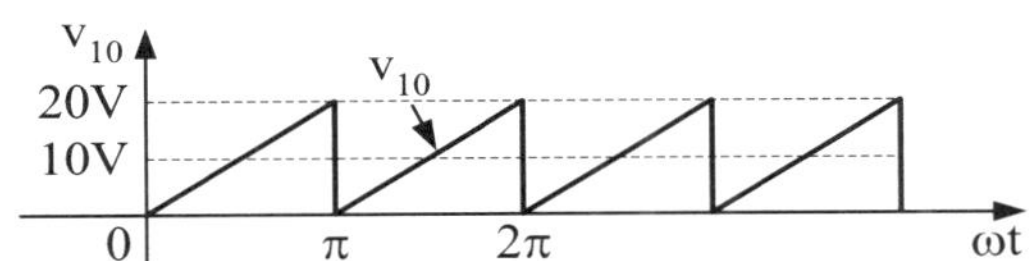

그림 9-18 점호각 제어회로의 커패시터 전압(V_{10})

4 그림 9-19는 위상제어용 IC(TCA785)를 이용한 점호각 제어회로의 커패시터 전압(V_{10})이다. 9번 단자의 저항(R_9)등이 모두 동일한 회로조건에서 3가지 값(a, b, c)의 커패시터(C_{10})를 교대로 사용한 경우의 커패시터 전압의 파형들이다. 커패시터 a, b, c의 크기를 큰 순서로 열거하고, 그 이유를 설명하여라.

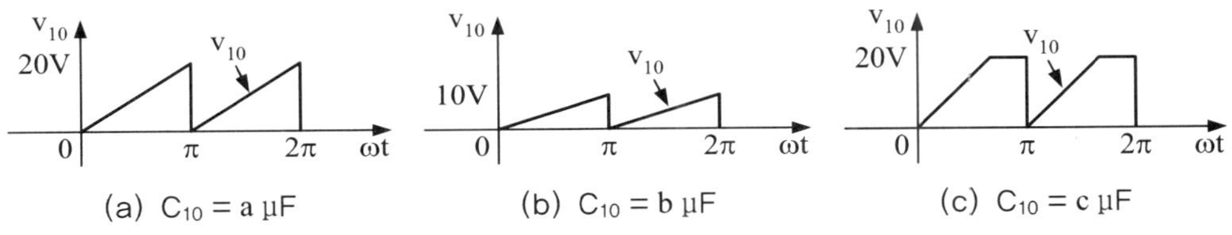

그림 9-19 커패시터(C_{10}) 변화에 따른 점호각 제어회로의 커패시터 전압(V_{10})

5 점호각 변화에 따른 단상반파 위상제어 정류회로의 출력전압을 비교하고자 한다. 점호각이 α=0°인 경우를 기준 1로 할 때 점호각이 α=45°, α=90°, α=135°, α=180°인 경우의 상대적인 직류출력전압을 구하여 표 9-6에 기록하여라.

표 9-6 점호각 변화에 따른 직류출력전압의 비교

구분	α = 0°	α = 45°	α = 90°	α = 135°	α = 180°
직류출력전압	1				

6 그림 9-10 점호각 제어 실험회로에서 펄스 변압기를 사용하였다. 위상제어 정류회로와 같은 전력전자회로의 제어회로에 이와 같이 펄스 변압기를 사용하는 경우가 있다. 그 이유를 설명하여라.

7 그림 9-10 점호각 제어 실험회로에서 최종 출력단자(G-K단자) 중 K단자는 점호각 제어회로의 접지(GND)와 분리되어 있다. 일반적으로 오실로스코프를 이용하여 전압을 측정할 때 전파정류회로(그림 5-5)와 같이 입력전압과 출력전압의 접지(GND)가 동일하지 않은 경우는 듀얼 모드를 이용하여 전압을 측정할 수 없다. 그러나 실험 1 점호각 제어회로 실험의 실험단계 ⑤에서 입력전압 v_i와 (f)단자를 오실로스코프 듀얼 모드를 이용하여 측정하였다. 이와 같이 그림 9-10 실험회로에서는 접지가 동일하지 않은 입력전압 v_i와 (f)단자의 2개의 전압을 오실로스코프 듀얼 모드를 이용하여 측정이 가능한 이유를 설명하여라.

8 그림 9-10 점호각 제어 실험회로에서 실험회로가 모두 정상인 경우에도 펄스 변압기 2차측의 A, B 단자가 서로 바꾸어 회로가 정상적인 동작을 하지 않을 수 있다. 그 이유를 설명하여라.

9 실험회로가 정상적으로 동작하지 않는 경우 실험회로를 수정하는 방법을 참고에서 설명하였다. 실험회로 수정방법을 참고하여 수정한 실험회로 부분이 있는 경우 어떤 부분의 오류를 수정하였는지 수정한 내용을 자세히 설명하여라.

10 실험시의 특이사항 및 실험에 대한 종합결론을 정리하여라.

실험

10. 단상전파 위상제어 정류회로 실험

10.1 실험목적

▣ 정류회로의 직류출력전압을 제어하는 단상전파 위상제어 정류회로의 동작특성을 이해한다.

▣ 2가지 종류의 단상전파 위상제어 정류회로인 단상 전파 컨버터와 단상 세미 컨버터의 동작특성을 이해한다.

10.2 실험이론

10.2.1 단상 세미 컨버터

실험 9에서 살펴 본 단상반파 위상제어 정류회로는 교류입력전압의 정극성의 반파만을 위상제어한 정류회로이다. 이에 비해 실험 10에서는 교류입력전압의 정극성 뿐만 아니라 부극성에 대해서도 동일한 점호각에 대해 위상제어를 할 수 있는 단상전파 위상제어 정류회로에 대하여 살펴본다. 이와 같은 단상전파 위상제어 정류회로에는 단상 전파 컨버터(single phase full converter)와 단상 세미 컨버터(single phase semiconverter) 등의 2가지 종류가 있는데 단상 세미 컨버터에 대해 먼저 살펴보기로 한다. 그림 10-1은 단상 세미 컨버터 회로이고, 그림 10-2는 각부의 전압파형이다.

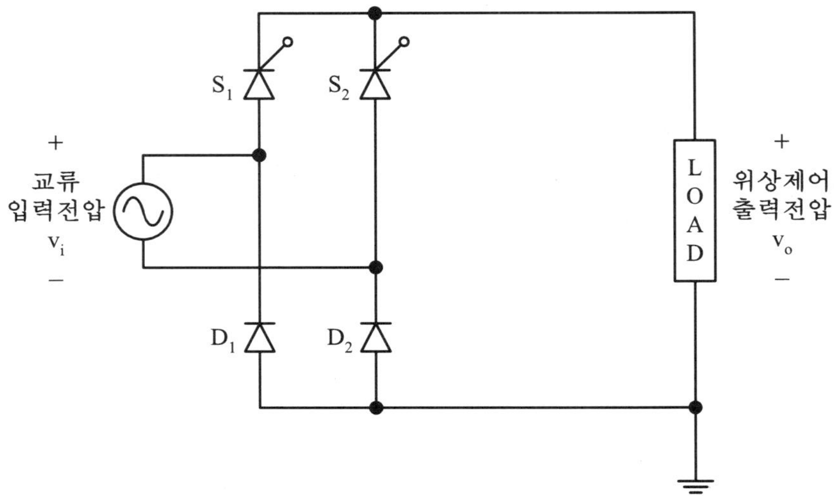

그림 10-1 단상 세미 컨버터(single phase semiconverter)

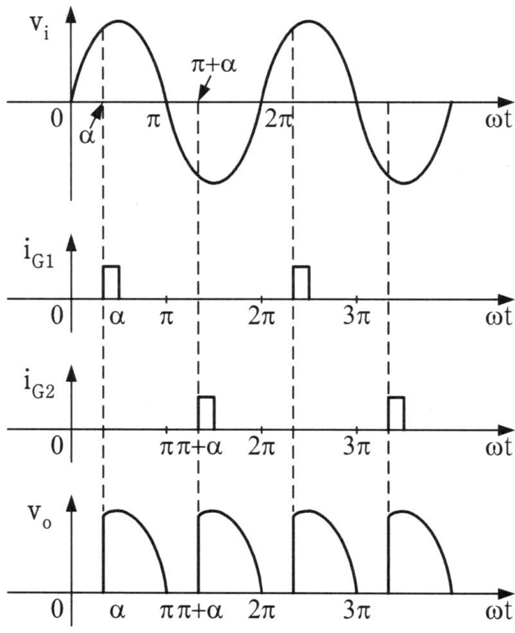

그림 10-2 단상전파 위상제어 정류회로(R 부하)의 각 부 파형

그림 10-2 단상전파 위상제어 정류회로의 각부 파형에서 게이트 신호가 1주기에 2번 주어지는 것을 알 수 있다. 입력전압의 정극성의 전압파형에 대한 위상제어를 위해 점호각 α에서 게이트 신호 i_{G1}이 사이리스터 S_1에 인가되고, 입력전압의 부극성의 전압파형에 대한 위상제어를 위해 점호각 π+α에서 게이트 신호 i_{G2}가 사이리스터 S_2에 인가되어야 하므로 1주기에 2개의 게이트 신호가 필요하다.

게이트 신호 i_{G1}이 사이리스터 S_1에 인가되면 위상제어된 입력전압의 정극성이 사이리스터 S_1과 다이오드 D_2에 의해 그대로 출력전압으로 나타난다. 그리고 게이트 신호 i_{G2}가 사이리스터 S_2에 인가되면 위상제어된 입력전압의 부극성이 사이리스터 S_2와 다이오드 D_1에 의해 극성이 반전되어 출력전압으로 나타난다. 이와 같은 전파 정류 특성을 갖는 것은 그림 10-1 단상 세미 컨버터가 브리지 회로이기 때문이다.

단상전파 위상제어 정류회로의 점호각 제어는 단상반파 위상제어 정류회로와 마찬가지로 0°≤α≤180°의 범위 내에서 가능하다. 사이리스터를 이용한 단상전파 위상제어 정류회로의 특성을 나타내는 가장 중요한 식은 역시 출력전압의 직류전압을 구하는 식이다. 그림 10-2에서 교류입력전압 v_i가 식 (10.1)과 같은 정현파 교류전압인 경우 출력전압 v_o의 직류전압 평균값 V_{DC}는 식 (10.2)와 같이 구할 수 있다. 식 (10.2)의 결과식에서 점호각 α에 의해 출력전압이 제어되는 것을 알 수 있다. 출력전압의 직류전압은 동일한 점호각에 대해 단상반파 위상제어 정류회로의 2배가 된다.

$$v_i(t) = V_m \sin\omega t \tag{10.1}$$

$$\begin{aligned} V_{DC} &= \frac{2}{T}\int_0^{\frac{T}{2}} v_o(t)dt \\ &= \frac{1}{\pi}\int_\alpha^\pi v_i(\theta)d\theta \\ &= \frac{1}{\pi}\int_\alpha^\pi V_m \sin\theta\, d\theta \\ &= \frac{V_m}{\pi}[-\cos\theta]_\alpha^\pi \\ &= \frac{V_m}{\pi}(1+\cos\alpha) \\ &= \frac{\sqrt{2}V_{rms}}{\pi}(1+\cos\alpha) \end{aligned} \tag{10.2}$$

식 (10.2)에서 점호각이 $\alpha=0°$인 경우 직류전압 평균값이 $V_{DC}=2\sqrt{2}V_{rms}/\pi$가 되고, $\alpha=180°$인 경우 직류전압 평균값은 0이 된다. 즉 단상전파 위상제어 정류회로는 점호각에 따라 출력전압의 평균값이 0에서 $2\sqrt{2}V_{rms}/\pi$까지 제어 가능하다. 점호각 $\alpha=0°$인 경우의 직류전압 평균값 $V_{DC}=2\sqrt{2}V_{rms}/\pi$는 다이오드 전파정류회로의 직류전압 평균값인 식 (5.5)와 동일한 결과이다. 이는 그림 10-2에서 알 수 있는 바와 같이 점호각이 $\alpha=0°$인 경우는 사이리스터와 다이오드가 동일한 특성을 갖기 때문이다.

10.2.2 단상 전파 컨버터

그림 10-3은 단상전파 위상제어 정류회로인 단상 전파 컨버터 회로이다. 그림 10-3 단상 전파 컨버터 역시 게이트 신호가 1주기에 2번 주어진다. 입력전압의 정극성의 전압파형에 대한 위상제어를 위해 점호각 α에서 게이트 신호 i_{G1}, i_{G4}가 각각 사이리스터 S_1, S_4에 인가되고, 입력전압의 부극성의 전압파형에 대한 위상제어를 위해 점호각 $\pi+\alpha$에서 게이트 신호 i_{G2}, i_{G3}가 각각 사이리스터 S_2, S_3에 인가된다.

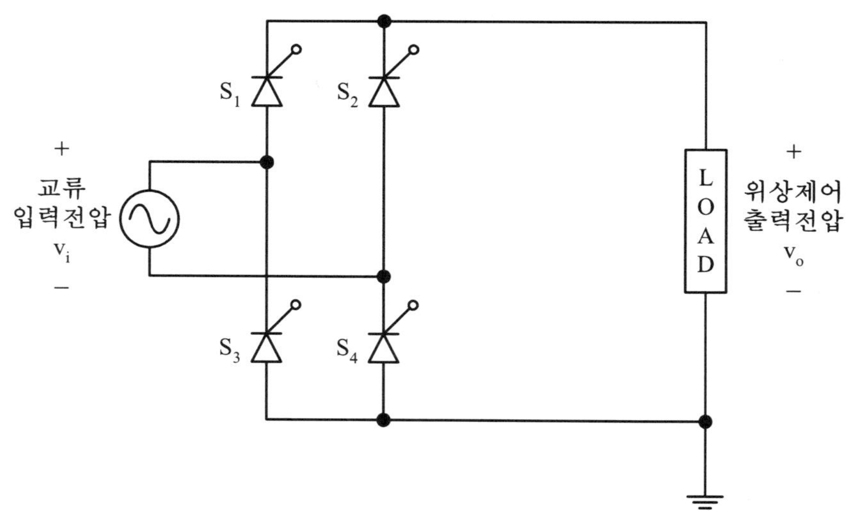

그림 10-3 단상 전파 컨버터(single phase full converter)

게이트 신호 i_{G1}, i_{G4}가 각각 사이리스터 S_1, S_4에 인가되면 위상제어된 입력전압의

정극성이 사이리스터 S_1과 S_4에 의해 그대로 출력전압으로 나타난다. 그리고 게이트 신호 i_{G2}, i_{G3}이 각각 사이리스터 S_2, S_3에 인가되면 위상제어된 입력전압의 부극성이 사이리스터 S_2와 S_3에 의해 극성이 반전되어 출력전압으로 나타난다. 부하가 저항인 경우 단상 전파 컨버터 각부의 전압파형은 그림 10-2와 동일하고, 출력전압의 직류전압은 식 (10.2)와 동일하다. 즉 단상 전파 컨버터와 단상 세미 컨버터의 출력전압이 동일하다. 부하가 저항인 경우 점호각 α에 대해 도통 구간을 표시하면 $\alpha \le \delta \le \pi$, $\pi + \alpha \le \delta \le 2\pi$이다.

이제 부하가 RL 부하인 경우의 단상전파 위상제어 정류회로의 출력전압 특성을 살펴보기로 한다. 그림 10-4에 L 성분이 충분히 큰 RL 부하인 경우의 단상전파 위상제어 정류회로 각부의 전압파형을 나타내었다.

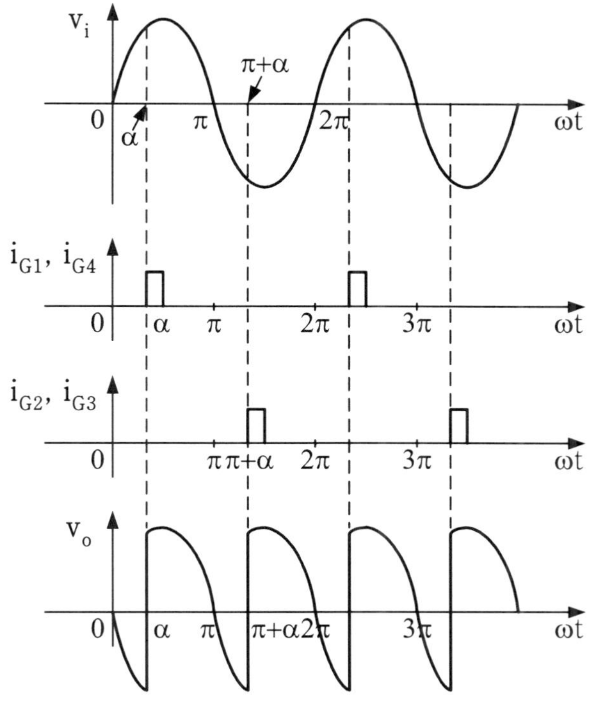

그림 10-4 단상전파 위상제어 정류회로(RL 부하)의 각 부 파형

그림 10-4는 RL 부하의 L 성분이 충분히 큰 경우 도통 구간이 $\alpha \le \delta \le \pi + \alpha$, $\pi + \alpha \le \delta \le 2\pi + \alpha$로 저항 부하인 경우와 비교하여 소호각이 $\omega t = \pi$에서 $\omega t = \pi + \alpha$까지 늘어

나는 것을 알 수 있다. 일반적으로는 RL 부하의 L 성분의 크기에 따라 도통 구간의 소호각은 $\omega t=\pi$와 $\omega t=\pi+\alpha$ 사이의 적절한 값으로 정해진다.

그림 10-4에서 교류입력전압 v_i가 식 (10.1)과 같은 정현파 교류전압인 경우 출력전압 v_o의 직류전압 평균값 V_{DC}는 식 (10.3)과 같이 구할 수 있다. 식 (10.3)과 식 (10.2)를 비교하면 RL 부하인 경우와 저항 부하인 경우 출력전압이 서로 다르다. 이는 RL 부하의 인덕터 L 양단에 인가되는 역기전력에 의해 도통 구간이 $\omega t=\pi$에서 $\omega t=\pi+\alpha$로 확대되었기 때문이다. 정류회로의 출력전압 특성과 관련하여 식 (10.3)은 식 (10.2)에 비해 직류전압이 작아지는 문제점이 있다.

$$\begin{aligned}
V_{DC} &= \frac{2}{T}\int_0^{\frac{T}{2}} v_o(t)dt \\
&= \frac{1}{\pi}\int_\alpha^{\pi+\alpha} v_i(\theta)d\theta \\
&= \frac{1}{\pi}\int_\alpha^{\pi+\alpha} V_m \sin\theta\, d\theta \\
&= \frac{V_m}{\pi}[-\cos\theta]_\alpha^{\pi+\alpha} \\
&= \frac{V_m}{\pi}\{-\cos(\pi+\alpha)+\cos\alpha\} \\
&= \frac{V_m}{\pi}(2\cos\alpha) \\
&= \frac{2V_m}{\pi}\cos\alpha \\
&= \frac{2\sqrt{2}V_{rms}}{\pi}\cos\alpha
\end{aligned} \tag{10.3}$$

그림 10-5는 단상전파 위상제어 정류회로인 단상 전파 컨버터에 환류 다이오드(freewheeling diode)가 추가된 회로이다. 인덕터 L의 역기전력에 의해 RL 부하 양단의 전압이 부극성이 되는 경우 환류 다이오드 D_f를 통해 전류가 흐르게 된다. 이와 같이 RL 부하 양단의 전압이 부극성이 되는 경우 환류 다이오드를 통해 회로가 구성되므로 RL 부하 양단의 전압은 0V가 된다. 따라서 환류 다이오드가 있는 경우는 RL 부하의 출력전압 v_o에 그림 10-4와 같은 부극성의 전압이 나타나지 않는다. 환류 다이오드가 있는 경우의 단상전파 위상제어 정류회로의 출력전압은 RL 부하인 경우에도 그림 10-2의 출력전압 파형과 동일하고, 출력전압 v_o의 직류전압 평균값 V_{DC}는 식 (10.2)와 같다.

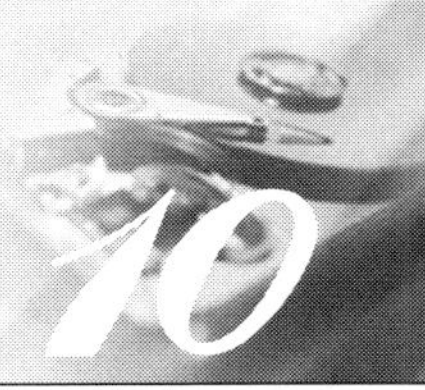

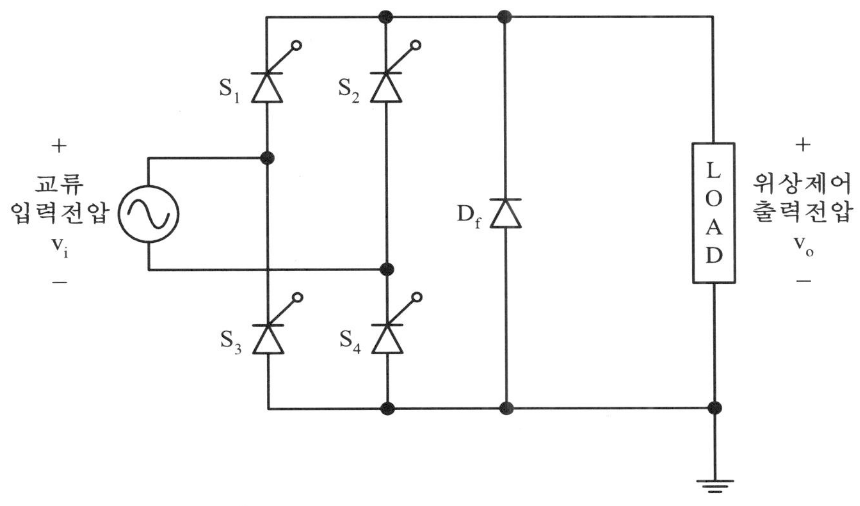

그림 10-5 환류 다이오드가 추가된 단상 전파 컨버터

10.2.3 점호각 제어회로

그림 10-6에 TCA785의 Q_2와 Q_1 출력단자들의 출력파형을 나타내었다. 단상전파 위상제어 정류회로에서는 교류입력전압의 정극성과 부극성의 전압파형 모두에 대해 게이트 신호를 인가하여야 한다. 따라서 TCA 785를 이용한 점호각 제어회로에서 15번인 Q_2 출력단자와 함께 14번인 Q_1 출력단자도 이용하여야 한다. Q_2 출력은 정극성의 입력전압에 대한 점호각 제어를 위한 게이트 신호로 사용하고, Q_1 출력은 부극성의 입력전압에 대한 점호각 제어를 위한 게이트 신호로 사용한다.

단상전파 위상제어 정류회로인 그림 10-1의 단상 세미 컨버터 회로는 TCA 785의 Q_2 출력을 이용한 게이트 신호 i_{G1}을 사이리스터 S_1의 게이트 신호로 인가하고, TCA 785의 Q_1 출력을 이용한 게이트 신호 i_{G2}를 사이리스터 S_2의 게이트 신호로 인가하여 점호각을 제어한다.

단상전파 위상제어 정류회로인 그림 10-3의 단상 전파 컨버터 회로는 TCA 785의 Q_2 출력을 이용한 게이트 신호 i_{G1}, i_{G4}를 각각 사이리스터 S_1, S_4의 게이트 신호로 인가하고, TCA 785의 Q_1 출력을 이용한 게이트 신호 i_{G2}, i_{G3}을 각각 사이리스터 S_2, S_3의 게이트 신호로 인가하여 점호각을 제어한다.

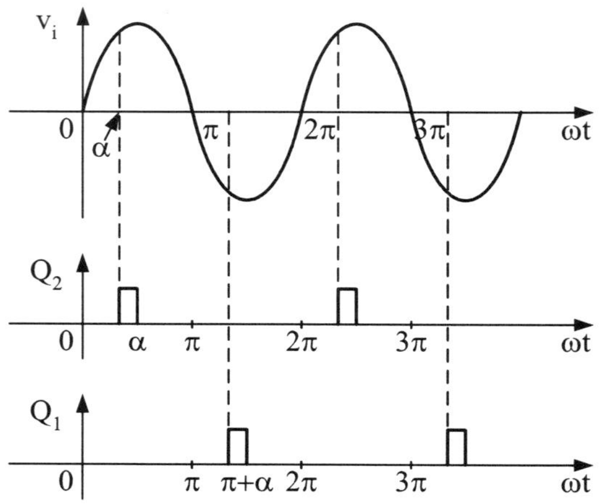

그림 10-6 위상제어용 IC(TCA785)의 출력단자의 파형

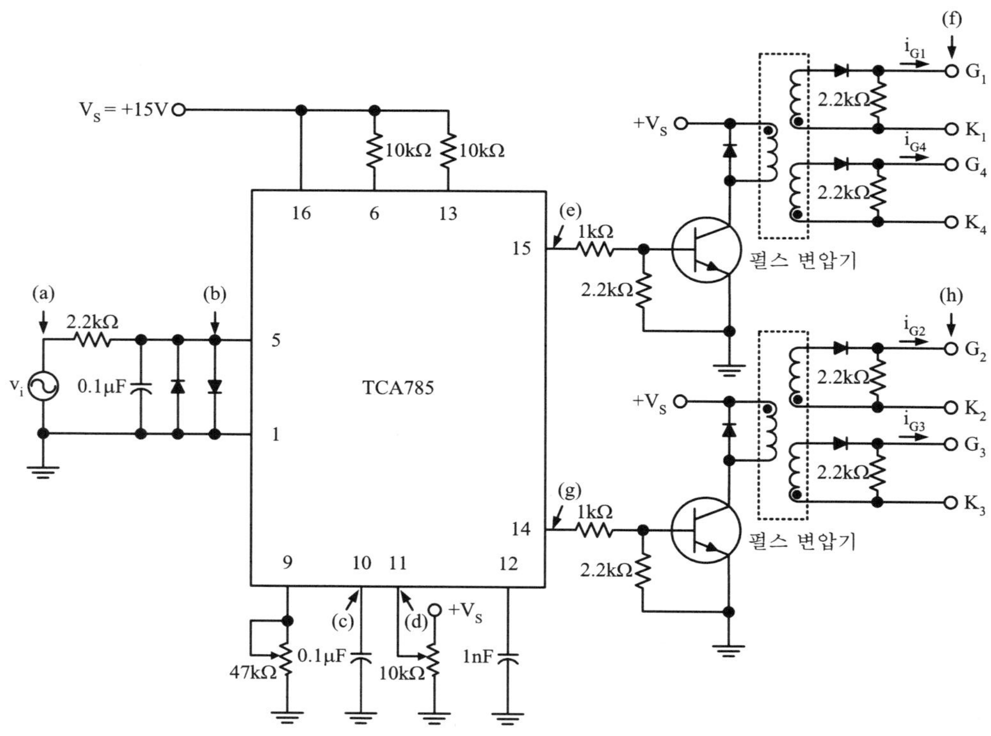

그림 10-7 단상 전파 컨버터의 점호각 제어회로

그림 10-7은 단상 전파 컨버터의 점호각 제어회로이다. 즉 단상전파 위상제어 정류회로의 게이트 신호를 발생시키기 위한 회로이다. 게이트 신호 i_{G1}과 i_{G4}는 동일한 신호이고, 게이트 신호 i_{G2}와 i_{G3} 역시 동일한 신호이지만 전기적인 절연과 정상적인 동작을 위해 반드시 그림 10-7과 같이 게이트 신호를 개별적으로 인가해야 한다.

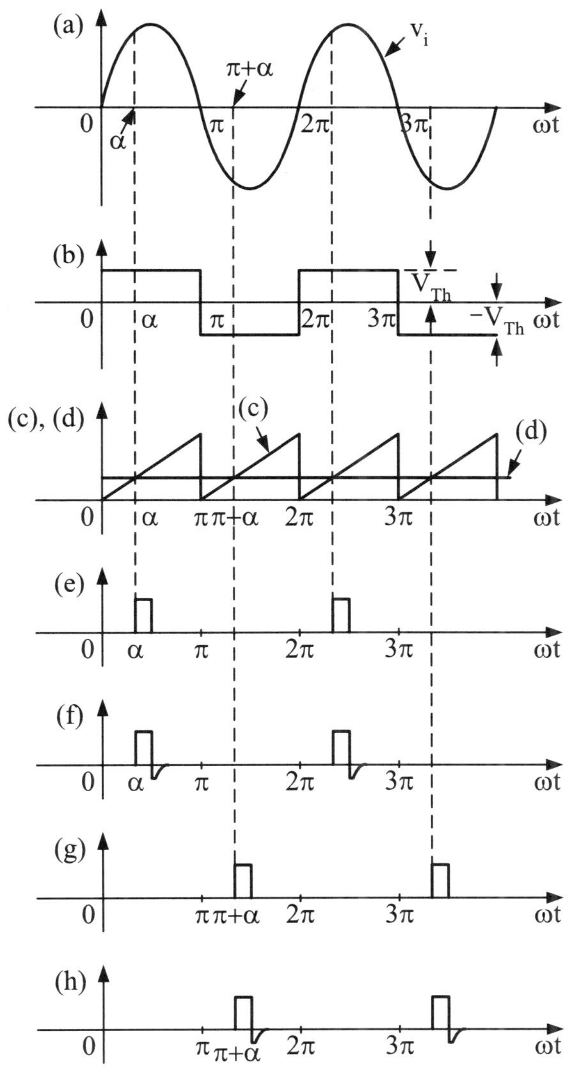

그림 10-8 단상 전파 컨버터 점호각 제어회로의 각 부 파형

단상 전파 컨버터 점호각 제어회로의 동작을 살펴보기 위해 그림 10-7에 (a)~(h)의 문자를 표시하였고, 그림 10-8에 (a)~(h) 각각의 파형을 나타내었다.

10.3 실험부품

<table>
<tr><th colspan="2">부품 및 장비</th><th colspan="2">규격 및 수량</th></tr>
<tr><td rowspan="14">부 품</td><td>사이리스터</td><td>2P4M</td><td>2개</td></tr>
<tr><td>위상제어용 IC</td><td>TCA785</td><td>1개</td></tr>
<tr><td>트랜지스터</td><td>npn C1815</td><td>2개</td></tr>
<tr><td>다이오드</td><td>1N4004</td><td>8개</td></tr>
<tr><td>펄스 변압기</td><td>SCR 게이트용</td><td>2개</td></tr>
<tr><td rowspan="3">저항</td><td>1kΩ</td><td>2개</td></tr>
<tr><td>2.2kΩ</td><td>5개</td></tr>
<tr><td>10kΩ</td><td>3개</td></tr>
<tr><td>시멘트저항</td><td>500Ω/5W</td><td>1개</td></tr>
<tr><td rowspan="2">가변저항</td><td>10kΩ</td><td>1개</td></tr>
<tr><td>47kΩ</td><td>1개</td></tr>
<tr><td rowspan="2">커패시터</td><td>1nF(102)</td><td>1개</td></tr>
<tr><td>0.1μF(104)</td><td>2개</td></tr>
<tr><td colspan="2" rowspan="7">장 비</td><td colspan="2">직류전원 공급장치(DC power supply)</td></tr>
<tr><td colspan="2">교류전원 공급장치(slidac/transformer)</td></tr>
<tr><td colspan="2">아날로그 랩 유닛(analog lab unit)[†]</td></tr>
<tr><td colspan="2">신호발생기(signal generator)</td></tr>
<tr><td colspan="2">오실로스코프(oscilloscope)</td></tr>
<tr><td colspan="2">디지털 멀티미터(DMM)</td></tr>
<tr><td colspan="2">브레드 보드(bread board)</td></tr>
</table>

† 실험에 필요한 직류전압(DC)과 교류전압(AC)은 적절한 전원공급장치를 이용하여 실험할 수 있음

10.4 실험방법

실험 1. 단상 세미 컨버터의 점호각 제어회로 실험

① 그림 10-9 단상 세미 컨버터의 점호각 제어 실험회로를 구성하여라. DC 15 V인 V_S는 직류전원 공급장치를 이용하고, 교류입력 v_i는 신호발생기와 디지털 멀티미터를 이용하여 주파수 60 Hz, 실효값 8 V인 교류전압을 인가하여라.
점호각 제어회로의 구성과 동작을 실험하면서 안전한 실험을 위해 교류 220 V와 같이 높은 상용전압을 사용하지 않고, 신호발생기를 이용하여 60 Hz, 8 V의 낮은 교류전압을 입력전압 v_i로 사용하여라.

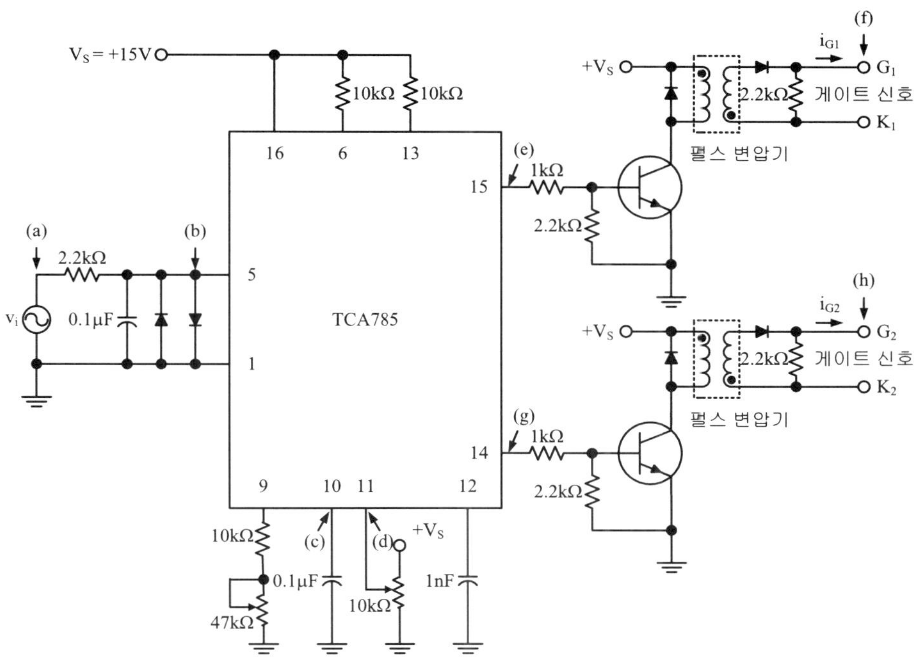

그림 10-9 단상 세미 컨버터의 점호각 제어 실험회로

② 입력전압 v_i와 점호각 제어회로의 출력단자(15번 단자)를 오실로스코프

를 이용하여 동시에 측정할 수 있도록 측정용 프로브를 연결하여라.
오실로스코프는 듀얼 모드를 이용하여 CH1은 입력전압 v_i, CH2는 TCA785의 출력신호(15번 단자)를 측정할 수 있도록 측정용 프로브를 연결하여라. 오실로스코프 CH1과 CH2의 접지(GND) 전압 위치는 모두 오실로스코프 화면의 가운데가 되도록 CH1과 CH2 각각의 수직 위치조정기를 조정하고, 전압 스케일 역시 동일하게 설정하여라.

③ TCA785의 11번 단자에 연결된 가변저항을 조정함에 따라 TCA785 출력신호(15번 단자) Q_2의 점호각 α_1이 $0° \le \alpha_1 \le 180°$까지 정확히 가변되는지를 관찰하여 점호각 제어회로의 정상적인 동작여부를 표 10-2에 기록하여라.
점호각이 가변되는 경우에도 점호각이 $0° \le \alpha_1 \le 180°$의 일부라도 가변되지 않는 경우는 정상적인 동작을 하지 않는 것으로 기록하여라.

④ 실험단계 ③에서 점호각 제어회로가 정상적으로 동작하지 않는 경우 그림 10-9 실험회로의 잘못된 부분을 찾아 수정하여라.
실험회로의 오류를 수정하는 경우 실험 9 단상반파 위상제어 정류회로 실험의 실험회로 수정방법을 참고하여라.

⑤ 입력전압 v_i와 점호각 제어회로의 최종 출력단자인 (f)단자 즉 게이트 신호 G_1-K_1을 오실로스코프의 듀얼 모드를 이용해 측정용 프로브를 연결하여라.
오실로스코프는 듀얼 모드를 이용하여 CH1은 입력전압 v_i, CH2는 점호각 제어회로의 최종 출력신호인 게이트 신호를 측정할 수 있도록 측정용 프로브를 연결하여라. 오실로스코프 CH1과 CH2의 접지(GND) 전압 위치는 모두 오실로스코프 화면의 가운데가 되도록 CH1과 CH2 각각의 수직 위치조정기를 조정하고, 전압 스케일 역시 동일하게 설정하여라.

⑥ TCA785의 11번 단자에 연결된 가변저항을 조정함에 따라 최종 출력신호 G_1-K_1의 점호각 α_1이 $0° \le \alpha_1 \le 180°$까지 정확히 가변되는지를 관찰하여 점호각 제어회로의 정상적인 동작여부를 표 10-2에 기록하여라.

⑦ 실험단계 ⑥에서 점호각 제어회로가 정상적으로 동작하지 않는 경우 그림 10-9 실험회로의 잘못된 부분을 찾아 수정하여라.
실험회로의 오류를 수정하는 경우 실험 9 단상반파 위상제어 정류회로

실험의 실험회로 수정방법을 참고하여라.

⑧ 그림 10-9의 실험회로에서 점호각을 α_1=90°로 조정한 후 파형 (a), (f)를 오실로스코프의 듀얼 모드로 측정하여 측정파형을 표 10-1에 그려라.

⑨ 입력전압 v_i와 점호각 제어회로의 출력단자(14번 단자)를 오실로스코프를 이용하여 동시에 측정할 수 있도록 측정용 프로브를 연결하여라.

⑩ TCA785의 11번 단자에 연결된 가변저항을 조정함에 따라 TCA785 출력신호(14번 단자) Q_1의 점호각 α_2가 $180° \leq \alpha_2 \leq 360°$까지 정확히 가변되는지를 관찰하여 점호각 제어회로의 정상적인 동작여부를 표 10-2에 기록하여라.
점호각이 가변되는 경우에도 점호각이 $180° \leq \alpha_2 \leq 360°$의 일부라도 가변되지 않는 경우는 정상적인 동작을 하지 않는 것으로 기록하여라.

⑪ 실험단계 ⑩에서 점호각 제어회로가 정상적으로 동작하지 않는 경우 그림 10-9 실험회로의 잘못된 부분을 찾아 수정하여라.
실험회로의 오류를 수정하는 경우 실험 9 단상반파 위상제어 정류회로 실험의 실험회로 수정방법을 참고하여라.

⑫ 입력전압 v_i와 점호각 제어회로의 최종 출력단자인 (h)단자 즉 게이트 신호 G_2-K_2를 오실로스코프의 듀얼 모드를 이용해 측정용 프로브를 연결하여라.

⑬ TCA785의 11번 단자에 연결된 가변저항을 조정함에 따라 최종 출력신호 G_2-K_2의 점호각 α_2가 $180° \leq \alpha_2 \leq 360°$까지 정확히 가변되는지를 관찰하여 점호각 제어회로의 정상적인 동작여부를 표 10-2에 기록하여라.

⑭ 실험단계 ⑬에서 점호각 제어회로가 정상적으로 동작하지 않는 경우 그림 10-9 실험회로의 잘못된 부분을 찾아 수정하여라.
실험회로의 오류를 수정하는 경우 실험 9 단상반파 위상제어 정류회로 실험의 실험회로 수정방법을 참고하여라.

⑮ 그림 10-9의 실험회로에서 점호각을 α_2=90°로 조정한 후 파형 (a), (h)를 오실로스코프의 듀얼 모드로 측정하여 측정파형을 표 10-1에 그려라.

실험 2. 단상전파 위상제어 정류회로(단상 세미 컨버터) 실험

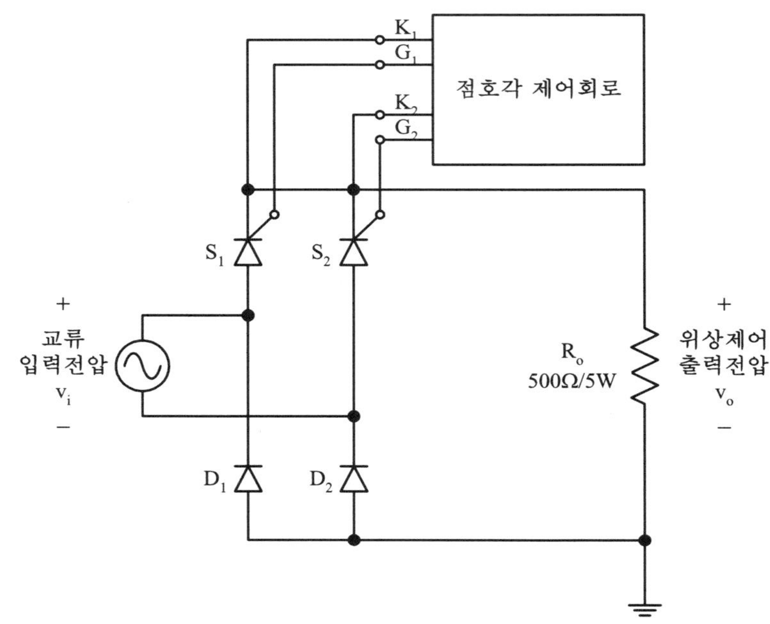

그림 10-10 단상전파 위상제어 정류회로(단상 세미 컨버터) 실험회로

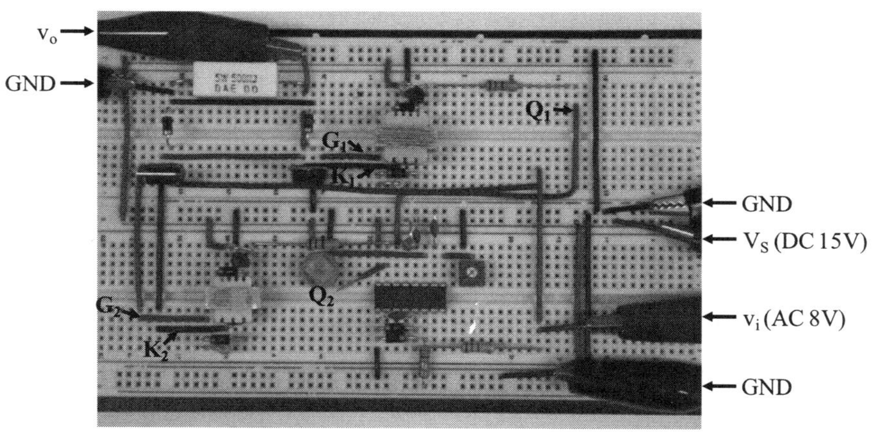

그림 10-11 단상전파 위상제어 정류회로 실험회로의 구성

① 사이리스터(2P4M), 다이오드, 500Ω/5W의 부하저항(시멘트저항)을 이용하고, 실험 1에서 구성한 점호각 제어회로의 최종 출력신호를 사이리스터의 게이트 신호 G_1-K_1, G_2-K_2로 인가하여 그림 10-10의 단상전파 위상제어 정류회로(단상 세미 컨버터)의 실험회로를 구성하여라. 실험회로 구성시 그림 10-11의 실험회로 구성을 참고하여라.
그림 10-10 실험회로의 입력전압 v_i는 점호각 제어 실험회로에서 사용한 주파수 60Hz, 실효값 8V의 입력전압 v_i를 동일하게 인가하여라.
단상전파 위상제어 정류회로의 구성과 동작을 실험하면서 안전한 실험을 위해 교류 220V와 같이 높은 상용전압을 사용하지 않고, 신호발생기를 이용하여 60Hz, 8V의 낮은 교류전압을 입력전압 v_i로 사용하여라.

② TCA785의 11번 단자에 연결된 가변저항을 이용하여 점호각을 $\alpha=45^{o}$로 조정한 후 입력전압 v_i와 출력전압 v_o를 오실로스코프의 듀얼 모드로 측정하여 측정파형을 표 10-3에 그려라.

③ TCA785의 11번 단자에 연결된 가변저항을 이용하여 점호각을 $\alpha=90^{o}$로 조정한 후 입력전압 v_i와 출력전압 v_o를 오실로스코프의 듀얼 모드로 측정하여 측정파형을 표 10-3에 그려라. 실험회로가 정상 동작하는지의 여부를 확인하기 위해 그림 10-12의 출력전압 v_o를 참고하여라.

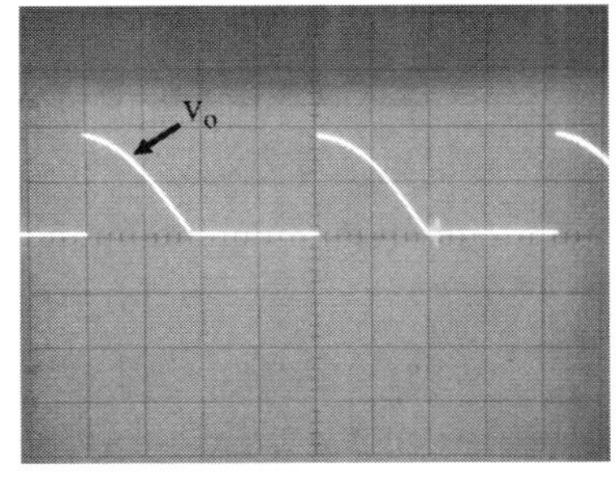

● 5V/div ● 2ms/div

그림 10-12 출력전압 v_o의 동작확인

④ 점호각 $\alpha=0^{o}$, $\alpha=45^{o}$, $\alpha=90^{o}$로 위상제어된 출력전압 v_o의 직류전압의 이론값을 구하여 표 10-4에 기록하여라. 단상전파 위상제어 정류회로의 직류출력전압은 식 (10.2)를 이용하여 계산하여라.

10.5 실험결과

실험 1. 단상 세미 컨버터의 점호각 제어회로 실험

표 10-1 단상 세미 컨버터의 점호각 제어회로 실험파형 (실험단계 ⑧,⑮)

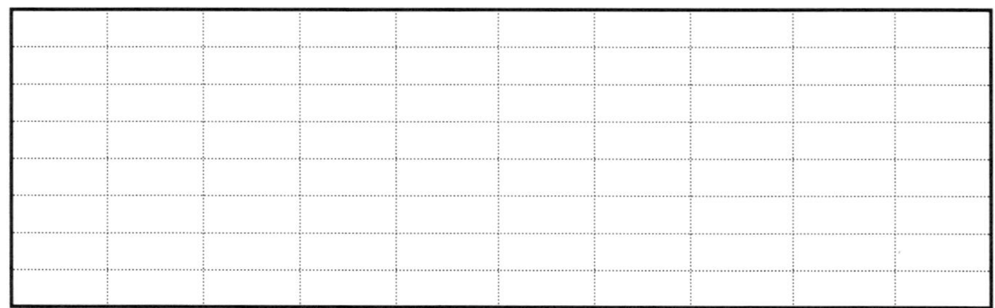

● 전압 스케일 : 5V/div ● 시간 스케일 : 2ms/div

(a) 실험단계 ⑧의 (a), (f)의 전압파형

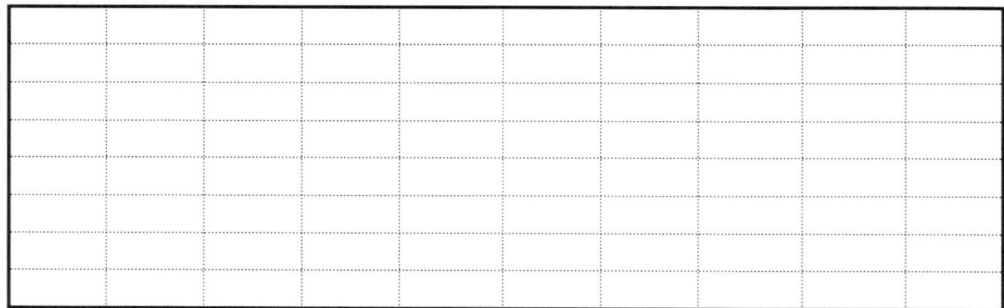

● 전압 스케일 : 5V/div ● 시간 스케일 : 2ms/div

(b) 실험단계 ⑮의 (a), (h)의 전압파형

표 10-2 단상 세미 컨버터의 점호각 제어회로 실험 데이터

실험단계	실험내용		실험결과	참고사항
③, ⑩	점호각 제어회로 출력단자의 정상적인 동작여부	Q_2		점호각이 $0° \leq \alpha_1 \leq 180°$, $180° \leq \alpha_2 \leq 360°$까지 정확히 가변되는지의 여부
		Q_1		
⑥, ⑬	점호각 제어회로 최종 출력단자의 정상적인 동작여부	G_1-K_1		
		G_2-K_2		

실험 2. 단상전파 위상제어 정류회로(단상 세미 컨버터) 실험

표 10-3 단상전파 위상제어 정류회로 실험파형 (실험단계 ②,③)

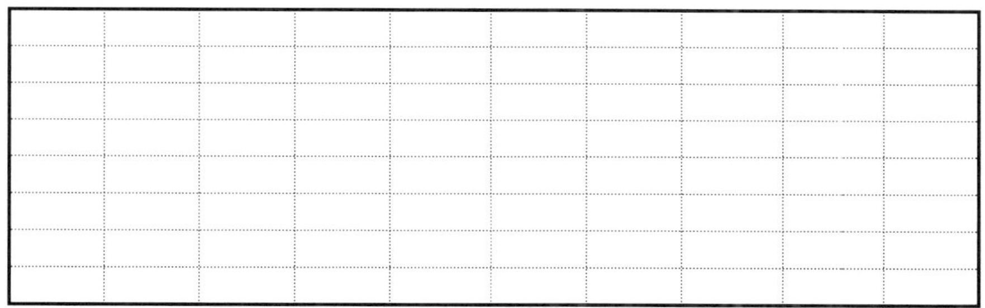

● 전압 스케일 : 5V/div ● 시간 스케일 : 2ms/div

(a) 실험단계 ②에서 점호각이 45°인 경우 v_i, v_o의 전압파형

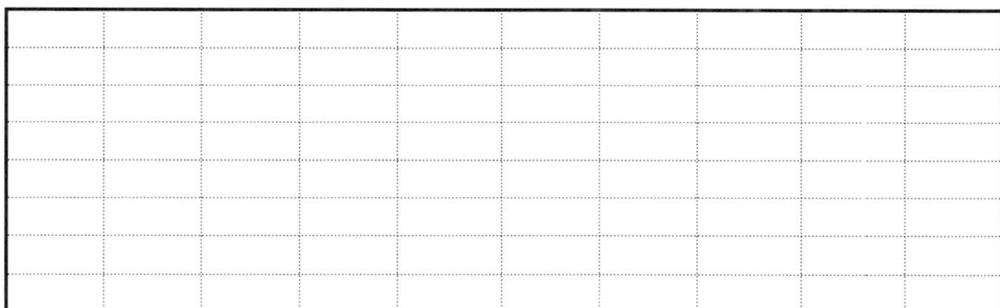

● 전압 스케일 : 5V/div ● 시간 스케일 : 2ms/div

(b) 실험단계 ③에서 점호각이 90°인 경우 v_i, v_o의 전압파형

표 10-4 단상전파 위상제어 정류회로 실험 데이터

실험단계	실험내용	계산결과	참고사항
④	α=0°인 경우 위상제어 출력전압의 직류전압 V_{DC}의 이론값	[V]	식 (10.2)를 이용하여 출력전압의 직류전압 V_{DC}를 계산
	α=45°인 경우 위상제어 출력전압의 직류전압 V_{DC}의 이론값	[V]	
	α=90°인 경우 위상제어 출력전압의 직류전압 V_{DC}의 이론값	[V]	

10.6 검토사항

1 저항 부하인 경우 단상전파 위상제어 정류회로의 출력전압의 직류전압 V_{DC}를 구할 수 있는 일반식을 유도하여라. 단 교류입력전압은 $v_i(t) = V_m \sin\omega t$로 가정하고, 직류출력전압($V_{DC}$)은 점호각 α의 함수로 나타내어라.

2 교류입력전압이 220 V이고, 저항 부하인 경우 단상전파 위상제어 정류회로에서 직류출력전압의 제어범위를 구하여라. 즉 직류출력전압이 몇 V에서 몇 V까지 제어가능한지 구하여라.

3 점호각 변화에 따른 단상전파 위상제어 정류회로의 출력전압을 비교하고자 한다. 점호각이 α=0°인 경우를 기준 1로 할 때 점호각이 α=45°, α=90°, α=135°, α=180°인 경우의 상대적인 직류출력전압을 구하여 표 10-5에 기록하여라.

표 10-5 점호각 변화에 따른 직류출력전압의 비교(저항 부하인 경우)

구분	α = 0°	α = 45°	α = 90°	α = 135°	α = 180°
직류출력전압	1				

4 그림 10-3 단상전파 위상제어 정류회로의 부하가 L 성분이 충분히 큰 RL 부하인 경우는 그림 10-4의 출력전압 파형과 같이 도통 구간이 $\alpha \leq \delta \leq \pi + \alpha$, $\pi + \alpha \leq \delta \leq 2\pi + \alpha$로 되어 저항 부하인 경우와 비교하여 소호각이 $\omega t = \pi$에서 $\omega t = \pi + \alpha$까지 늘어나는 이유를 설명하여라.

5 그림 10-5의 환류 다이오드(freewheeling diode)의 기능을 설명하여라.

6 실험회로가 정상적으로 동작하지 않는 경우 실험회로를 수정하는 방법을 실험 9의 참고에서 설명하였다. 실험 9의 실험회로 수정방법을 참고하여 수정한 실험회로 부분이 있는 경우 어떤 부분의 오류를 수정하였는지 수정한 내용을 자세히 설명하여라.

7 실험시의 특이사항 및 실험에 대한 종합결론을 정리하여라.

실험

11. 트랜지스터 스위칭 특성 실험

11.1 실험목적

▣ 트랜지스터의 스위칭 특성을 이해한다.

▣ 트랜지스터의 무접점 스위치로의 응용원리를 이해한다.

11.2 실험이론

11.2.1 트랜지스터

다이오드는 p형 반도체와 n형 반도체를 서로 접합(junction)하여 만든다. 다이오드에 비해 p형 반도체 또는 n형 반도체를 하나 더 접합한 소자가 트랜지스터(transistor)이다. 트랜지스터는 그림 11-1과 같이 n형, p형, n형 반도체를 서로 접합시켜 만든 npn 트랜지스터와 p형, n형, p형 반도체를 서로 접합시켜 만든 pnp 트랜지스터의 두 가지 종류가 있다. 트랜지스터는 그림 11-1에서 보는 바와 같이 3단자 소자(device)이다. 트랜지스터는 베이스(base), 컬렉터(collector), 이미터(emitter)의 3단자로 구성되어 있으며, pnp 트랜지스터에서는 n형 반도체가 베이스단자가 되고, 2개의 p형 반도체가 각각 컬렉터단자와 이미터단자가 된다. 그리고 npn 트랜지스터에서는 p형 반도체가 베이스단자가 되고, 2개의 n형 반도체가 각각 컬렉터단자와 이미터단자가 된다.

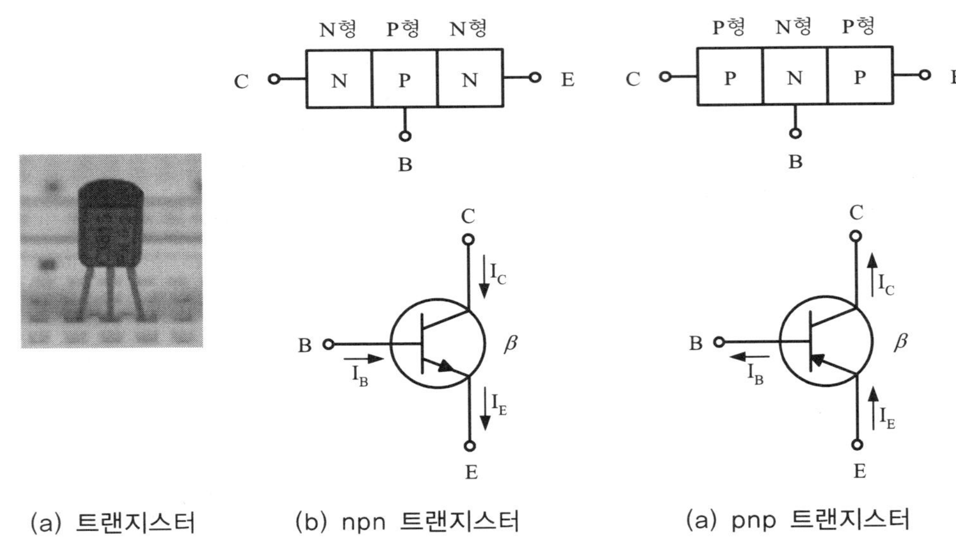

(a) 트랜지스터 (b) npn 트랜지스터 (a) pnp 트랜지스터

그림 11-1 트랜지스터 회로기호

트랜지스터의 가장 핵심적인 기능은 전류증폭기(current amplifier)로서의 기능이다. 즉, 미약한 입력신호전류를 증폭시켜 큰 출력신호전류가 되도록 하는 기능을 갖는 소자가 트랜지스터이다. 트랜지스터를 이용하여 회로를 적절히 구성하면 베이스전류를 입력전류로 하고, 컬렉터전류를 출력전류로 할 때 이들 사이에는 전류증폭률 β의 관계가 성립하게 된다. 즉, 트랜지스터는 식 (11.1)과 같이 베이스 입력전압 I_B가 트랜지스터의 증폭률 β배만큼 증폭되어 컬렉터 출력전류 I_C가 되는 특성을 갖는다. 이것이 트랜지스터의 가장 중요한 동작특성의 하나이다. 이미터전류 I_E는 식 (11.2)와 같이 베이스전류 I_B와 컬렉터전류 I_C를 합한 전류와 같다. 이는 그림 11-1의 트랜지스터 회로기호에서 키르히호프의 전류법칙(KCL)을 적용하면 쉽게 알 수 있다.

$$I_C = \beta I_B \tag{11.1}$$

$$\begin{aligned} I_E &= I_B + I_C \\ &= I_B + \beta I_B \\ &= (1+\beta) I_B \end{aligned} \tag{11.2}$$

11.2.2 트랜지스터 이미터 공통회로

그림 11-2는 트랜지스터의 기본적인 동작특성을 확인하기 위한 트랜지스터 회로이다. 베이스를 입력단, 컬렉터를 출력단으로 하는 그림 11-2와 같은 트랜지스터 회로를 이미터 공통(common emitter : CE)회로라고 한다. 그림 11-2와 같은 트랜지스터 회로의 동작특성을 해석하기 위해서 가장 중요한 것은 입력전류인 베이스전류 I_B, 출력전류인 컬렉터전류 I_C와 입력전류와 출력전류의 비로 정의되는 전류증폭률 β를 구하는 것이다.

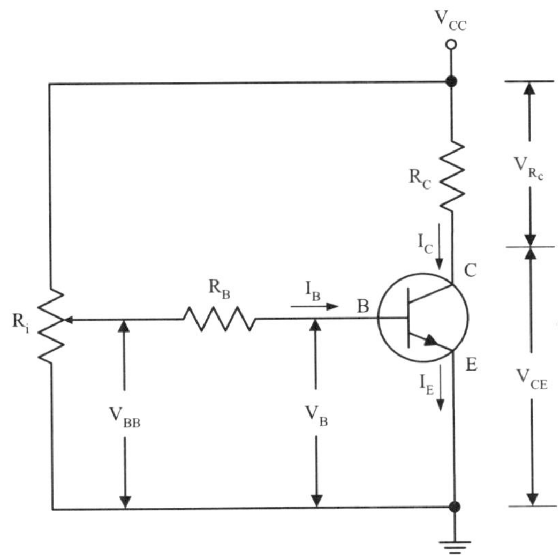

그림 11-2 트랜지스터 이미터 공통회로

그림 11-2의 트랜지스터 회로에서 입력전류인 베이스전류 I_B를 구하면 식 (11.3)과 같고, 출력전류인 컬렉터전류 I_C를 구하면 식 (11.4)와 같다. 베이스전류 I_B는 베이스단에 연결된 저항 R_B 양단에 걸린 전압을 R_B 저항값으로 나누어 구한 것이고, 컬렉터전류 I_C는 컬렉터단에 연결된 저항 R_C 양단에 걸린 전압을 R_C 저항값으로 나누어 구한 것이다. 또한 이들 전류를 이용하여 전류증폭률 β를 구하면 식 (11.5)와 같이 구할 수 있다.

$$I_B = \frac{V_{R_B}}{R_B} = \frac{V_{BB} - V_B}{R_B} \tag{11.3}$$

$$I_C = \frac{V_{R_C}}{R_C} = \frac{V_{CC} - V_{CE}}{R_C} \tag{11.4}$$

$$\beta = \frac{I_C}{I_B} \tag{11.5}$$

11.2.3 트랜지스터의 동작영역

트랜지스터는 차단동작영역(cutoff region), 선형동작영역(linear region), 포화동작영역(saturation region)의 세 가지 동작영역을 갖는다. 그림 11-2의 트랜지스터 회로에서 식 (11.1)과 같이 입력전류인 베이스전류 I_B에 트랜지스터의 정격 전류증폭률 β를 곱한 전류값이 출력전류인 컬렉터전류 I_C가 되는 관계를 만족할 때 이를 트랜지스터의 선형동작영역이라고 한다. 이는 트랜지스터가 전류증폭기로서 정상적으로 동작하고 있는 동작영역이다.

이에 비해 그림 11-2의 트랜지스터 회로에서 컬렉터전류 I_C가 베이스전류 I_B에 트랜지스터의 정격 전류증폭률 β를 곱한 전류값보다 적게 흐르는 경우를 포화동작영역이라고 한다. 이는 전류증폭기로서 동작하기 위한 컬렉터전류보다 적은 전류가 흐른다는 의미이다. 이와 같이 트랜지스터가 포화동작영역에서 동작하게 되는 주요한 이유는 베이스전류가 너무 크거나, 컬렉터전류가 회로조건에 의해 제한되기 때문이다. 트랜지스터 회로에서 물리적으로 흐를 수 있는 컬렉터전류의 최대값이 제한되므로 이 이상의 컬렉터전류는 흐를 수 없다. 따라서 입력 베이스전류에 전류증폭률을 곱한 전류값이 트랜지스터 회로의 물리적인 컬렉터전류의 최대값보다 커지면 부득이 포화동작영역이 되어 컬렉터전류는 가능한 최대 전류값으로 제한되는 것이다.

또한 입력 베이스전류가 인가되지 않는 경우는 당연히 출력 컬렉터전류도 흐르지 않게 되는데, 이와 같은 동작영역을 차단동작영역이라고 한다. 차단동작영역은 입력전류가 주어지지 않아 출력전류도 흐르지 않고, 트랜지스터가 끊어진 개방상태로 있는 동작영역이다.

그림 11-2의 트랜지스터 회로에서 입력은 베이스전류이므로 베이스전류를 기준으로 동작영역을 구분하면 첫째 베이스전류가 0인 경우 컬렉터전류도 0이 되고, 트랜지스터가 동작하지 않고 끊어진 상태이므로 이를 차단동작영역이라고 한다. 둘째는

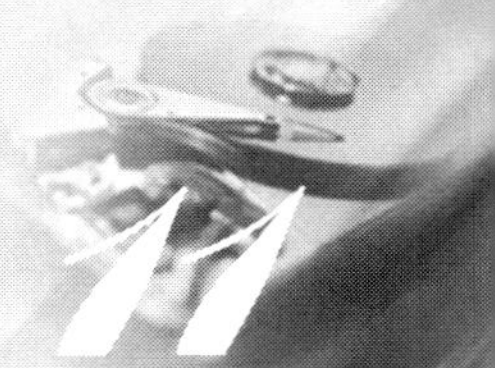

입력인 베이스전류가 인가되기 시작하여 적당한 크기 이내의 전류값인 경우는 이를 트랜지스터의 정격 전류증폭률만큼 증폭하여 출력인 컬렉터전류가 흐르게 한다. 이를 선형동작영역이라고 한다. 셋째는 입력인 베이스전류가 너무 커서 이를 정격 전류증폭률만큼 증폭시키지 못하는 경우이다. 이 경우는 트랜지스터가 정격 전류증폭률보다 낮은 전류증폭률을 갖도록 동작한다. 따라서 이 경우는 정상적인 전류증폭기로서 동작하지 못하는 동작영역이고, 이를 포화동작영역이라고 한다.

■ 선형동작영역

트랜지스터 동작영역을 보다 명확하게 설명하기 위해 트랜지스터에서의 전류증폭률을 구분하여 표시할 필요가 있다. 그림 11-1의 트랜지스터 회로기호에 표시된 전류증폭률 β와 같이 트랜지스터 소자 자체가 가지고 있는 고유한 전류증폭률과 그림 11-2의 트랜지스터 회로에서 출력인 컬렉터전류와 입력인 베이스전류의 비로 정의되는 전류증폭률 β이다. 전자는 트랜지스터 소자 자체의 전류증폭률이므로 당연히 항상 고유한 β값을 갖지만 후자는 트랜지스터 회로조건에 따라 달라진다. 따라서 본 교재에서는 후자를 트랜지스터 자체의 고유한 전류증폭률 β와 구분하기 위해 트랜지스터 회로(circuit)의 전류증폭률이라는 의미에서 β_{cct}라고 표시하기로 한다.

그림 11-2의 트랜지스터 회로를 블록 다이어그램(block diagram)으로 나타내면 그림 11-3과 같다. 트랜지스터 회로를 입력, 출력 그리고 트랜지스터 회로의 전류증폭률로 표시한 것이다. 선형동작영역이란 식 (11.6)과 같이 트랜지스터 회로의 전류증폭률 β_{cct}가 트랜지스터 자체의 전류증폭률 β와 동일한 동작영역이다. 이미 설명한 바와 같이 선형동작영역은 트랜지스터 회로가 전류증폭기로 동작하는 동작영역이며, 트랜지스터를 아날로그 회로에서 응용하기 위해 가장 중요한 동작영역이다.

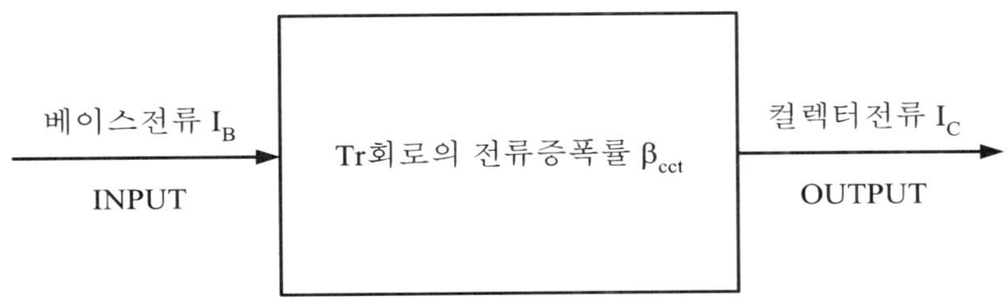

그림 11-3 트랜지스터 이미터 공통회로의 블록 다이어그램

$$\frac{I_C}{I_B} = \beta_{cct} = \beta \tag{11.6}$$

여기서, β_{cct} : Tr 회로 전체의 전류증폭률

β : Tr 소자 자체의 전류증폭률

■ 포화동작영역

트랜지스터의 포화동작영역은 그림 11-2와 같은 트랜지스터 회로에서 베이스전류와 컬렉터전류의 비로 정의되는 트랜지스터 회로의 전류증폭률 β_{cct}가 트랜지스터 소자 자체의 정격 전류증폭률 β보다 작은 경우이다. 예를 들어 트랜지스터 소자 자체의 정격 전류증폭률 β는 100배인데 실제 트랜지스터 회로의 전류증폭률 β_{cct}는 이보다 작은 50배라면 이는 트랜지스터가 포화동작영역에서 동작하고 있다는 의미이다.

포화동작영역에서의 트랜지스터 회로는 전류증폭기로서의 의미는 상실된다. 왜냐하면 입력 베이스전류가 일정한 비율로 증폭되어 출력 컬렉터전류가 된다는 관계가 성립하지 않기 때문이다. 포화동작영역에서는 입력 베이스전류의 변화와는 무관하게 출력 컬렉터전류가 회로조건에 의해 결정되는 컬렉터전류의 최대값으로 제한되어 동일한 출력 컬렉터전류가 된다. 따라서 포화동작영역은 트랜지스터에 최대 컬렉터전류가 흐르고, 트랜지스터가 포화되었다는 정보만 의미가 있게 된다.

$$\frac{I_C}{I_B} = \beta_{cct} < \beta \tag{11.7}$$

여기서, β_{cct} : Tr 회로 전체의 전류증폭률

β : Tr 소자 자체의 전류증폭률

■ 차단동작영역

그림 11-2의 트랜지스터 회로에서 입력 베이스전류가 흐르지 않는 경우는 출력 컬렉터전류도 흐르지 않게 된다. 이를 차단동작영역이라 한다. 차단동작영역은 트랜지스터에 입력 베이스전류도 출력 컬렉터전류도 흐르지 않고 트랜지스터가 동작하지 않는다는 정보만 의미가 있게 된다. 차단동작영역에서 입력 베이스전류와 출력 컬렉터전류는 식 (11.8)과 같이 모두 0이다. 트랜지스터의 포화동작영역과 차단동작영역

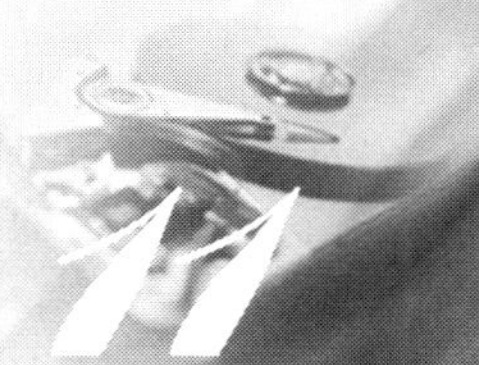

은 바로 디지털소자와 스위칭소자의 핵심적인 개념이 된다.

$$I_B = 0, \quad I_C = 0 \tag{11.8}$$

트랜지스터의 세 가지 동작영역 중 선형동작영역은 트랜지스터를 아날로그 소자로 이용할 수 있는 동작영역이고, 포화동작영역과 차단동작영역은 트랜지스터를 디지털 소자나 스위칭소자로 이용할 수 있는 동작영역이다.

11.2.4 트랜지스터의 스위칭 특성

트랜지스터는 선형동작영역, 포화동작영역, 차단동작영역의 세 가지 동작영역을 가진다. 선형동작영역은 트랜지스터의 베이스 입력전류를 일정한 전류증폭률 β배만큼 비례적으로 증폭하여 컬렉터전류로 출력할 수 있는 동작영역이다. 즉, 선형동작영역은 $I_C=\beta I_B$의 관계가 성립되는 동작영역으로 트랜지스터를 증폭기도 사용할 수 있는 동작영역이다.

이에 비해 포화동작영역은 트랜지스터의 베이스 입력전류가 커서 입력전류에 따라 전류증폭률 β배만큼 비례적으로 증폭하여 컬렉터전류로 출력하지 못하고, 출력이 트랜지스터가 흘릴 수 있는 최대 컬렉터전류 $I_{C(max)}$로 제한되는 동작영역이다. 선형동작영역과는 달리 포화동작영역에서의 베이스 입력전류의 변화는 컬렉터 출력전류에 전혀 영향을 미치지 못하고, 단지 충분히 큰 입력전류라는 의미만 있으며, 출력 역시 포화(saturation)되어 트랜지스터가 흘릴 수 있는 최대의 컬렉터전류를 흘린다는 의미만 있다. 이와 같이 포화동작영역에서는 최대 컬렉터전류가 흐르므로 컬렉터와 이미터 사이의 전압 역시 최소가 되어 약 0.2V 정도의 전압이 걸린다. 포화동작영역에서는 베이스 입력전압의 크기와 무관하게 $I_C=I_{C(max)}$, $V_{CE}=V_{CE(sat)}\simeq 0.2V(\simeq 0V)$가 된다. 트랜지스터의 포화동작영역은 스위칭소자의 'ON'과 같은 의미를 가진다.

차단동작영역은 베이스 입력전류가 없어 컬렉터 출력전류 역시 흐르지 않는 동작모드이다. 컬렉터 출력전류가 흐르지 않으므로 컬렉터저항에서의 전압강하도 발생하지 않아 컬렉터와 이미터 사이의 전압은 인가전압 V_{CC}와 동일하게 된다. 즉, 차단동작영역은 베이스 입력전류 $I_B=0$, 컬렉터 출력전류 $I_C=0$, $V_{CE}=V_{CC}$가 되는 동작영역이다. 트랜지스터의 차단동작영역은 스위칭소자의 'OFF'와 같은 의미를 가진다. 트랜지스터의 선형동작영역을 이용하여 증폭기회로를 구현할 수 있고, 트랜지스터의 포화동작영역과 차단동작영역을 활용하여 스위칭소자와 디지털소자를 구현할 수 있다.

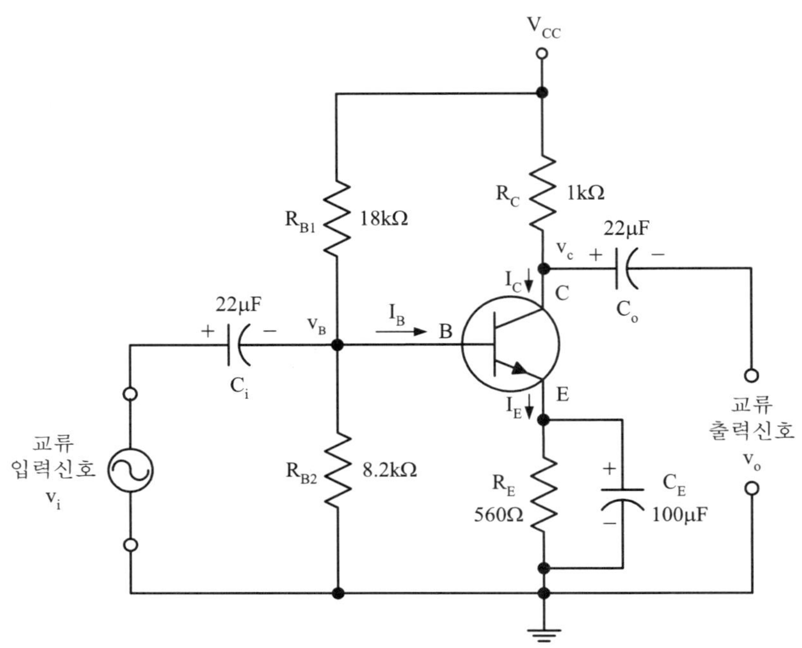

그림 11-4 트랜지스터 이미터 공통 증폭기회로

그림 11-4는 트랜지스터 이미터 공통 증폭기회로의 한 예이고, 그림 11-5는 트랜지스터 증폭기회로의 선형동작과 포화동작 실험파형을 나타내고 있다. 그림 11-5의 실험파형은 그림 11-4 트랜지스터 이미터 공통 증폭기회로에 5 kHz 정현파 입력전압을 인가하여 출력전압을 측정한 실험파형이다.

그림 11-5 (a)는 정현파 교류입력전압 v_i가 증폭되어 정현파 교류출력전압 v_o로 나타나는 트랜지스터 선형동작을 확인할 수 있다. 이에 비해 그림 11-5 (b)는 정현파 입력전압 v_i가 일정한 비로 증폭되어 출력전압 v_o로 나타나지 못하고, 출력전압이 물리적으로 더 이상 증가할 수 없어 일정한 전압으로 포화되어 구형파와 유사하게 나타나는 트랜지스터 포화동작을 확인할 수 있다. 그림 11-5에서 정현파 교류입력전압 v_i는 0.1 V/div, 교류출력전압 v_o는 2 V/div의 전압스케일을 각각 선택하고, 시간스케일은 50 μs/div를 선택한 실험파형들이다.

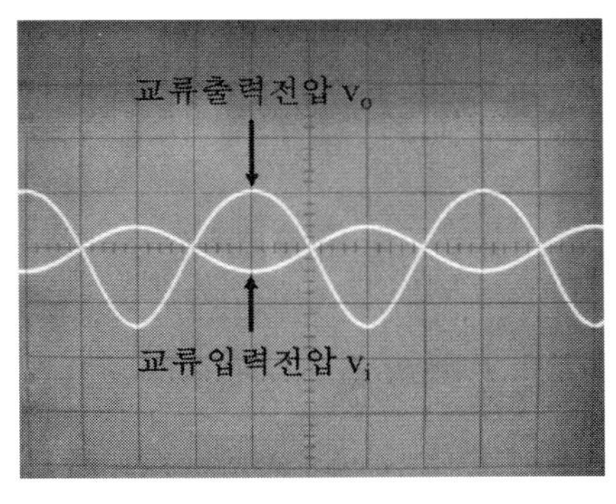

(a) 트랜지스터 선형동작

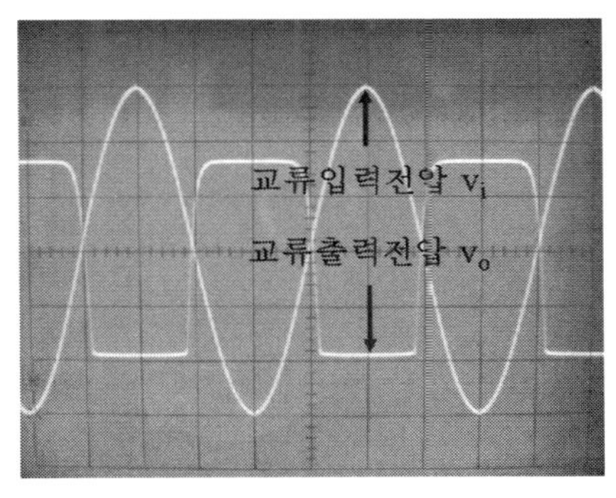

(b) 트랜지스터 포화동작

그림 11-5 트랜지스터의 선형동작 및 포화동작(정현파 입력신호)

그림 11-5(a)에 비해 그림 11-5(b)는 그림에서 보는 바와 같이 교류입력전압이 약 6배 이상 증가되었다. 교류입력전압이 너무 커져서 트랜지스터 증폭기가 선형동작영역을 벗어나 포화동작영역이 된 것이다. 포화동작영역에서는 증폭기의 기능은 상실되어 입력전압의 순시값의 변화는 출력전압에 영향을 미치지 못하고, 단지 입력전압이 양(+)의 전압이라는 정보와 음(−)의 전압이라는 정보만 의미를 갖는다. 그림 11-5(b)에서 보는 바와 같이 정현파 교류입력전압은 단지 양의 입력전압과 음의 입력전압이라는 두 가지의 정보로 축약된 것을 알 수 있다.

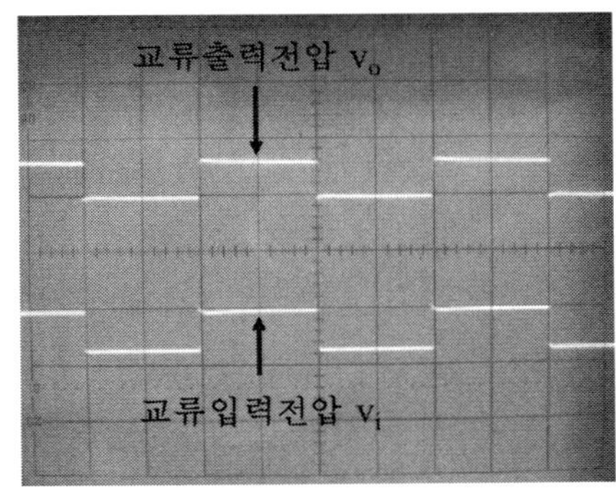

(a) 트랜지스터 포화동작 (V_m=0.1V)

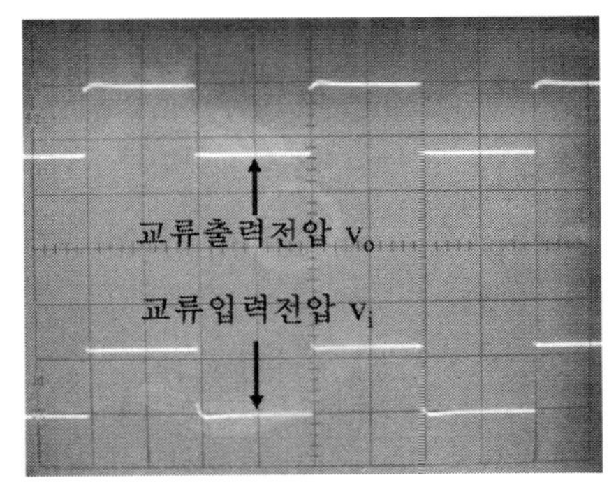

(b) 트랜지스터 포화동작 (V_m=0.3V)

그림 11-6 트랜지스터의 포화동작(구형파 입력신호)

그림 11-6은 그림 11-4 트랜지스터 이미터 공통 증폭기회로에 5 kHz 구형파 입력전압을 인가하여 출력전압을 측정한 실험파형이다. 그림 11-6 (a)와 그림 11-6 (b)에서 교류입력전압 v_i가 상당히 다른데도 불구하고 교류출력전압 v_o가 동일한 것을 알 수 있다. 이는 그림 11-6 (a)와 (b)가 모두 포화동작영역에서 동작하고 있음을 의미한다. 이와 같이 포화동작영역과 차단동작영역을 이용하여 트랜지스터를 스위치로 사용할 수 있다. 그림 11-6 역시 그림 11-5와 동일하게 구형파 교류입력전압 v_i는 0.1 V/div, 교류출력전압 v_o는 2 V/div의 전압스케일을 선택하고, 시간스케일은 50 μs/div를 선택한 실험파형이다.

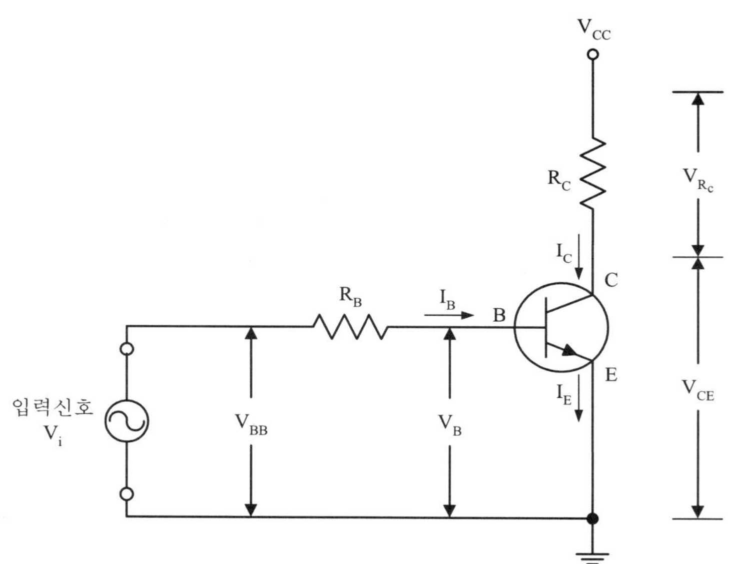

그림 11-7 트랜지스터 이미터 공통회로

그런데 이와 같은 트랜지스터 스위칭 특성을 이용하기 위해 그림 11-4와 같이 복잡한 트랜지스터 증폭기회로를 구성할 필요는 없다. 트랜지스터의 스위칭 특성을 이용하기 위해서는 그림 11-7과 같은 트랜지스터 이미터 공통회로를 구성하면 된다. 트랜지스터의 스위칭 특성에서는 입력전압이 두 가지 정보만을 가진다. 즉, 입력전압이 충분히 큰 값의 직류전압이라는 정보와 입력전압이 0 또는 음의 직류전압이라는 정보의 두 가지이다. 그림 11-7과 같은 트랜지스터 이미터 공통회로는 스위칭 회로로 활용할 수 있다.

그림 11-8과 그림 11-9는 그림 11-7 트랜지스터 이미터 공통회로에서 V_{CC}=5 V, R_B=100kΩ, R_C=1.5kΩ을 이용하여 회로를 구성하고, 5 kHz 구형파 교류입력전압을 인가하여 출력전압을 측정한 실험파형이다. 그림 11-8은 트랜지스터 이미터 공통회로의 선형동작 실험파형을 나타내고 있고, 그림 11-9는 트랜지스터 이미터 공통회로의 포화동작 실험파형을 나타내고 있다. 그림 11-8과 그림 11-9의 구형파 교류입력전압 v_i와 출력전압 v_o 모두 2 V/div의 전압스케일과 50 μs/div의 시간스케일을 동일하게 선택한 실험파형들이다.

그림 11-8은 구형파 교류입력전압 v_i의 최대값(V_m)이 V_m=0.8V인 경우와 V_m=1.2 V인 경우에 대한 실험파형으로 교류입력전압이 음(−)의 직류전압인 반주기 동안은 차단동작에 의해 출력전압이 모두 V_{CC}와 동일한 전압인 5 V이고, 양(+)의 직류전압인 반주기 동안은 선형동작에 의해 출력전압이 서로 다른 것을 확인할 수 있다.

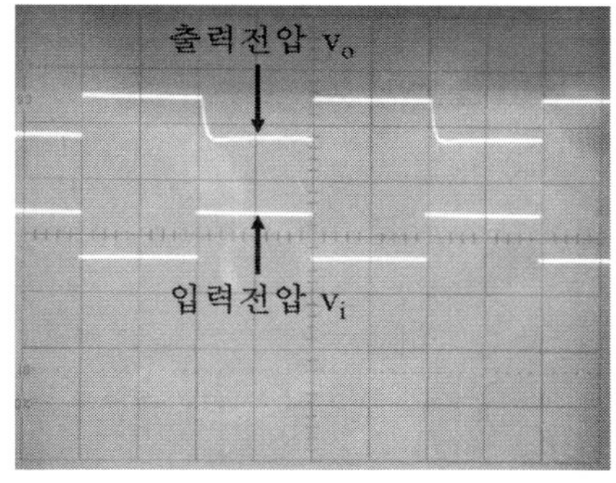

(a) 트랜지스터 선형동작 (V_m=0.8V)

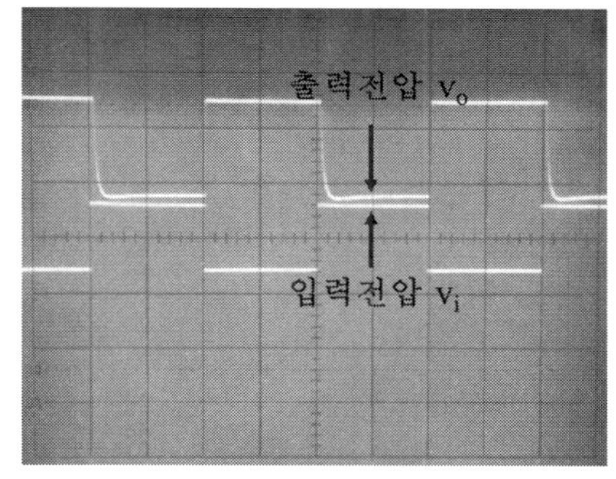

(b) 트랜지스터 선형동작 (V_m=1.2V)

그림 11-8 트랜지스터의 선형동작과 차단동작 (구형파 입력신호)

그림 11-9는 구형파 교류입력전압 v_i의 최대값(V_m)이 V_m=2 V인 경우와 V_m=4 V인 2가지 경우에 대한 실험파형이다. 교류입력전압이 음(−)의 직류전압인 반주기 동안은 그림 11-9 (a)와 (b)가 모두 트랜지스터 차단동작에 의해 출력전압이 5 V이다. 컬렉터 출력전압이 V_{CE}=V_{CC}(=5 V)가 되는 것은 트랜지스터가 차단동작영역에 있음을 의미한다. 그리고 양(+)의 직류전압인 반주기 동안은 입력전압의 전압크기가 V_m=2 V와 V_m=4 V로 서로 다르지만 출력전압이 거의 0 V로 동일하다. 출력전압이 V_{CE} ≃ 0 V가 되는 것은 트랜지스터가 포화동작영역에 있음을 의미한다.

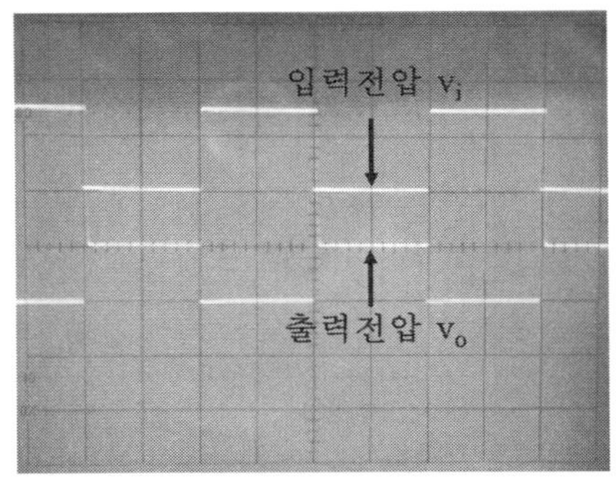

(a) 트랜지스터 포화동작 (V_m=2V)

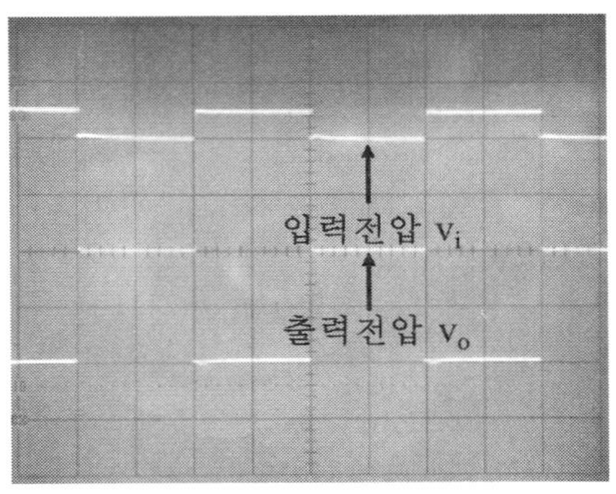

(b) 트랜지스터 포화동작 (V_m=4V)

그림 11-9 트랜지스터의 포화동작과 차단동작(구형파 입력신호)

포화동작영역과 차단동작영역을 이용하는 트랜지스터의 스위칭 특성에서는 그림 11-9와 같이 출력전압은 ON/OFF 스위치와 동일하게 두 가지의 전압값만을 가지게 된다. 이와 같은 스위칭 특성을 이용하여 트랜지스터를 스위치로 응용할 수 있다.

결론적으로 그림 11-10 트랜지스터 이미터 공통회로의 동작모드에 따른 스위칭 특성을 정리하면 표 11-1과 같다.

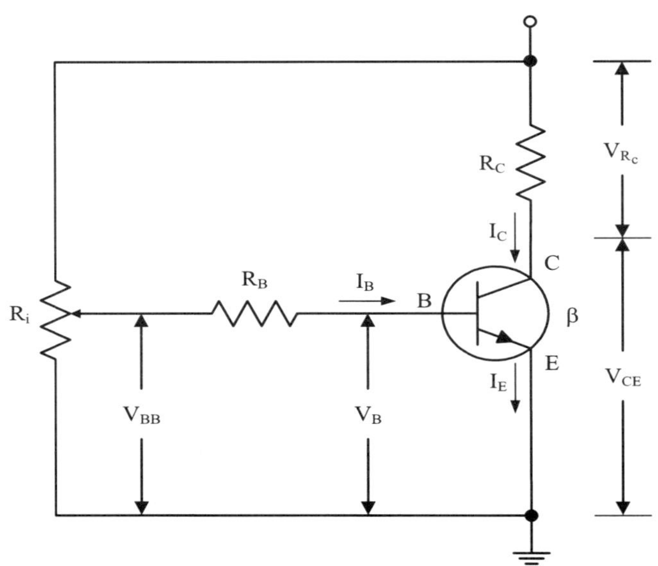

그림 11-10 트랜지스터 이미터 공통회로

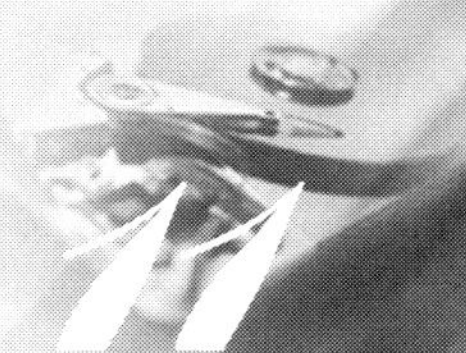

표 11-1 트랜지스터의 동작모드에 따른 스위칭(ON/OFF) 특성

트랜지스터의 동작영역	입력(input)		출력(output)	
	입력전류(I_B)	입력전압(V_{BB})	출력전류(I_C)	출력전압(V_{CE})
차단영역 (S/W OFF)	$I_B = 0$	$V_{BB} \leq V_{BE(on)}$	$I_C = 0$	$V_{CE} = V_{CC}$ ($V_{R_C} = 0$)
선형영역 (증폭기)	$0 < I_B \leq I_{B(max)}$ ($I_{B(max)} = I_{C(max)}/\beta$)	$V_{BE(on)} < V_{BB} \leq I_{B(max)}R_B + V_{BE(on)}$	$I_C = \beta I_B$	$V_{CE} = V_{CC} - V_{R_C}$ ($0 < V_{R_C} < V_{CC}$) ($0 < V_{CE} < V_{CC}$)
포화영역 (S/W ON)	$I_B > I_{B(max)}$	$V_{BB} > I_{B(max)}R_B + V_{BE(on)}$	$I_C = I_{C(max)}$ ($I_{C(max)} = V_{CC}/R_C$)	$V_{CE} \simeq 0$ ($V_{R_C} \simeq V_{CC}$)

11.3 실험부품

부품 및 장비		규격 및 수량	
부 품	트랜지스터	npn C1815	1개
	저항	1kΩ	1개
		1.5kΩ	1개
		10kΩ	1개
		100kΩ	1개
	가변저항	10kΩ	1개
장 비		직류전원 공급장치(DC power supply)	
		오실로스코프(oscilloscope)	
		디지털 멀티미터(DMM)	
		브레드 보드(bread board)	

11.4 실험방법

실험 1. 트랜지스터 스위칭 특성 실험

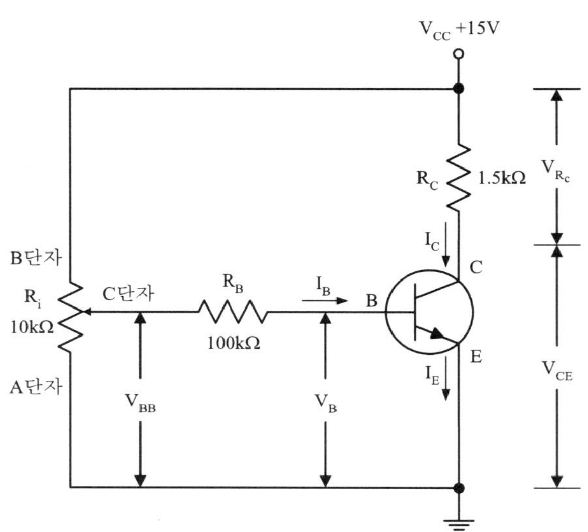

그림 11-11 트랜지스터 스위칭 특성 실험회로

① 그림 11-11의 트랜지스터 회로에서 사용하는 npn 트랜지스터(2SC1815)의 베이스(base), 컬렉터(collector), 이미터(emitter) 단자를 데이터 시트에서 확인하여라.

② 그림 11-11의 트랜지스터 스위칭 특성 실험회로를 구성하여라.
회로 구성시 트랜지스터의 베이스, 컬렉터, 이미터단자 연결에 주의하여라. 그림 11-12 (a)의 왼쪽 그림과 같이 트랜지스터의 3단자를 트랜지스터 회로기호와 같은 모양으로 휘어서 브레드 보드에 꽂지 말고, 그림 11-12 (a)의 오른쪽 그림과 트랜지스터를 브레드 보드에 그대로 꽂은 후 회로 결선시 베이스, 컬렉터, 이미터단자를 찾아 정확히 결선하여라.
그림 11-12 (b)와 같이 3단자 소자인 10kΩ 가변저항 R_i의 양쪽 고정단자, 즉 A단자와 B단자는 각각 접지선(GND)과 V_{CC}(+15V)에 연결하고,

가운데 가변단자, 즉 C단자는 베이스저항 R_B와 연결하여라.

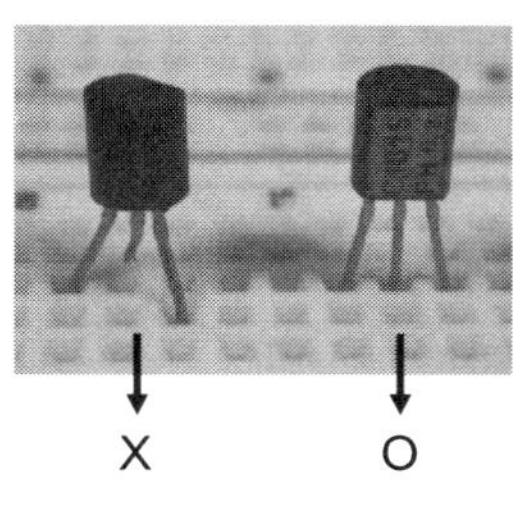

(a) 트랜지스터 결선방법

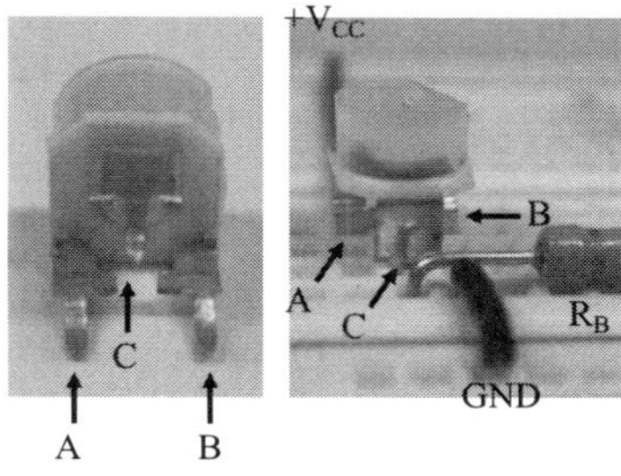

(b) 가변저항 결선방법

그림 11-12 트랜지스터 스위칭 특성 실험회로의 주요 결선방법

③ 컬렉터와 이미터 사이의 전압 V_{CE} 전압을 측정할 수 있도록 디지털 멀티미터를 연결하고, 10kΩ 가변저항 R_i를 조정하여 V_{CE} 전압이 약 15 V가 되도록 조정하여라.

④ 디지털 멀티미터를 이용하여 V_{CC}, V_{CE}, V_{BB}, $V_B(=V_{BE})$를 정확히 측정하여 실험 데이터를 표 11-2에 기록하여라.

⑤ 실험단계 ④에서 측정한 실험 데이터와 식 (11.3), 식 (11.4), 식 (11.5)를 이용하여 V_{R_B}, V_{R_C}, I_B, I_C, β를 계산하여 표 11-2에 기록하여라.

⑥ 10kΩ 가변저항 R_i를 조정하여 컬렉터와 이미터 사이의 전압 V_{CE} 전압이 약 0.2V 정도가 되도록 조정하여라.

⑦ 디지털 멀티미터를 이용하여 V_{CC}, V_{CE}, V_{BB}, $V_B(=V_{BE})$를 정확히 측정하여 실험데이터를 표 11-3에 기록하여라.

⑧ 실험단계 ⑦에서 측정한 실험 데이터와 식 (11.3), 식 (11.4), 식 (11.5)를 이용하여 V_{R_B}, V_{R_C}, I_B, I_C, β를 계산하여 표 11-3에 기록하여라.

실험 2. 트랜지스터 인버터 실험

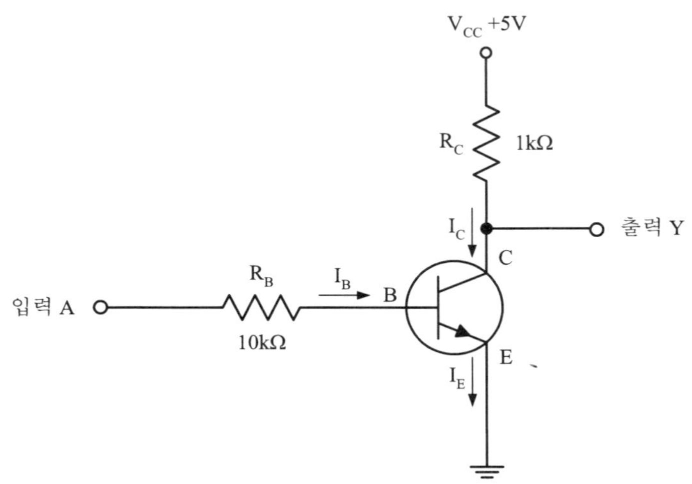

그림 11-13 트랜지스터 인버터 실험회로

① npn 트랜지스터(2SC1815)를 이용하여 그림 11-13의 트랜지스터 인버터 실험회로를 구성하여라.

② 입력신호 A는 신호발생기를 이용하여 최대값(V_m)이 4 V인 1 kHz 구형파 교류신호를 인가하고, 입력 A와 출력 Y를 오실로스코프 듀얼모드를 이용하여 측정하여라. CH1은 입력신호, CH2는 출력신호를 동시에 측정하여 측정파형을 표 11-4에 그려라.

③ 실험단계 ②에서 신호발생기를 이용하여 인가한 입력신호를 제거하고, 입력 A단자에 직류전원공급기를 이용하여 DC 5V를 인가하고, Y단자의 출력전압을 디지털 멀티미터를 이용하여 측정하여 표 11-5에 기록하여라.

④ 실험단계 ③에서는 입력 A단자에 DC 5V를 인가하였다. 이번에는 입력 A단자에 직류전원공급기를 이용하여 DC 0V를 인가하고, Y 단자의 출력전압을 디지털 멀티미터를 이용하여 측정하여 표 11-5에 기록하여라.

⑤ 실험단계 ③과 ④의 실험결과를 이용하여 그림 11-13 트랜지스터 인버터 실험회로의 논리식을 표 11-5에 기록하여라.

참고 실험회로가 정상적으로 동작하지 않는 경우 실험회로 수정방법

1. 실험회로의 결선이 올바른지 확인하기

① 실험회로를 구성하는 각 부품의 결선과 실험장비의 결선이 올바르게 되었는지 확인하기 ⇨ 주요 부품의 핀 배치도를 데이터 시트에서 재확인

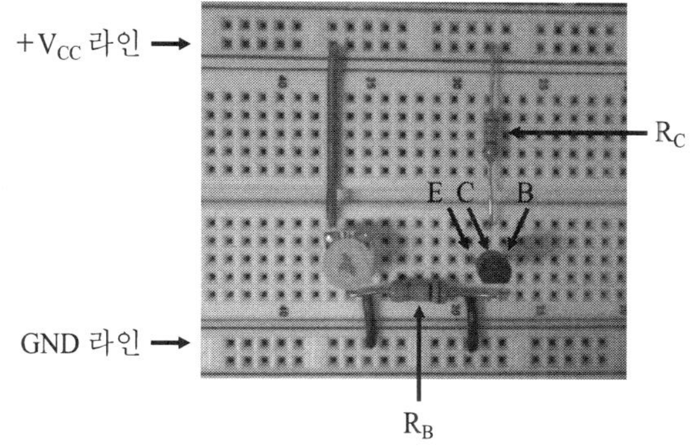

그림 11-14 트랜지스터 스위칭 특성 실험회로의 구성

2. 실험회로에 전원전압이 올바르게 인가되는지 확인하기

① 실험회로를 동작시키기 위해 외부에서 주어지는 전원전압 (+V_{CC})이 실험회로에 올바르게 인가되고 있는지 디지털 멀티미터를 이용하여 확인하기

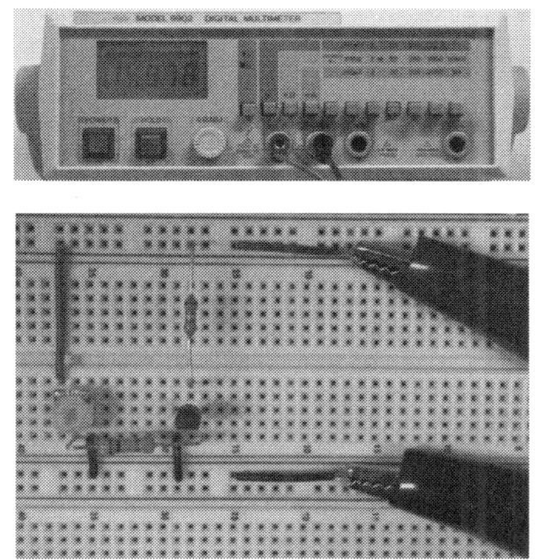

그림 11-15 디지털 멀티미터를 이용한 전원전압(+V_{CC}) 확인

3. 실험회로의 입력단에서 출력단까지의 동작신호 또는 동작전압이 올바른지 순차적으로 확인하기

① 실험회로의 최초 입력단에서 최종 출력단까지 순차적으로 모든 신호를 오실로스코프를 이용하여 측정하여 각 단의 신호가 정상적인지 여부를 확인하기

② 최초 입력단 V_{BB} 측정하기 ⇨ 베이스와 이미터 사이의 전압 V_B 측정하기 ⇨ 최종 출력단 V_{CE} 측정하기

- V_{BB} 측정전압은 가변저항 R_i를 가변할 때 0~15 V로 가변되면 정상적인 동작임
- V_B 측정전압은 가변저항 R_i의 가변과는 무관하게 약 0.7 V 정도의 전압을 유지해야 정상적인 동작이고, 가변저항 R_i의 가변에 의해 V_B가 함께 가변되면 비정상적인 동작임
- V_{CE} 측정전압은 가변저항 R_i를 가변할 때 약 0.2~15 V로 가변되면 정상적인 동작이고, 전압이 고정되어 있으면 비정상적인 동작임

③ 입력단부터 순차적으로 각 단의 측정파형과 이론파형의 일치 여부 확인 ⇨ 측정전압과 이론전압이 일치하지 않는 경우 해당 회로부분이 오류 원인 ⇨ 실험회로의 오류 원인을 수정

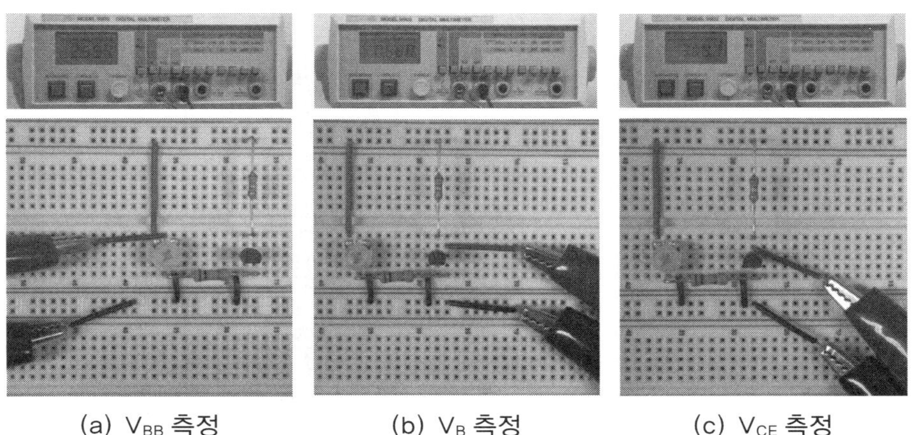

(a) V_{BB} 측정 (b) V_B 측정 (c) V_{CE} 측정

그림 11-16 디지털 멀티미터를 이용한 각 단의 동작전압 확인

11.5 실험결과

실험 1. 트랜지스터 스위칭 특성 실험

표 11-2 트랜지스터 스위칭 특성 실험 데이터 (V_{CE}=15V인 경우)

실험단계	실험내용	실험결과	참고사항
④	전원전압 V_{CC}	[V]	DMM 이용 측정
	입력전압 V_{BB}	[V]	
	베이스전압 V_B	[V]	
	컬렉터전압 V_{CE}	[V]	
⑤	R_B 양단전압 V_{R_B}	[V]	실험단계 ④의 실험 데이터와 식(11.3), 식(11.4), 식(11.5)를 이용하여 계산
	R_C 양단전압 V_{R_C}	[V]	
	베이스전류 I_B	[μA]	
	컬렉터전류 I_C	[mA]	
	전류증폭률 β		

표 11-3 트랜지스터 스위칭 특성 실험 데이터 ($V_{CE} \simeq 0.2V$인 경우)

실험단계	실험내용	실험결과	참고사항
⑦	전원전압 V_{CC}	[V]	DMM 이용 측정
	입력전압 V_{BB}	[V]	
	베이스전압 V_B	[V]	
	컬렉터전압 V_{CE}	〔V〕	
⑧	R_B 양단전압 V_{R_B}	[V]	실험단계 ⑦의 실험 데이터와 식(11.3), 식(11.4), 식(11.5)를 이용하여 계산
	R_C 양단전압 V_{R_C}	〔V〕	
	베이스전류 I_B	[μA]	
	컬렉터전류 I_C	[mA]	
	전류증폭률 β		

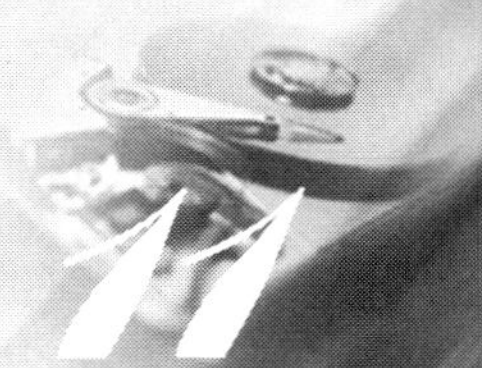

실험 2. 트랜지스터 인버터 실험

표 11-4 트랜지스터 인버터 실험파형(실험단계 ②)

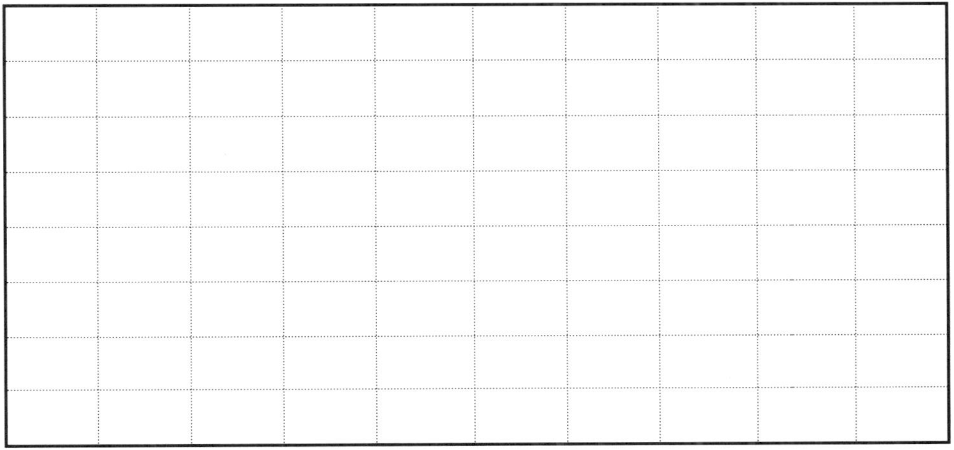

● 전압 스케일 : 2V/div ● 시간 스케일 : 0.2ms/div

표 11-5 트랜지스터 인버터 실험 데이터

실험단계	입력 A [V]	출력 Y	참고사항
③, ④	0	[V]	•입력 A단자에 신호발생기를 제거하고 직류 전원공급기를 이용하여 직류 전압을 인가 • DMM을 이용하여 소수점 1 자리까지 측정
	5	[V]	
⑤	논리식 Y =		

11.6 검토사항

1 트랜지스터 이미터 공통회로의 3가지 동작영역에 대하여 간단히 설명하여라.

2 그림 11-5 (a)는 트랜지스터 선형동작, 그림 11-5 (b)는 트랜지스터 포화동작임을 각각의 파형을 이용하여 설명하여라.

3 그림 11-6 (a)와 (b)가 모두 트랜지스터 포화동작임을 파형을 이용하여 설명하여라.

4 그림 11-7의 트랜지스터 이미터 공통회로를 포화동작과 차단동작을 이용한 스위칭 회로로 사용하고자 한다. 이와 같은 경우 트랜지스터가 포화동작을 하기 위한 베이스 입력전압 V_{BB}의 최소전압의 일반식을 유도하여라. 단, 트랜지스터 소자의 정격 전류증폭률은 β, 베이스와 이미터 사이의 도통전압은 $V_{BE(on)}$, 컬렉터와 이미터 사이의 포화전압은 $V_{CE(sat)}$라고 표기하는 것으로 가정하여라.

5 그림 11-17의 트랜지스터 이미터 공통회로에서 베이스단의 입력전압 V_{BB}=10.7V인 경우 다음을 구하여라.

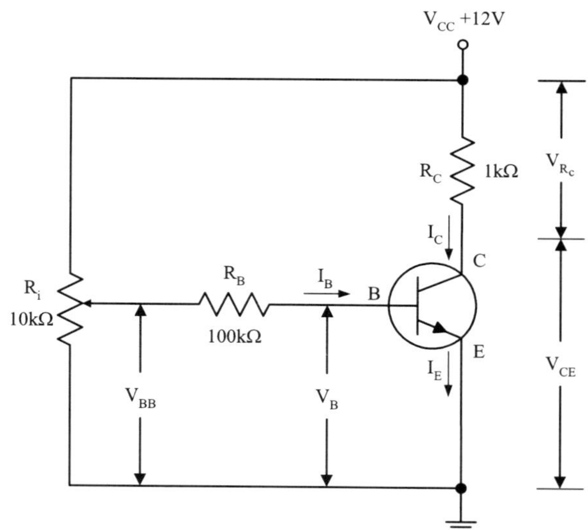

그림 11-17 트랜지스터 이미터 공통회로

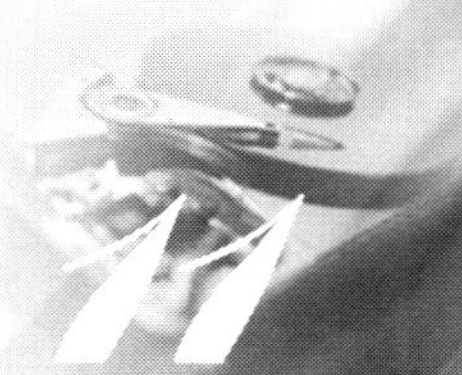

단, 사용한 트랜지스터 소자의 전류증폭률 β=200, 베이스와 이미터 사이의 도통전압 $V_{BE(on)}$=0.7 V, 컬렉터와 이미터 사이의 포화전압 $V_{CE(sat)}$=0 V라고 가정하여라.

표 11-6 트랜지스터 이미터 공통회로 해석

구분		이론값
①	R_B 양단의 전압 V_{R_B}	V_{R_B} = [V]
②	베이스전류 I_B	I_B = [μA]
③	컬렉터전류 I_C	I_C = [mA]
④	R_C 양단의 전압 V_{R_C}	V_{R_C} = [V]
⑤	컬렉터와 이미터 사이의 전압 V_{CE}	V_{CE} = [V]
⑥	트랜지스터 회로의 전류증폭률 β_{cct}	β_{cct} =
⑦	트랜지스터 회로의 동작영역	

6 그림 11-8 (a)와 (b)에서 입력전압이 양(+)의 직류전압인 구간의 트랜지스터 동작영역을 설명하여라.

7 그림 11-9 (a)와 (b)에서 입력전압이 양(+)의 직류전압인 구간의 트랜지스터 동작영역을 설명하여라.

8 그림 11-9 (a)와 (b)에서 입력전압이 음(−)의 직류전압인 구간의 트랜지스터 동작영역을 설명하여라.

9 실험시의 특이사항 및 실험에 대한 종합결론을 정리하여라.

NOTE

12. 555 타이머회로 실험

12.1 실험목적

- ▣ PWM(pulse width modulation) 제어에 사용하는 기본적인 소자인 555타이머 IC의 동작특성을 이해한다.
- ▣ 555 타이머 IC의 비안정 멀티바이브레이터 동작특성과 전압제어발진기(VCO) 동작특성을 이해한다.

12.2 실험이론

12.2.1 555 타이머의 비안정 멀티바이브레이터 동작

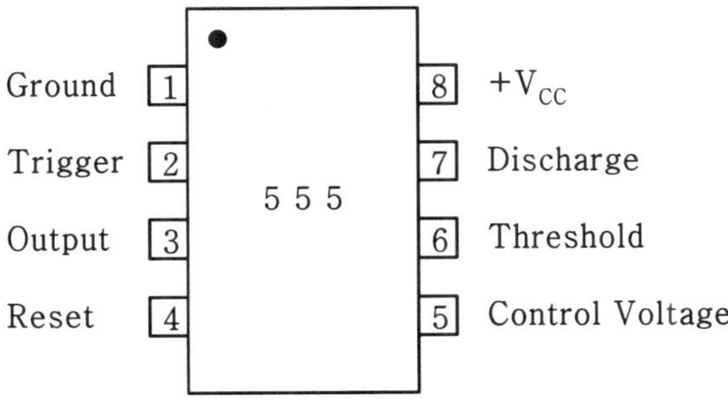

그림 12-1 555 타이머 IC의 핀 배치도

555 타이머 IC는 그림 12-1의 핀 배치도와 같이 8핀으로 구성되어 있고, 각 단자의 주요 기능을 간단히 정리하면 표 12-1과 같다.

표 12-1 555 타이머단자의 주요 기능

단자(pin)	단자명칭	기 능
pin1	Ground	접지(Ground) 단자
pin2	Trigger	555 타이머 내부회로의 비교기2(comp2)의 반전(−) 입력단자
pin3	Output	출력전압(v_o) 단자
pin4	Reset	SR 플립플롭의 출력을 0으로 리셋
pin5	Control Voltage	이 단자에 외부저항을 연결하여 $+V_{CC}$의 분배전압을 변화시켜 6번 단자와 2번 단자의 전압을 임의로 조정하는 기능
pin6	Threshold	555 타이머 내부회로의 비교기1(comp1)의 비반전(+) 입력단자
pin7	Discharge	커패시터전압 v_C가 저항 R_B와 트랜지스터를 통해 방전
pin8	$+V_{CC}$	직류전원(+15 V) 단자

그림 12-1의 핀 배치도와 표 12-1의 각 단자의 주요 기능만으로는 555 타이머의 동작특성을 정확히 이해하기는 어렵다. 따라서 555 타이머의 동작특성을 정확히 이해하기 위해서는 555 타이머의 내부회로를 이해하는 것이 필요하다.

그림 12-2는 555 타이머의 내부회로와 555 타이머를 기본적인 응용회로인 비안정 멀티바이브레이터(astable/free-running multivibrator)로 응용하기 위한 회로이다. 굵은 실선의 네모 박스가 555 타이머를 나타낸다. 따라서 굵은 실선의 네모 박스 내부가 555 타이머의 핵심적인 내부회로이고, 굵은 실선의 네모 박스 외부가 555 타이머를 비안정 멀티바이브레이터로 응용하기 위해 구성한 회로이다.

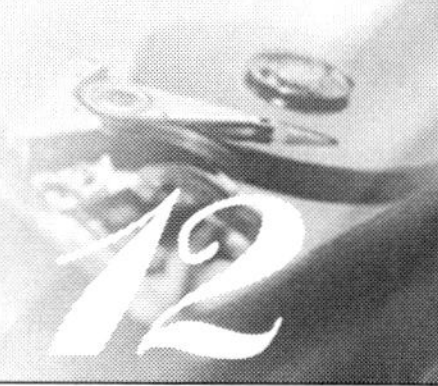

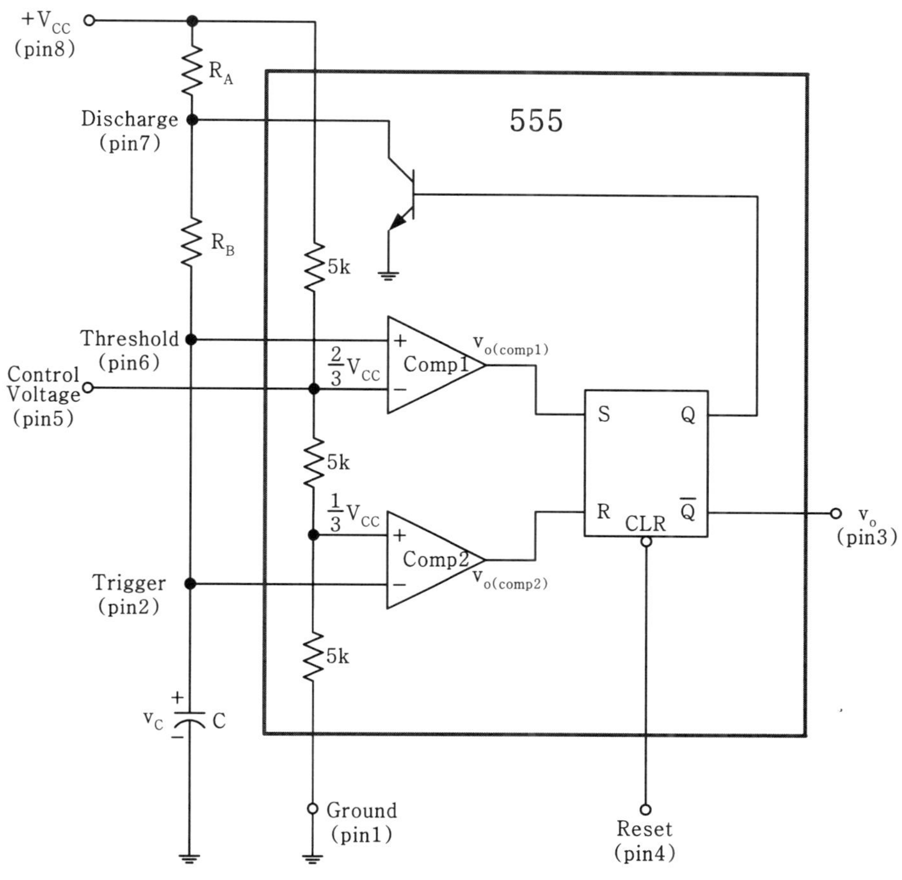

그림 12-2 555 타이머의 비안정 멀티바이브레이터 동작을 위한 회로 (555 타이머 IC의 내부회로 포함)

555 타이머의 내부회로에서 알 수 있는 바와 같이 비교기 1(comp1)의 반전(−)입력과 비교기 2(comp2)의 비반전(+)입력은 555 타이머 내부의 5kΩ 저항들에 의해 전압이 분배되어 각각 $2V_{CC}/3$와 $V_{CC}/3$로 고정된다. 따라서 555 타이머 내부 비교기들의 출력전압은 비교기 1의 비반전(+)입력과 비교기 2의 반전(−)입력에 공통으로 연결된 6번 단자와 2번 단자의 전압에 의해 결정된다. 그림 12-2에서 6번 단자와 2번 단자는 커패시터에 연결되어 있으므로 커패시터전압 v_C에 의해 비교기들의 출력전압과 SR 플립플롭의 출력이 결정된다. 커패시터전압 v_C의 변화에 따른 SR 플립플롭의 입·출력 데이터를 살펴보면 표 12-2와 같다.

표 12-2 커패시터전압 v_C의 변화에 따른 SR 플립플롭의 입·출력

커패시터전압 v_C	SR 플립플롭		
	S	R	Q
$v_C < \frac{V_{CC}}{3}$ 인 경우	0	1	0
$\frac{V_{CC}}{3} \leq v_C \leq \frac{2V_{CC}}{3}$ 인 경우	0	0	Q_o
$v_C > \frac{2V_{CC}}{3}$ 인 경우	1	0	1

표 12-3 커패시터전압 v_C의 변화에 따른 비안정 멀티바이브레이터 동작

V_C (pin2/pin6)	V_-(비교기1) (pin5)	V_+(비교기2)	V_o(비교기1) (S입력)	V_o(비교기2) (R입력)	Q	$\overline{Q}$ (pin3)
$\frac{V_{CC}}{3}$ 미만	$\frac{2V_{CC}}{3}$	$\frac{V_{CC}}{3}$	0	1	0	1
	커패시터전압이 $V_{CC}/3$ 이하로 감소하면 SR-FF의 출력 Q가 Low로 되어 트랜지스터가 차단(OFF)상태로 되고 커패시터 C가 충전을 시작					
$\frac{V_{CC}}{3} \sim \frac{2V_{CC}}{3}$	$\frac{2V_{CC}}{3}$	$\frac{V_{CC}}{3}$	0	0	Q_o	$\overline{Q}_o$
	이 전압구간에서는 SR-FF이 유지(Q)모드이므로 충전 또는 방전 직전 상태를 그대로 유지 $V_{CC}/3$ 이하에서 커패시터전압이 충전되어 이 전압구간 내에서 증가하는 경우는 충전을 계속하고, $2V_{CC}/3$ 이상에서 커패시터전압이 방전되어 이 전압구간 내에서 감소하는 경우는 방전을 계속					
$\frac{2V_{CC}}{3}$ 초과	$\frac{2V_{CC}}{3}$	$\frac{V_{CC}}{3}$	1	0	1	0
	커패시터전압이 $2V_{CC}/3$ 이상으로 증가하면 SR-FF의 출력 Q가 High로 되어 트랜지스터가 도통(ON)상태로 되어 커패시터 C가 방전을 시작하고, SR-FF의 유지(Q_o)모드에 의해 커패시터전압이 $V_{CC}/3$ 이하로 되는 순간까지 방전을 계속					

표 12-2의 커패시터전압 v_C의 변화에 따른 SR 플립플롭의 입·출력 데이터는 비교기와 SR 플립플롭의 특성을 이용해 쉽게 확인할 수 있다. 표 12-3은 SR 플립플롭의 출력 Q가 555 타이머 내부회로의 트랜지스터를 ON/OFF하여 결과적으로 커패시터전압 v_C를 충·방전시키는 동작특성을 나타내고 있다. 또한 그림 12-3은 커패시터전압 v_C의 충·방전에 의해 출력전압 v_o가 구형파가 되는 동작특성을 나타내고 있다. 즉, SR 플립플롭의 $\overline{Q}$를 출력전압 v_o단자로 이용하여 커패시터전압 v_C가 충전되는 동안은 출력전압이 High가 되고, 커패시터전압 v_C가 방전되는 동안은 출력전압이 Low가 되는 특성을 나타내고 있다.

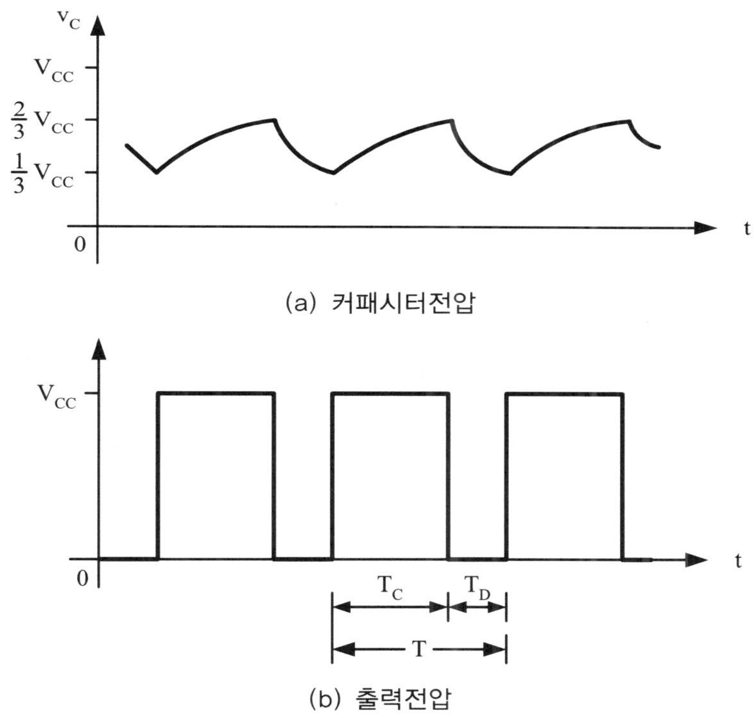

그림 12-3 555 타이머회로의 커패시터전압과 출력전압 (비안정 멀티바이브레이터 동작)

그림 12-2의 555 타이머를 이용한 비안정 멀티바이브레이터 회로에서 커패시터 C와 저항 R_A, R_B의 값을 변경하여 RC 시정수를 조정함으로써 그림 12-3의 비안정 멀티바이브레이터의 구형파 펄스출력전압에서 주기 T와 커패시터 충전시간 T_C를 조

정할 수 있다. 즉, 구형파의 주파수와 시비율(duty cycle)을 조정할 수 있다.

비안정 멀티바이브레이터 동작특성에서 구형파 출력전압의 주파수와 시비율은 가장 중요한 값이다. 구형파 출력전압의 주파수와 시비율은 충전시간 T_C와 주기 T를 이용하여 구할 수 있으므로 그림 12-2의 회로에서 충전시간 T_C와 주기 T를 구한다.

커패시터 충전시간 T_C는 그림 12-3과 같이 커패시터전압 v_C가 $V_{CC}/3$에서 $2V_{CC}/3$로 상승하는 데 걸리는 시간이다. 커패시터가 충전되는 경우의 회로는 그림 12-2에서 직류전원이 $+V_{CC}$이고, $R=R_A+R_B$인 RC 직렬회로이다. RC 직렬회로의 전압방정식을 풀어 커패시터전압 v_C가 $V_{CC}/3$에서 $2V_{CC}/3$로 충전되는 데 걸리는 커패시터 충전시간 T_C를 구하면 식 (12.1)과 같다. 전기회로에 대한 복습 측면에서도 식 (12.1)의 충전시간 T_C를 회로방정식을 이용하여 스스로 유도해 볼 필요가 있다.

$$T_C = 0.695(R_A + R_B)C \tag{12.1}$$

또한 커패시터 방전시간 T_D는 그림 12-3과 같이 커패시터전압 v_C가 $2V_{CC}/3$에서 $V_{CC}/3$로 방전되는 데 걸리는 시간이다. 커패시터가 방전되는 회로는 그림 12-2에서 충전된 커패시터전압 v_C가 저항 R_B와 트랜지스터를 통해 방전되는 회로이다. RC 방전회로의 전압방정식을 풀어 커패시터전압 v_C가 $2V_{CC}/3$에서 $V_{CC}/3$로 감소하는 데 걸리는 방전시간 T_D를 구하면 식 (12.2)와 같다. 충전시간 T_C와 마찬가지로 식 (12.2)의 방전시간 T_D 역시 스스로 유도해볼 필요가 있다. 그리고 식 (12.1)과 식 (12.2)를 이용하여 주기 T를 식 (12.3)과 같이 구할 수 있다.

$$T_D = 0.695 R_B C \tag{12.2}$$

$$T = T_C + T_D = 0.695(R_A + 2R_B)C \tag{12.3}$$

주기 T를 이용하여 주파수를 구하면 식 (12.4)와 같다. 또한 충전시간 T_C와 주기 T를 이용하여 시비율(duty cycle) D를 구하면 식 (12.5)와 같다. 시비율은 구형파에서 출력이 High인 비율을 나타낸 것이다. 시비율 D=0.5의 의미는 그림 12-3과 같은 구형파 펄스에서 출력이 High인 시간 T_C와 출력이 Low인 시간 T_D가 동일하다는 의미이다.

$$
\begin{aligned}
f &= \frac{1}{T} \\
&= \frac{1}{0.695(R_A + 2R_B)C} \\
&= \frac{1.44}{(R_A + 2R_B)C}
\end{aligned}
\qquad (12.4)
$$

$$
\begin{aligned}
D &= \frac{T_C}{T} \\
&= \frac{0.695(R_A + R_B)C}{0.695(R_A + 2R_B)C} \\
&= \frac{R_A + R_B}{R_A + 2R_B}
\end{aligned}
\qquad (12.5)
$$

이와 같은 비안정 멀티바이브레이터의 구형파 펄스출력전압은 전력전자회로 등에서 제어용 펄스신호로 사용될 수 있으며, 제어 목적에 따라 저항 R_A, R_B와 커패시터 C를 조정하여 구형파 출력전압의 주파수와 시비율 등을 적절히 조정하여 사용한다.

12.2.2 555 타이머의 전압제어발진기(VCO) 동작

앞에서 설명한 바와 같이 그림 12-2의 555 타이머를 이용한 비안정 멀티바이브레이터 회로에서 5번 단자에 외부저항을 연결하지 않은 경우는 555 타이머 내부의 5 kΩ 저항들에 의해 비교기 1(comp1)의 반전(−)입력과 비교기 2(comp2)의 비반전(+)입력은 각각 $2V_{CC}/3$와 $V_{CC}/3$로 고정된다.

그러나 5번 단자인 전압제어단자(control voltage)에 가변저항을 연결하고, 저항을 조정하면 555 타이머의 내부에 있는 비교기들의 기준전압이 변화한다. 예를 들어, 5번 단자인 전압제어단자에 10kΩ 저항을 연결하면 비교기 1의 반전(−)입력과 비교기 2의 비반전(+)입력은 각각 $V_{CC}/2$와 $V_{CC}/4$로 변하게 된다. 이와 같이 5번 단자의 전압제어단자에 외부저항을 연결하여 내부 비교기들의 기준전압을 가변함으로써 결과적으로 커패시터의 충전시간 T_C와 방전시간 T_D의 변화를 일으키고, 이는 궁극적으로 주파수 변화를 의미한다. 즉, 가변저항을 이용하여 전압을 가변시켜 결과적으로 출력 주파수가 변하는 특성을 얻을 수 있다. 가변저항을 이용한 전압변화에 의해 주파수가 변화하므로 이를 전압제어발진기(voltage controlled oscillator)라고 한다.

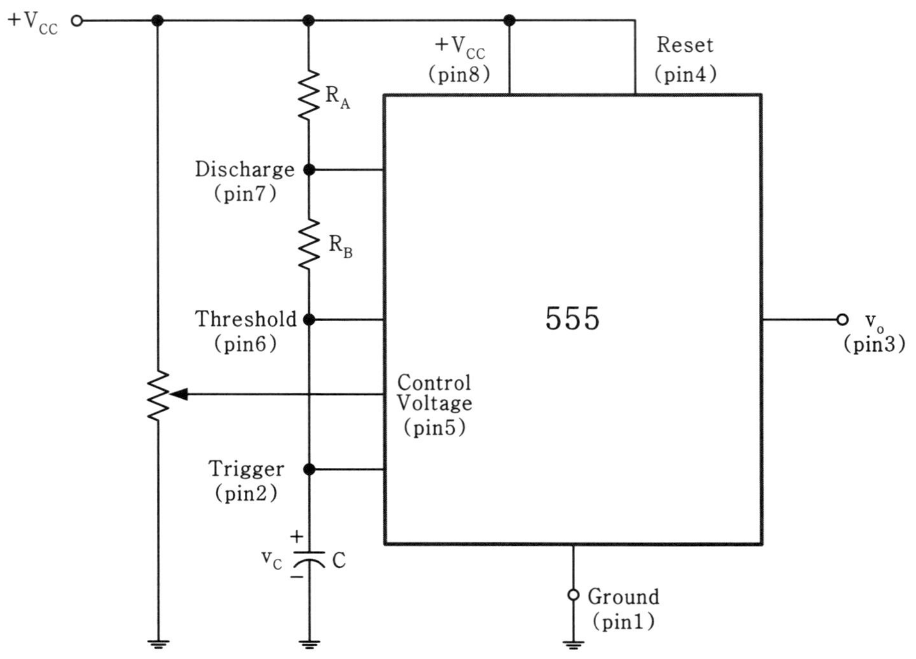

그림 12-4 555 타이머를 이용한 전압제어발진기

12.3 실험부품

부품 및 장비		규격 및 수량	
부 품	타이머 IC	555	1개
	저항	10kΩ	2개
	가변저항	10kΩ	1개
	커패시터	0.01μF(103)	1개
장 비		직류전원 공급장치(DC power supply)	
		오실로스코프(oscilloscope)	
		디지털 멀티미터(DMM)	
		브레드 보드(bread board)	

12.4 실험방법

실험 1. 비안정 멀티바이브레이터 실험

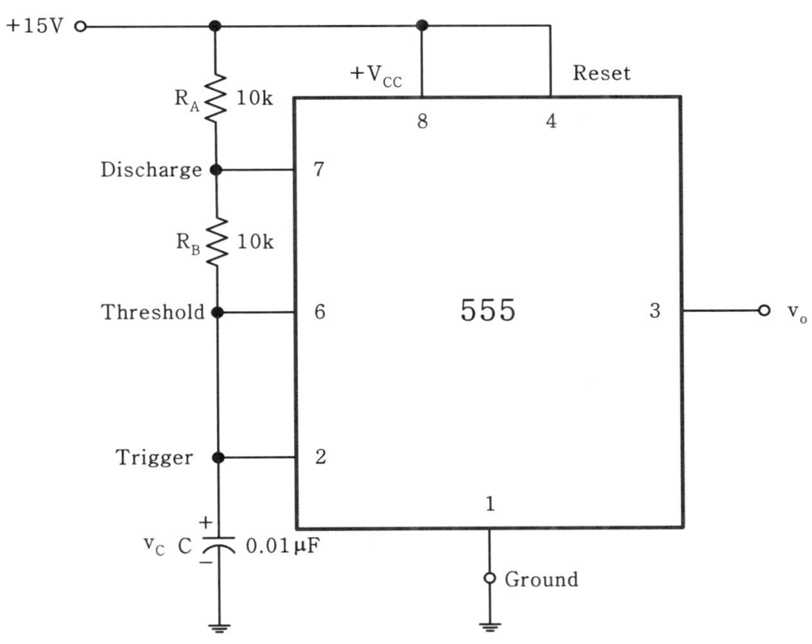

그림 12-5 비안정 멀티바이브레이터 실험회로

① 실험에 앞서 먼저 데이터 북 또는 인터넷 검색을 이용하여 555 타이머 IC에 대한 동작특성을 확인하여라.

② 555 타이머 IC를 이용하여 그림 12-5 비안정 멀티바이브레이터 실험회로를 구성하여라.

③ 커패시터전압 v_C와 출력전압 v_o를 오실로스코프의 듀얼모드를 이용하여 동시에 측정하여 커패시터전압 v_C와 출력전압 v_o의 파형을 표 12-4에 나타내어라.
오실로스코프는 듀얼모드를 이용하여 CH1은 커패시터전압 v_C, CH2는

출력전압 v_o를 동시에 측정하여라. 이때 오실로스코프 CH1과 CH2의 입력모드는 DC를 선택하여라. 또한 커패시터전압과 출력전압의 정확한 비교를 위해 CH1과 CH2의 접지전압 위치가 모두 오실로스코프 화면의 가운데가 되도록 CH1과 CH2 각각의 수직 위치조정기를 조정하고, 전압 스케일 역시 동일하게 설정하여라.

④ 커패시터전압 v_C에 대한 실험결과에서 충전개시전압과 방전개시전압을 측정하여 측정값을 표 12-5에 기재하고, 이론값도 구하여 표 12-5에 기록하여라. 또한 실험값과 이론값이 서로 일치하는지를 비교하여 표 12-5에 기록하여라.

⑤ 실험단계 ③의 출력전압 v_o에 대한 실험결과에서 주기 T와 충전시간 T_C(1주기 내에서 출력이 V_{CC}인 시간)를 정확히 측정하고, 이를 이용하여 주파수 f와 시비율(duty cycle) D의 실험값을 계산하고, 이를 표 12-6에 기록하여라.
또한 식 (12.4)와 식 (12.5)인 다음 식들을 이용하여 주파수 f와 시비율 D의 이론값을 계산하고, 이를 표 12-6에 기록하여라.

구 분	실험값	이론값
주파수(f)	$f = \dfrac{1}{T_{(측정값)}}$	$f = \dfrac{1}{T} = \dfrac{1.44}{(R_A + 2R_B)C}$
시비율(D)	$D = \dfrac{T_{C\,(측정값)}}{T_{(측정값)}}$	$D = \dfrac{T_C}{T} = \dfrac{R_A + R_B}{R_A + 2R_B}$

⑥ 주파수 f와 시비율 D의 이론값과 실험값이 각각 일치하는지 비교하여 표 12-6에 기록하여라.

실험 2. 전압제어발진기(VCO) 실험

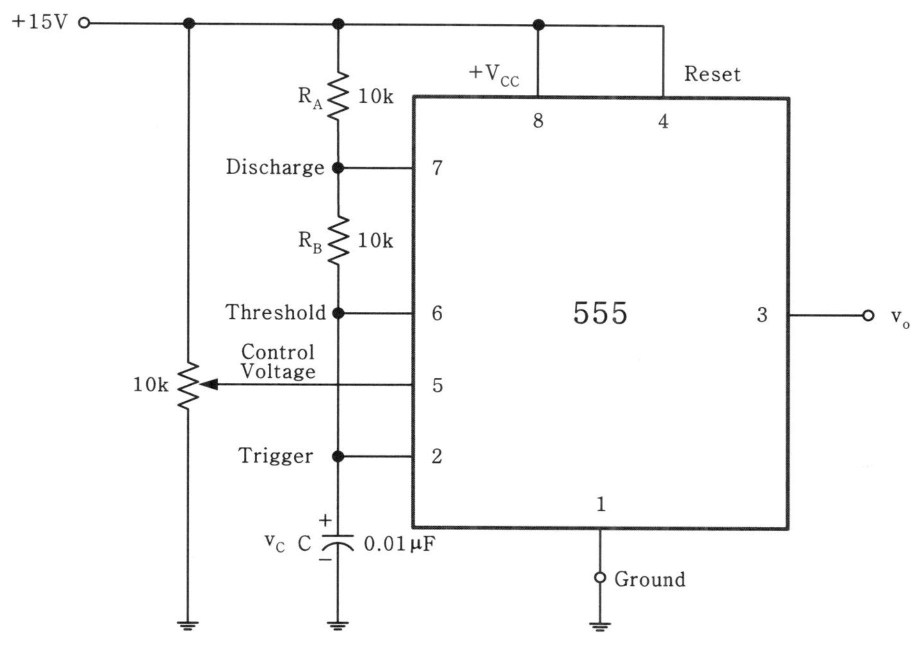

그림 12-6 전압제어발진기(VCO) 실험회로

① 그림 12-5의 비안정 멀티바이브레이터 실험회로에 10kΩ 가변저항을 추가하여 그림 12-6과 같은 전압제어발진기 실험회로를 구성하여라.
사용하는 10kΩ 가변저항은 회로에 연결하기 전에 디지털 멀티미터를 이용하여 저항이 2kΩ이 되도록 미리 정확히 조정하여라. 그림 12-6의 회로와 같이 10kΩ 가변저항(저항이 2kΩ으로 미리 조정된 가변저항)이 5번 단자인 전압제어단자(control voltage)와 연결되도록 회로를 구성하여라.

② 커패시터전압 v_C와 출력전압 v_o를 오실로스코프의 듀얼모드를 이용하여 동시에 측정하여 커패시터전압 v_C와 출력전압 v_o의 파형을 표 12-7에 나타내어라.
오실로스코프는 듀얼모드를 이용하여 CH1은 커패시터전압 v_C, CH2는 출력전압 v_o를 동시에 측정하여라. 이때 오실로스코프 CH1과 CH2의 입

력모드는 DC를 선택하여라. 또한 커패시터전압과 출력전압의 정확한 비교를 위해 CH1과 CH2의 접지전압 위치가 모두 오실로스코프 화면의 가운데가 되도록 CH1과 CH2 각각의 수직 위치조정기를 조정하고, 전압 스케일 역시 동일하게 설정하여라.

③ 실험단계 ②의 출력전압 v_o에 대한 실험결과에서 주기 T와 충전시간 T_C(1주기 내에서 출력이 V_{CC}인 시간)를 정확히 측정하고, 이를 이용하여 주파수 f와 시비율 D를 계산하고, 이를 표 12-9에 기록하여라. 주파수 f와 시비율 D의 실험값은 다음의 식들을 이용하여라.

구 분	주파수(f)	시비율(D)
실험값	$f = \frac{1}{T_{(측정값)}}$	$D = \frac{T_{C\,(측정값)}}{T_{(측정값)}}$

④ 그림 12-6의 실험회로에서 10kΩ 가변저항을 회로에서 분리하여 전압제어단자(pin5)와 접지단자 사이에 연결되는 저항이 5kΩ이 되도록 디지털 멀티미터를 이용하여 가변저항을 정확하게 다시 조정한 후 회로에 결선하여라.

⑤ 실험단계 ②를 반복하고, 실험결과를 표 12-8에 기록하여라.

⑥ 실험단계 ③을 반복하고, 실험결과를 표 12-9에 기록하여라.

⑦ 가변저항을 변화시킨 경우의 주파수를 측정한 실험단계 ③과 실험단계 ⑥의 결과에서 측정주파수의 변화 특성, 즉 전압제어발진기(VCO)의 특성이 나타났는지를 검토하여라.

⑧ 그림 12-6의 실험회로에서 10kΩ 가변저항을 자유롭게 변화시키면서 주파수를 측정하여 주파수가 가변되는 범위를 측정하여 표 12-9에 기록하여라.

12.5 실험결과

실험 1. 비안정 멀티바이브레이터 실험

표 12-4 비안정 멀티바이브레이터 실험파형 (실험단계 ③)

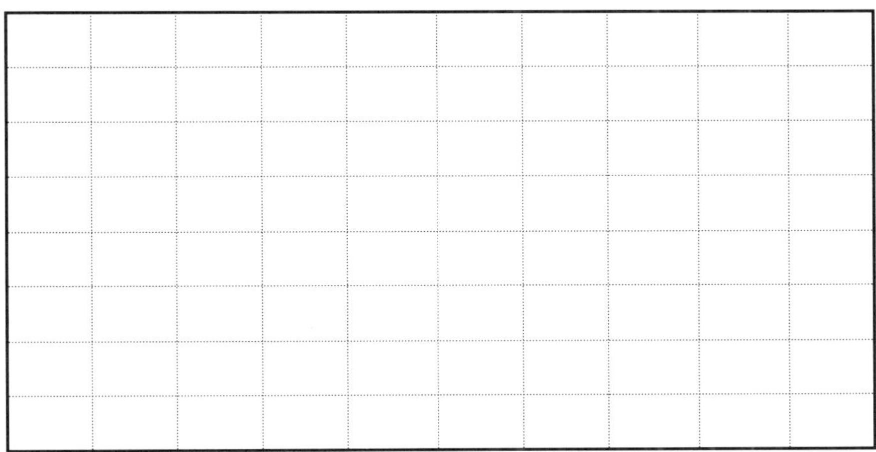

● 전압 스케일 : 5V/div　　● 시간 스케일 : 50μs/div

표 12-5 비안정 멀티바이브레이터 실험 데이터 (충·방전 개시전압)

실험단계	실험내용		실험결과	참고사항
④	충전 개시 전압	측정값	V_{charge} =(　　　) [V]	충·방전전압의 이론값과 실험값의 일치 여부를 비교
		이론값	V_{charge} =(　　　) [V]	
	방전 개시 전압	측정값	$V_{discharge}$ =(　　　) [V]	
		이론값	$V_{discharge}$ =(　　　) [V]	
	충·방전 개시전압의 이론값과 실험값의 일치 여부			

표 12-6 비안정 멀티바이브레이터 실험 데이터

<table>
<tr><th>실험단계</th><th colspan="2">실험내용</th><th>실험결과</th><th>참고사항</th></tr>
<tr><td rowspan="7">⑤, ⑥</td><td rowspan="4">실험값</td><td>주기 T</td><td></td><td rowspan="7">주파수 f와 시비율 D의 이론값과 실험값의 일치 여부를 비교·분석</td></tr>
<tr><td>충전시간 T_C</td><td></td></tr>
<tr><td>주파수 f</td><td>[kHz]</td></tr>
<tr><td>시비율 D</td><td></td></tr>
<tr><td rowspan="2">이론값</td><td>주파수 f</td><td>[kHz]</td></tr>
<tr><td>시비율 D</td><td></td></tr>
<tr><td colspan="2">주파수 f와 시비율 D의 이론값과 실험값의 일치 여부</td><td></td></tr>
</table>

실험 2. 전압제어발진기(VCO) 실험

표 12-7 전압제어발진기(VCO) 실험파형 (실험단계 ②, 가변저항 2kΩ)

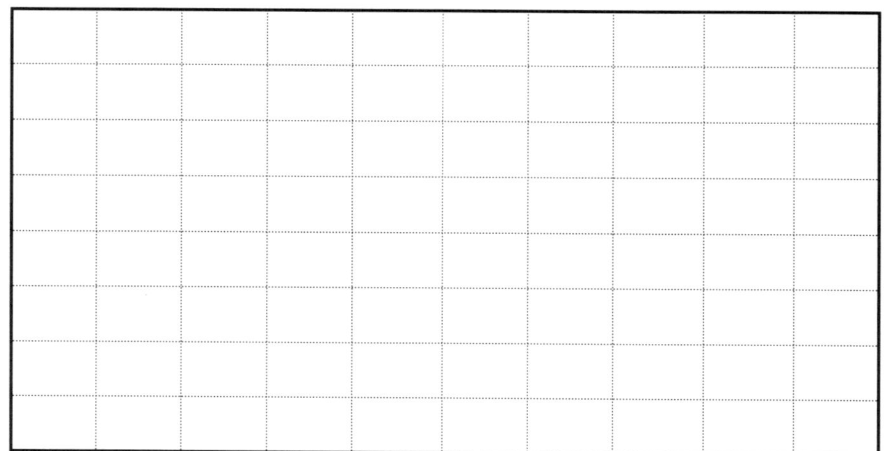

● 전압 스케일 : 5V/div ● 시간 스케일 : 50μs/div

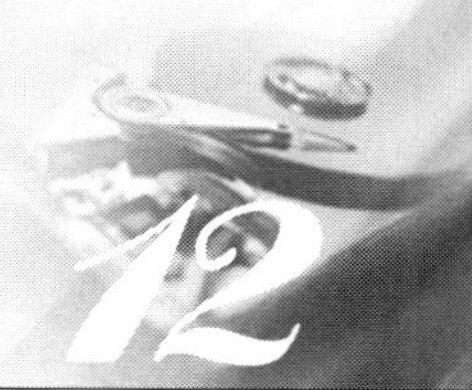

표 12-8 전압제어발진기(VCO) 실험파형 (실험단계 ⑤, 가변저항 5kΩ)

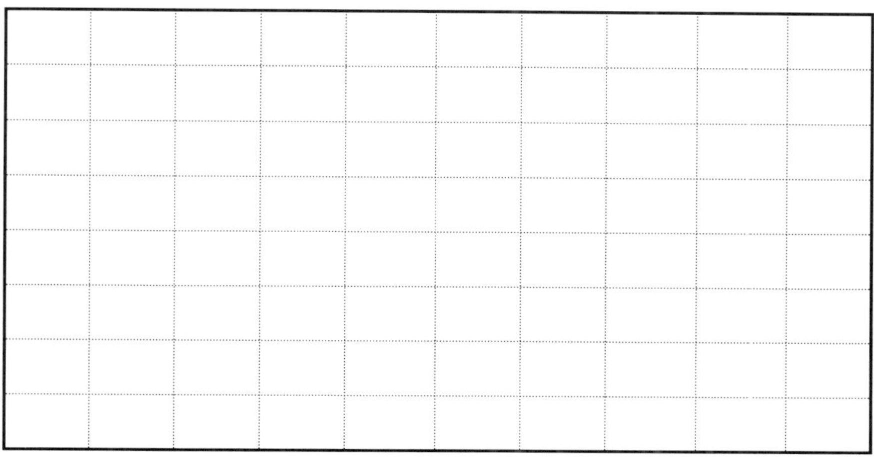

● 전압 스케일 : 5V/div ● 시간 스케일 : 50μs/div

표 12-9 전압제어발진기(VCO) 실험 데이터

실험단계	실험내용		실험결과	참고사항
③	가변저항이 2kΩ인 경우	주기 T		가변저항값의 변화에 따라 발진주파수 f가 변화하는 전압제어발진기(VCO)의 특성을 갖는지를 비교·분석
		충전시간 T_C		
		주파수 f	[kHz]	
		시비율 D		
⑥	가변저항이 5kΩ인 경우	주기 T		
		충전시간 T_C		
		주파수 f	[kHz]	
		시비율 D		
⑦	가변저항값의 변화에 따라 발진주파수 f의 변화 여부			
⑧	주파수 가변범위 (가변저항조정)		[kHz]	
			~ [kHz]	

12.6 검토사항

1 비안정 멀티바이브레이터(astable/free-running multivibrator)에 대하여 간단히 설명하여라.

2 그림 12-2의 555 타이머의 비안정 멀티바이브레이터 회로에서 커패시터전압 v_C가 그림 12-3과 같이 $V_{CC}/3$에서 $2V_{CC}/3$로 충전되는 데 걸리는 커패시터 충전시간 T_C가 식 (12.1)인 아래 식과 같이 되는 것을 유도하여라.

$$T_C = 0.695(R_A + R_B)C$$

아래의 그림 12-7의 전기회로에서 스위치 S를 $t=0$에서 닫은 경우 커패시터전압 v_C가 $V_{CC}/3$에서 $2V_{CC}/3$로 충전되는 데 걸리는 시간을 구하는 문제와 동일하다. 여기서 커패시터전압의 초기값은 $v_C(0^-)=0$으로 고려하여야 한다.

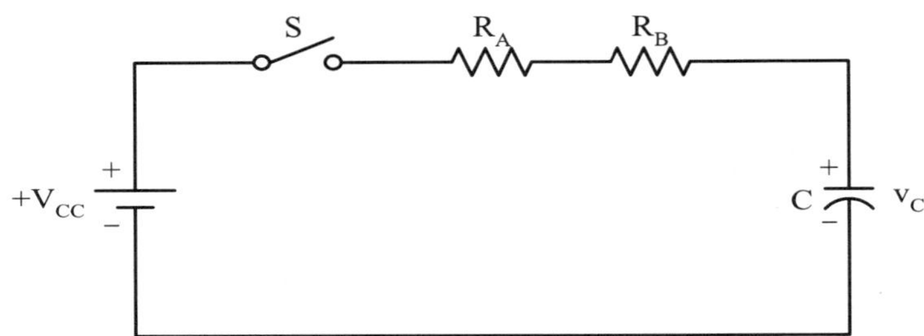

그림 12-7 커패시터 충전시간 T_C를 구하기 위한 회로

3 그림 12-2의 555 타이머를 이용한 비안정 멀티바이브레이터 회로에서 R_A=3.3kΩ, R_B=5.7kΩ, C=0.01μF인 경우 구형파 출력전압 v_o의 주파수 f와 시비율 D를 구하여라.

4 전압제어발진기(voltage controlled oscillator)에 대하여 간단히 설명하여라.

5 실험시의 특이사항 및 실험에 대한 종합결론을 정리하여라.

실험

13. 강압 초퍼회로 실험

13.1 실험목적

▣ DC-DC 컨버터인 초퍼회로의 동작특성을 이해한다.

▣ 강압 초퍼회로와 승압 초퍼회로의 2가지 종류의 초퍼회로 중 강압 초퍼회로의 구성 및 특성을 이해한다.

13.2 실험이론

13.2.1 강압 초퍼회로

대표적인 전력전자회로의 하나인 DC-DC 컨버터는 DC 입력전갑을 다른 전압의 DC 출력전압으로 변환하는 회로이다. DC 입력전압을 조정하는 회로이므로 전압을 낮추거나 높이는 2가지의 변환회로가 가능하다. 한 가지는 DC 출력전압이 DC 입력전압에 비해 전압이 낮아지는 강압용 DC-DC 컨버터이고, 다른 한 가지는 DC 출력전압이 DC 입력전압에 비해 전압이 높아지는 승압용 DC-DC 컨버터이다. DC 출력전압이 DC 입력전압에 비해 전압이 낮아지는 DC-DC 컨버터를 강압 초퍼회로(step-down chopper)라고 하고, DC 출력전압이 DC 입력전압에 비해 전압이 높아지는 DC-DC 컨버터를 승압 초퍼회로(step-up chopper)라고 한다. 실험 13에서는 강압 초퍼회로를 살펴보기로 한다. 그림 13-1은 스위치를 이용한 강압 초퍼회로이다.

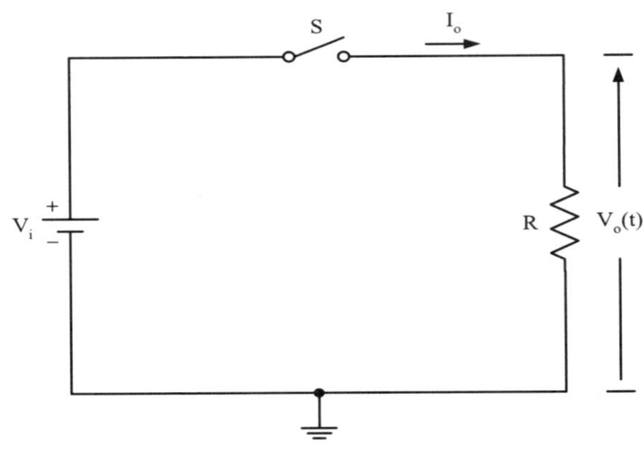

그림 13-1 강압 초퍼회로

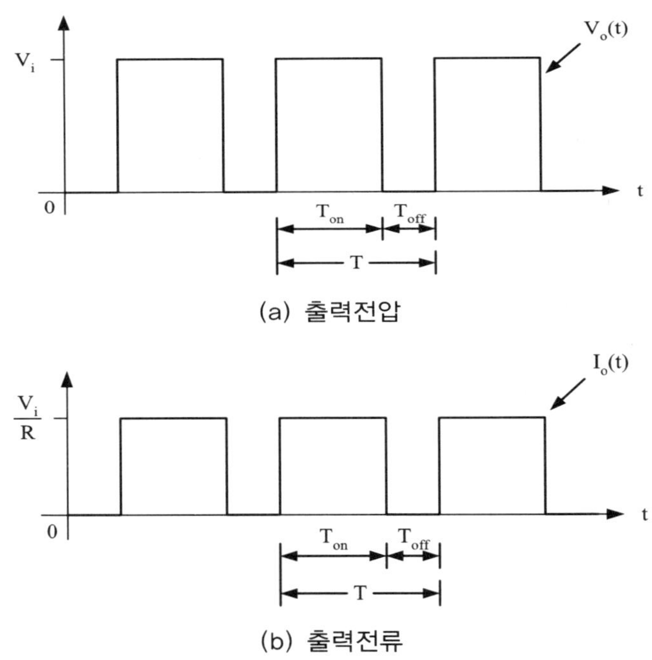

그림 13-2 강압 초퍼회로의 출력전압 · 출력전류 파형

그림 13-2는 강압 초퍼회로의 출력전압 파형과 출력전류 파형이다. 그림 13-1과 같이 강압 초퍼회로의 부하가 저항이고, ON/OFF 스위칭을 그림 13-2에 표시한 바

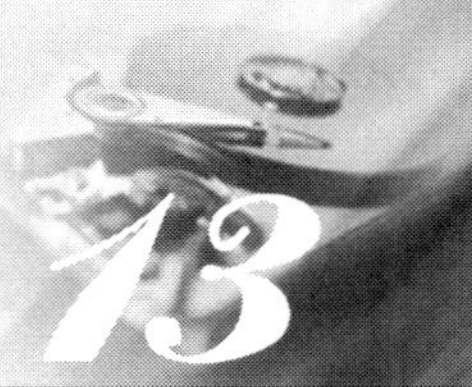

와 같이 T_{on}/T_{off}로 하는 경우의 출력전압 파형과 출력전류 파형이다. 저항 부하이므로 출력전압과 출력전류는 크기만 다르고 모양은 동일한 파형이 된다. 한 주기 T에서의 T_{on} 시간과 T_{off} 시간의 비율에 의해 출력전압의 파형이 결정되고, 이에 의해 출력전압의 직류전압값이 조정된다. 초퍼회로에서 한 주기 T에 대한 스위칭 ON 시간(T_{on})의 비를 식 (13.1)과 같이 시비율(duty ratio)이라고 정의한다. 그리고 시비율은 T_{on} 시간에 따라 식 (13.2)와 같이 0에서 1사이의 값이 되고, 강압 초퍼회로의 출력전압은 시비율 D를 이용하여 식 (13.3)과 같이 나타낼 수 있다. 식 (13.3)은 직류전압은 평균값(average value)으로 정의하는 직류전압의 정의식을 이용하여 어렵지 않게 구할 수 있다.

$$D = \frac{T_{on}}{T} \tag{13.1}$$

$$0 \leqq D \leqq 1 \tag{13.2}$$

$$V_o = DV_i \tag{13.3}$$

시비율을 D=0.5가 되도록 하면 직류출력전압은 직류입력전압의 0.5배가 되고, 시비율을 D=1이 되도록 하면 직류출력전압은 직류입력전압과 같아지며, 시비율을 D=0이 되도록 하면 직류출력전압은 0V가 된다. 즉 시비율을 조정함에 따라 출력전압은 식 (13.4)와 같은 범위에 대해 조정이 가능하다. 직류출력전압은 직류입력전압보다 전압이 높아질 수는 없고, 직류입력전압보다 낮은 전압 범위에 대해 조정이 가능하므로 이를 강압 초퍼회로(step-down chopper)라고 부른다.

$$0 \leqq V_o \leqq V_i \tag{13.4}$$

실제 전력전자회로에서 부하가 순저항인 경우는 드물다. 가장 일반적인 부하는 RL 부하이다. 따라서 강압 초퍼회로에서 RL 부하인 경우를 살펴보는 것이 필요하다. 그림 13-3은 RL 부하인 경우의 강압 초퍼회로이다. 그림 13-1의 저항 부하인 경우와 그림 13-3의 RL 부하인 경우를 비교하면 환류 다이오드(free-wheeling diode)가 추가 되었다. 인덕터를 포함하는 회로에서는 스위칭 OFF시 인덕터에 역기전력이 유기되므로 이 역기전력에 의한 전류가 흐를 수 있도록 환류 경로를 구성해야 한다.

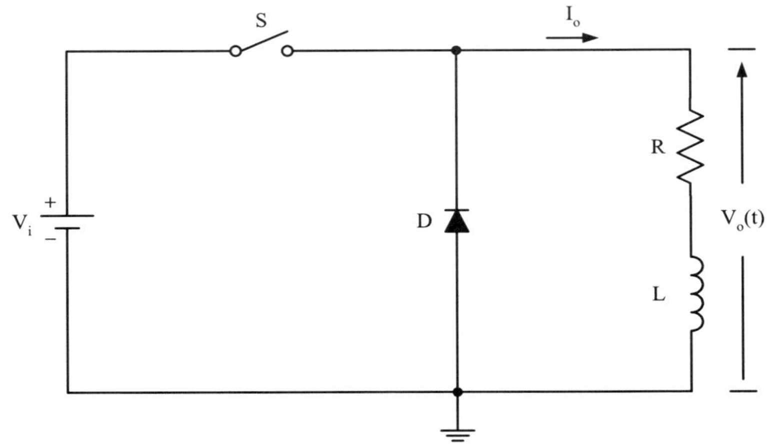

그림 13-3 RL 부하를 갖는 강압 초퍼회로

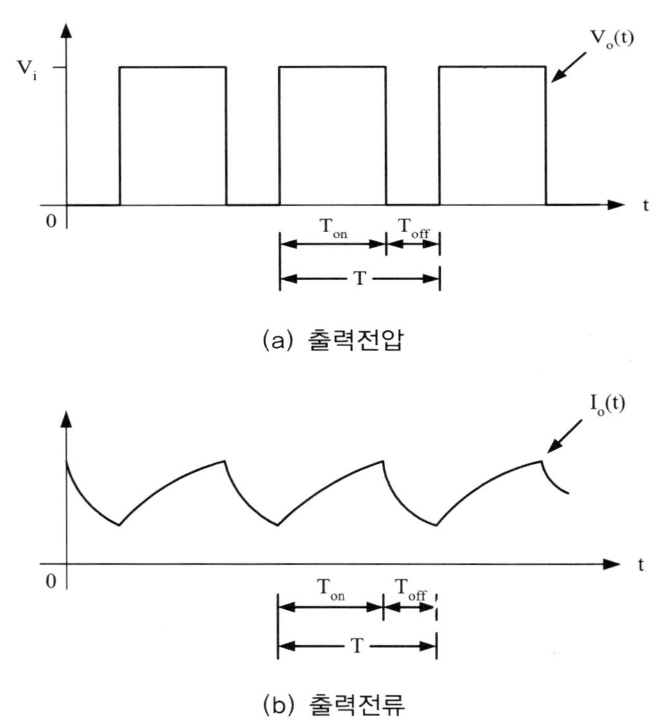

그림 13-4 RL 부하를 갖는 강압 초퍼회로의 출력전압·출력전류 파형

그림 13-4는 RL 부하인 경우의 강압 초퍼회로의 출력전압 파형과 출력전류 파형이다. 스위칭 ON된 T_{on} 시간에는 직류 입력전압 V_i에 의해 출력전류 I_o가 증가하고, 스위칭 OFF된 T_{off} 시간에는 인덕터의 역기전력에 의한 출력전류 I_o가 환류 다이오드를 통해 흐르면서 전류가 감소되는 파형이다. 회로에서 환류 다이오드를 구성하지 않으면 스위칭 OFF에 의해 부하전류 I_o는 갑자기 0이 된다. 이런 경우 급격한 부하전류의 변화에 의해 인덕터에 대단히 높은 역기전력이 유기되어 회로가 손상될 수 있다. 따라서 반드시 환류 다이오드 회로를 구성하여야 한다.

강압 초퍼회로를 실제로 구성하기 위해 가장 중요하게 고려해야 할 부분은 스위칭 회로이다. 강압 초퍼회로의 동작특성에 의해 스위치 S를 스위칭하는 PWM(pulse width modulation) 제어신호가 그대로 출력전압 파형이 된다. 따라서 스위치 S는 그림 13-4(a)와 같은 원하는 출력전압과 동일한 시비율을 갖는 PWM 패턴으로 제어되어야 한다. 이를 위해서는 실제 스위칭 기능을 위한 소자와 PWM 제어신호가 필요하다. 스위칭 소자로는 트랜지스터 등을 이용할 수 있고, PWM 제어신호는 실험을 위해서는 신호발생기를 이용할 수 있다. 그러나 실제 강압 초퍼회로 구성에서는 신호발생기를 이용할 수는 없다. 실제 실험회로 구성에서는 실험 12의 555 타이머회로 등을 응용할 수 있다. 555 타이머회로는 당연히 시비율을 조정할 수 있어야 한다. 그림 13-5는 트랜지스터를 이용한 강압 초퍼회로이다.

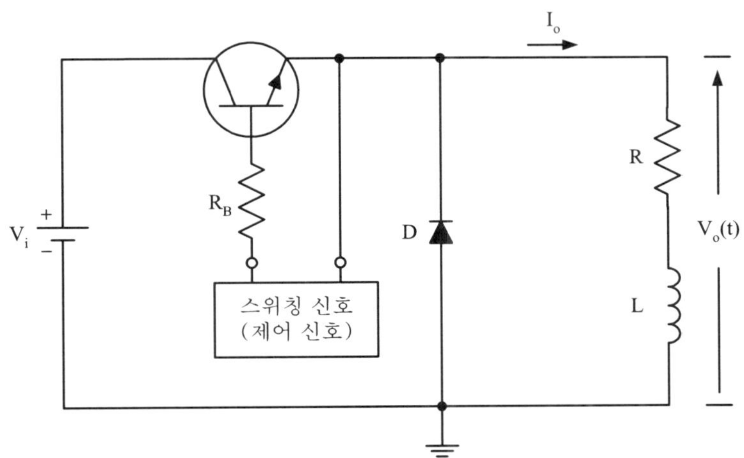

그림 13-5 트랜지스터를 이용한 강압 초퍼회로

13.2.2 강압 초퍼회로의 고조파 분석

강압 초퍼회로는 DC-DC 컨버터의 한 종류로써 DC 입력전압을 입력전압보다 낮은 DC 출력전압으로 변환하는 회로이다. 강압 초퍼회로의 특성을 분석하는데 있어서 가장 중요한 특성은 2가지이다. 첫 번째 중요한 특성은 강압 초퍼회로의 출력전압이 원하는 직류(DC) 전압인지의 여부이다. 이는 식 (13.3)을 이용하여 확인할 수 있는 특성이다. 즉 시비율 D를 정확히 제어한다면 강압 초퍼회로를 이용하여 원하는 DC 출력전압을 얻을 수 있다. 강압 초퍼회로의 두 번째 중요한 특성은 출력에 DC 성분만이 포함되어 있는지의 여부이다. 가장 이상적인 강압 초퍼회로는 출력전압이 원하는 DC 전압이고, 출력전압이 DC 성분만을 포함하는 것이다.

이와 같은 2가지 특성은 다른 종류의 전력변환기에 있어서도 동일하다. 출력이 DC인 전력변환기의 경우 즉 AC-DC 컨버터와 DC-DC 컨버터의 경우에는 출력전압이 오직 DC 성분만을 포함하고, 원하는 DC 전압을 얻을 수 있다는 것이 가장 중요한 특성이다. 또한 출력이 AC인 전력변환기의 경우 즉 DC-AC 컨버터와 AC-AC 컨버터의 경우에는 출력전압이 오직 기본파 AC 성분만을 포함하고, 원하는 AC 전압을 얻을 수 있다는 것이 가장 중요한 특성이다.

따라서 전력변환기의 특성을 분석하는데 있어 직류성분과 교류성분이 어떻게 포함되어 있는지 고조파 분석을 하는 것은 매우 중요하다. 고조파를 분석할 수 있는 수학적인 방법이 푸리에 급수(Fourier Series)이다. 푸리에 급수를 이용하면 임의의 주기함수 v(t)를 식 (13.5)와 같은 성분들로 분석할 수 있다.

$$\begin{aligned} \mathrm{v(t)} &= \mathrm{A_0} \\ &\quad + \mathrm{A_1}\sin\omega t + \mathrm{A_2}\sin 2\omega t + \mathrm{A_3}\sin 3\omega t + \cdots \\ &\quad + \mathrm{B_1}\cos\omega t + \mathrm{B_2}\cos 2\omega t + \mathrm{B_3}\cos 3\omega t + \cdots \\ &= \mathrm{A_0} + \sum_{n=1}^{\infty} \mathrm{A_n}\sin n\omega t + \sum_{n=1}^{\infty} \mathrm{B_n}\cos n\omega t \end{aligned} \tag{13.5}$$

여기서, A_0 : 직류 성분의 계수 $A_0 = \frac{1}{T}\int_0^T v(t)dt$

A_n : n차 sin성분의 계수 $A_n = \frac{2}{T}\int_0^T v(t)\sin(n\omega t)dt$

B_n : n차 cos성분의 계수 $B_n = \frac{2}{T}\int_0^T v(t)\cos(n\omega t)dt$

그림 13-6은 입력전압이 직류전압 V_S이고, 시비율 D가 0.5인 강압 초퍼회로의 출력전압이다. 푸리에 급수를 이용하여 이와 같은 강압 초퍼회로 출력전압의 고조파를 분석한다.

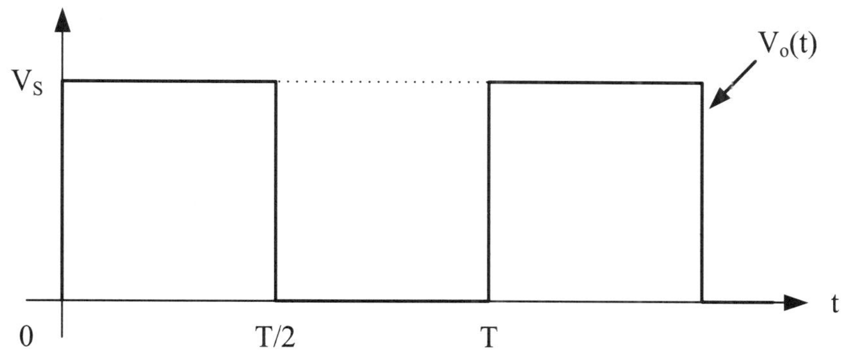

그림 13-6 고조파 분석을 위한 강압 초퍼회로의 출력전압

$$V_0(t) = A_0 + \sum_{n=1}^{\infty} A_n \sin n\omega t + \sum_{n=1}^{\infty} B_n \cos n\omega t \tag{13.6}$$

식 (13.5)에서 A_0, A_n, B_n의 계수를 구하는 정의식을 이용하여 식 (13.6)의 A_0, A_n, B_n 계수를 구할 수 있다. 첫 번째로 직류성분의 계수인 A_0을 구하면 식 (13.7)과 같다. 식 (13.7)은 식 (13.3)을 이용하여 구한 직류전압과 일치하는 결과이다.

$$\begin{aligned} A_0 &= \frac{1}{T}\int_0^T V_o(t)dt \\ &= \frac{1}{T}\int_0^{\frac{T}{2}} V_s\,dt \\ &= \frac{1}{T}\left[V_s t\right]_0^{\frac{T}{2}} \\ &= \frac{1}{T}V_s \cdot \frac{T}{2} \\ &= \frac{V_s}{2} \\ \therefore A_0 &= \frac{V_s}{2} \end{aligned} \tag{13.7}$$

두 번째로 교류성분의 sine 성분의 계수인 A_n을 구하면 식 (13.8)과 같다.

$$\begin{aligned} A_n &= \frac{2}{T}\int_0^T V_o(t)\sin(n\omega t)dt \\ &= \frac{2}{T}\int_0^{\frac{T}{2}} V_s\sin(n\omega t)\,dt \\ &= \frac{2}{T}\int_0^{\frac{T}{2}} V_s\sin\left(\frac{2\pi n}{T}t\right)dt \quad \left(\leftarrow \omega = 2\pi f = \frac{2\pi}{T}\right) \\ &= \frac{2}{T}\left\{-\frac{T}{2n\pi}\left[\cos\left(\frac{2n\pi}{T}t\right)\right]_0^{\frac{T}{2}}\right\}V_s \\ &= -\frac{1}{n\pi}\left\{\cos\left(\frac{2n\pi}{T}\cdot\frac{T}{2}\right)-\cos 0\right\}V_s \\ &= -\frac{1}{n\pi}\{\cos(n\pi)-1\}V_s \\ \therefore\ A_n &= -\frac{1}{n\pi}\{\cos(n\pi)-1\}V_s \end{aligned} \tag{13.8}$$

교류성분의 계수인 A_n을 쉽게 이해하기 위해 식 (13.8)에 n=1, 2, 3 등의 값을 대입하여 차수별 sine 성분 계수를 구하여 정리하면 식 (13.9)와 같다. A_n 계수는 홀수 차수의 성분만 존재하고, 짝수 차수의 성분은 존재하지 않는 것을 알 수 있다. 또한 홀수 차수의 A_n 계수는 차수에 반비례하여 작아진다. 즉 A_3 계수는 A_1 계수의 1/3, A_5 계수는 A_1 계수의 1/5, A_7 계수는 A_1 계수의 1/7, A_9 계수는 A_1 계수의 1/9 등이다.

$$A_n = -\frac{1}{n\pi}\{\cos(n\pi)-1\}V_s$$

$$\text{따라서,}\quad \begin{aligned} A_1 &= \frac{2}{\pi}\cdot V_s & A_2 &= 0 \\ A_3 &= \frac{2}{3\pi}\cdot V_s & A_4 &= 0 \\ A_5 &= \frac{2}{5\pi}\cdot V_s & A_6 &= 0 \\ A_7 &= \frac{2}{7\pi}\cdot V_s & A_8 &= 0 \\ A_9 &= \frac{2}{9\pi}\cdot V_s & A_{10} &= 0 \end{aligned} \tag{13.9}$$

세 번째로 교류성분의 cosine 성분의 계수인 B_n을 구하면 식 (13.10)과 같다. 그림 13-6의 강압 초퍼회로 출력전압의 고조파 분석에서 cosine 성분의 B_n 계수는 존재하지 않는다.

$$\begin{aligned}
B_n &= \frac{2}{T}\int_0^T V_o(t)\cos(n\omega t)dt \\
&= \frac{2}{T}\int_0^{\frac{T}{2}} V_s\cos(n\omega t)\,dt \\
&= \frac{2}{T}\int_0^{\frac{T}{2}} V_s\cos(\frac{2\pi n}{T}t)\,dt \quad \left(\leftarrow \omega = 2\pi f = \frac{2\pi}{T}\right) \\
&= \frac{2}{T}\left\{\frac{T}{2n\pi}\left[\sin\left(\frac{2n\pi}{T}t\right)\right]_0^{\frac{T}{2}}\right\}V_s \\
&= \frac{1}{n\pi}\left\{\sin\left(\frac{2n\pi}{T}\cdot\frac{T}{2}\right)-\sin 0\right\}V_s \\
&= \frac{1}{n\pi}\{\sin(n\pi)-0\}V_s \\
&= 0 \\
\therefore\ B_n &= 0
\end{aligned} \tag{13.10}$$

식 (13.7), 식 (13.8), 식 (13.10)을 식 (13.6)에 대입하여 정리하면 푸리에 급수를 이용한 강압초퍼회로의 고조파 분석은 식 (13.11)과 같다.

$$\begin{aligned}
V_0(t) &= A_0 + \sum_{n=1}^{\infty} A_n \sin n\omega t + \sum_{n=1}^{\infty} B_n \cos n\omega t \\
&= \frac{V_s}{2} - \sum_{n=1}^{\infty}\left[\frac{V_s}{n\pi}\{\cos(n\pi)-1\}\right]\sin n\omega t \\
&= \frac{V_s}{2} + \sum_{n=1,3,5}^{\infty}\frac{2V_s}{n\pi}\sin n\omega t \\
&= \frac{V_s}{2} + \frac{2V_s}{\pi}\sin(\omega t) + \frac{2V_s}{3\pi}\sin(3\omega t) + \frac{2V_s}{5\pi}\sin(5\omega t) \\
&\quad + \frac{2V_s}{7\pi}\sin(7\omega t) + \frac{2V_s}{9\pi}\sin(9\omega t) + \cdots \\
&= \frac{V_s}{2}[1 + \frac{4}{\pi}\sin(\omega t) + \frac{4}{3\pi}\sin(3\omega t) + \frac{4}{5\pi}\sin(5\omega t) \\
&\quad + \frac{4}{7\pi}\sin(7\omega t) + \frac{4}{9\pi}\sin(9\omega t) + \cdots]
\end{aligned} \tag{13.11}$$

강압 초퍼회로는 DC-DC 컨버터이다. 따라서 출력전압이 DC 전압이므로 고조파 분석 결과 직류 성분만 존재하고, 교류성분은 전혀 존재하지 않는 것이 이상적인 고조파 분석 결과이다.

이런 관점에서 그림 13-6 강압 초퍼회로의 고조파 분석 결과인 식 (13.11)에서 직류성분인 $A_0=V_s/2$는 DC-DC 컨버터인 강압 초퍼회로의 원하는 직류 출력전압이고, 교류 sine 성분인 A_n 계수는 모두 원하지 않는 성분으로 이를 고조파 성분(harmonics)이라고 부른다.

고조파 분석 결과 식 (13.9)에서 교류 sine 성분인 A_n 계수 중 짝수 차수의 A_n 계수가 모두 0인 되고, 식 (13.10)에서 교류 cosine 성분인 B_n 계수가 모두 0인 된 결과는 강압 초퍼회로의 출력전압의 특성에서는 바람직한 결과이다.

강압 초퍼회로의 고조파 분석 결과에서 원하는 출력전압을 기준인 1로 하여 원하지 않는 교류성분들 즉 고조파 성분들의 크기를 비교해보는 것은 의미 있는 일이다. 원하는 직류 출력전압을 얻기 위해 원하지 않는 고조파 성분들이 얼마나 발생되는지를 비교할 수 있기 때문이다. 이를 위해 식 (13.11)은 $V_s/2$를 기준으로 최종적으로 식을 정리하였다.

표 13-1은 직류 출력전압을 1로 하는 경우의 고조파 성분들의 최대값과 실효값을 나타내었다. 직류전압의 크기는 평균값으로 나타내고, 교류전압의 크기는 실효값으로 나타내므로 직류 출력전압의 크기를 기준으로 하는 상대적인 고조파 성분들의 크기는 실효값을 기준으로 비교하였다. 표 13-1에서 직류 출력전압을 기준으로 하여 1차 고조파는 0.9, 3차 고조파는 0.3, 5차 고조파는 0.18, 7차 고조파는 0.13, 9차 고조파는 0.1의 크기를 갖는다.

그림 13-7은 고조파 성분을 직류 출력전압을 기준으로 하여 그래프로 나타낸 것이다. 이상적인 DC-DC 컨버터를 설계하고 제작한다는 것은 그림 13-7의 고조파 분석 결과에서 직류 성분만이 표시되고, 교류 성분은 전혀 존재하지 않는다는 것이다. 따라서 그림 13-6 강압 초퍼회로 출력전압의 고조파 성분인 $A_1=0.9$, $A_3=0.3$, $A_5=0.18$, $A_7=0.13$, $A_9=0.1$ 등의 계수가 모두 실질적으로 거의 0에 근접하도록 강압 초퍼회로를 개선하는 일이 보다 이상적인 DC-DC 컨버터를 위한 가장 중요한 특성이다.

표 13-1 직류성분(=V_s/2)의 크기를 기준(=1)으로 한 고조파 성분의 비교

	최대값(V_m)	평균값(V_{dc}) 또는 실효값(V_{rms})
직류성분	–	$1\left(\frac{V_s}{2}\text{를 기준}\right)$
1차 고조파	$\frac{4}{\pi}=1.27$	$\left(\frac{V_m}{\sqrt{2}}=\right)$ 0.9
3차 고조파	$\frac{4}{3\pi}=0.42$	0.3
5차 고조파	$\frac{4}{5\pi}=0.25$	0.18
7차 고조파	$\frac{4}{7\pi}=0.18$	0.13
9차 고조파	$\frac{4}{9\pi}=0.14$	0.1

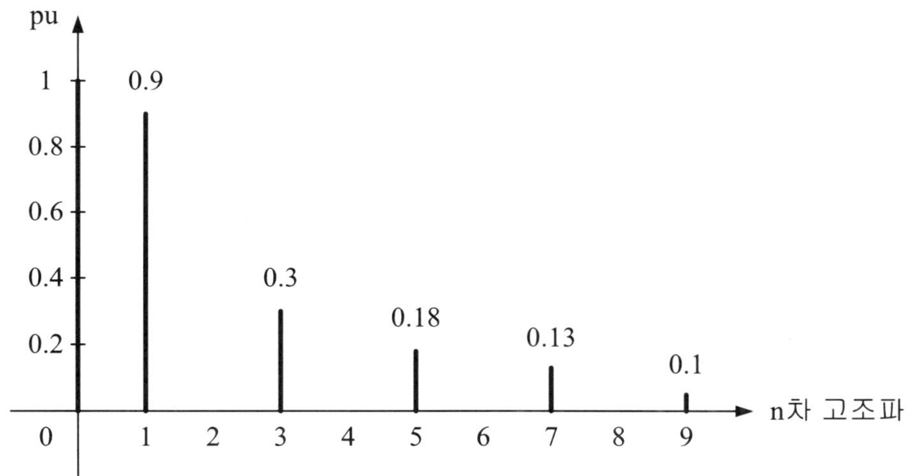

그림 13-7 강압 초퍼회로의 고조파 분석

13.3 실험부품

부품 및 장비		규격 및 수량	
부 품	트랜지스터	npn C3202	1개
	다이오드	1N4004	1개
	인덕터	약 300mH(304)	2개
	시멘트저항	100Ω/5W	1개
	저항	1kΩ	1개
장 비		직류전원 공급장치(DC power supply)	
		신호발생기(signal generator)	
		오실로스코프(oscilloscope)	
		디지털 멀티미터(DMM)	
		브레드 보드(bread board)	

13.4 실험방법

실험 1. 강압 초퍼회로 실험

① 그림 13-8의 실험회로를 구성하여라.
그림 13-8의 실험회로에서 트랜지스터는 npn 트랜지스터(C3202)를 사용하고, 베이스 저항은 R_B=1kΩ 저항을 사용하여라. 또한 RL 부하는 시멘트저항 R=100Ω과 지급받은 인덕터(L) 1개를 사용하여 R과 L의 위치가 반드시 그림 13-8의 실험회로와 같이 되도록 구성하여라.
직류입력전압은 직류전원 공급장치를 이용하여 +12V가 되도록 정확히 조정하고, 트랜지스터의 스위칭 신호는 그림 13-8의 실험회로와 같이 신호발생기를 이용하여 인가하여라.

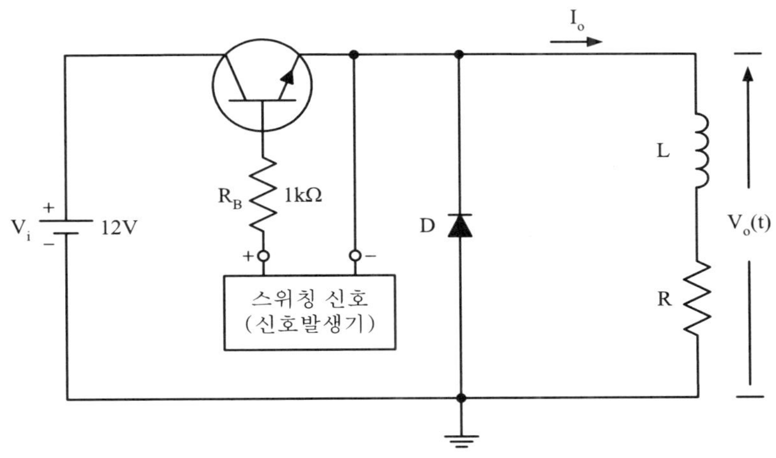

그림 13-8 강압 초퍼회로 실험회로

② 트랜지스터의 베이스 입력신호로 사용하는 신호발생기의 구형파 출력이 100 Hz, 6 V_{p-p}(0 V에서 +6 V의 피크-피크값)이고, 시비율(duty ratio)이 0.5가 되도록 정확히 조정하고, 아래의 실험파형을 측정하여 표 13-2(a)에 기록하여라. 모든 실험파형을 그릴 때 중요한 전압 데이터와 시간 데이터를 반드시 실험파형에 기록하여라.

오실로스코프는 듀얼모드를 이용하여 CH1은 입력전압 V_i, CH2는 출력전압 V_o를 동시에 측정하여라. 오실로스코프 CH1과 CH2의 입력모드는 모두 DC를 선택하고, CH1과 CH2의 접지전압 위치는 모두 오실로스코프 화면의 가운데가 되도록 조정하여라.

③ 실험단계 ②의 실험조건에서 아래의 실험파형을 측정하여 표 13-2(b)에 기록하여라.

오실로스코프는 듀얼모드를 이용하여 CH1은 출력전압 V_o, CH2는 저항 양단의 전압 V_R을 동시에 측정하여라.

측정파형 V_o는 출력전압 파형을 측정하기 위한 것이고, 측정파형 V_R은 출력전류 I_o의 파형을 측정하기 위한 것이다. $I_o = I_R = V_R/R$이므로 I_R과 V_R은 크기만 다를 뿐 파형은 동일한 모양이다.

④ 트랜지스터의 베이스 입력신호로 사용하는 신호발생기의 구형파 출력이

100 Hz, 6 $V_{p\text{-}p}$이고, 시비율(duty ratio)이 0.4가 되도록 조정하고 아래의 실험파형을 측정하여 표 13-3에 기록하여라.
오실로스코프는 듀얼모드를 이용하여 CH1은 출력전압 V_o, CH2는 저항 양단의 전압 V_R을 동시에 측정하여라.

⑤ 트랜지스터의 베이스 입력신호로 사용하는 신호발생기의 구형파 출력이 100 Hz, 6 $V_{p\text{-}p}$이고, 시비율(duty ratio)이 0.6가 되도록 조정하고 아래의 실험파형을 측정하여 표 13-4에 기록하여라.
오실로스코프는 듀얼모드를 이용하여 CH1은 출력전압 V_o, CH2는 저항 양단의 전압 V_R을 동시에 측정하여라.

⑥ 트랜지스터의 베이스 입력신호로 사용하는 신호발생기의 구형파 출력이 1 kHz, 6 $V_{p\text{-}p}$이고, 시비율(duty ratio)이 0.5가 되도록 조정하고 아래의 실험파형을 측정하여 표 13-5에 기록하여라.
오실로스코프는 듀얼모드를 이용하여 CH1은 출력전압 V_o, CH2는 저항 양단의 전압 V_R을 동시에 측정하여라.

⑦ 트랜지스터의 베이스 입력신호로 사용하는 신호발생기의 구형파 출력이 10 kHz, 6 $V_{p\text{-}p}$이고, 시비율(duty ratio)이 0.5가 되도록 조정하고 아래의 실험파형을 측정하여 표 13-6에 기록하여라.
오실로스코프는 듀얼모드를 이용하여 CH1은 출력전압 V_o, CH2는 저항 양단의 전압 V_R을 동시에 측정하여라.

⑧ 트랜지스터의 베이스 입력신호로 사용하는 신호발생기의 구형파 출력이 100 kHz, 6 $V_{p\text{-}p}$이고, 시비율(duty ratio)이 0.5가 되도록 조정하고 아래의 실험파형을 측정하여 표 13-7에 기록하여라.
오실로스코프는 듀얼모드를 이용하여 CH1은 출력전압 V_o, CH2는 저항 양단의 전압 V_R을 동시에 측정하여라.

⑨ 트랜지스터의 베이스 입력신호로 사용하는 신호발생기의 구형파 출력이 1 MHz, 6 $V_{p\text{-}p}$이고, 시비율(duty ratio)이 0.5가 되도록 조정하고 아래의 실험파형을 측정하여 표 13-8에 기록하여라.
오실로스코프는 듀얼모드를 이용하여 CH1은 출력전압 V_o, CH2는 저항 양단의 전압 V_R을 동시에 측정하여라.

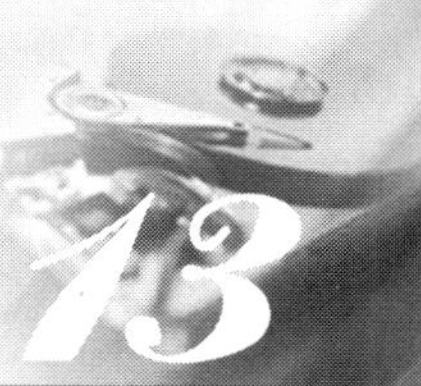

13.5 실험결과

실험 1. 강압 초퍼회로 실험

표 13-2 강압 초퍼회로 실험파형 (실험단계 ②,③)

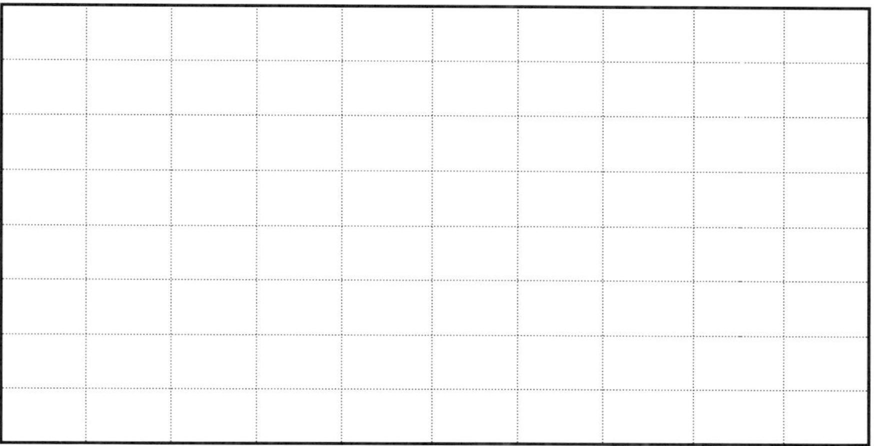

● 전압 스케일 : 5V/div ● 시간 스케일 : 2ms/div

(a) 실험단계 ②의 전압파형 (f=100Hz, $6V_{p-p}$, D=0.5)

● 전압 스케일 : 5V/div ● 시간 스케일 : 2ms/div

(b) 실험단계 ③의 전압파형 (f=100Hz, $6V_{p-p}$, D=0.5)

표 13-3 강압 초퍼회로 실험파형 (실험단계 ④)

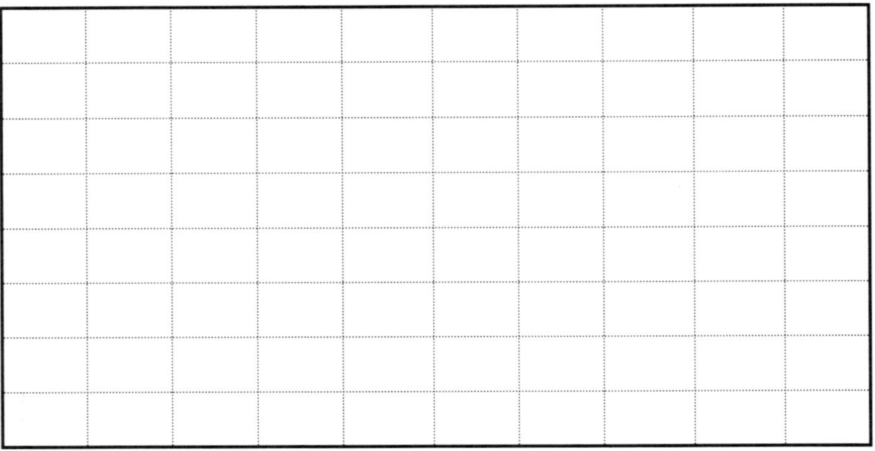

● 전압 스케일 : 5V/div ● 시간 스케일 : 2ms/div

[실험단계 ④의 전압파형 (f=100Hz, $6V_{p-p}$, D=0.4)]

표 13-4 강압 초퍼회로 실험파형 (실험단계 ⑤)

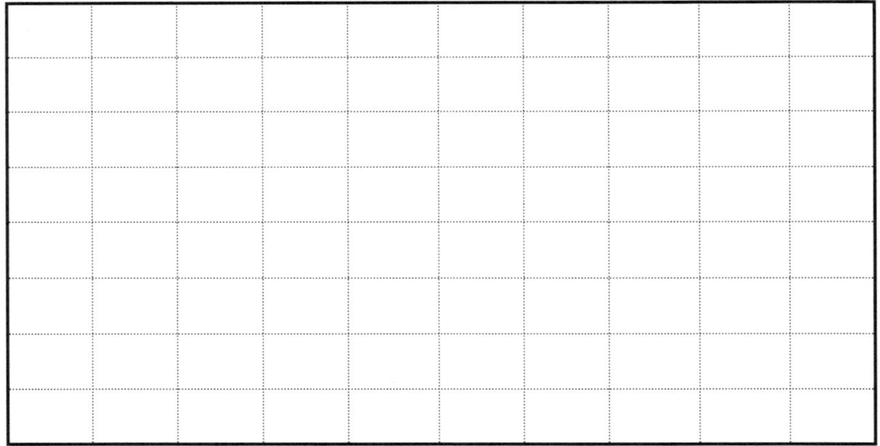

● 전압 스케일 : 5V/div ● 시간 스케일 : 2ms/div

[실험단계 ⑤의 전압파형 (f=100Hz, $6V_{p-p}$, D=0.6)]

표 13-5 강압 초퍼회로 실험파형 (실험단계 ⑥)

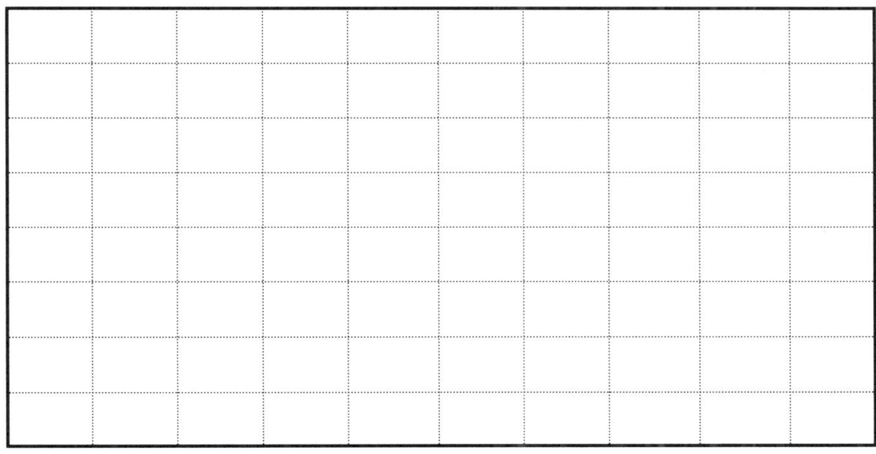

● 전압 스케일 : 5V/div ● 시간 스케일 : 0.2ms/div

[실험단계 ⑥의 전압파형 (f=1kHz, 6V_{p-p}, D=0.5)]

표 13-6 강압 초퍼회로 실험파형 (실험단계 ⑦)

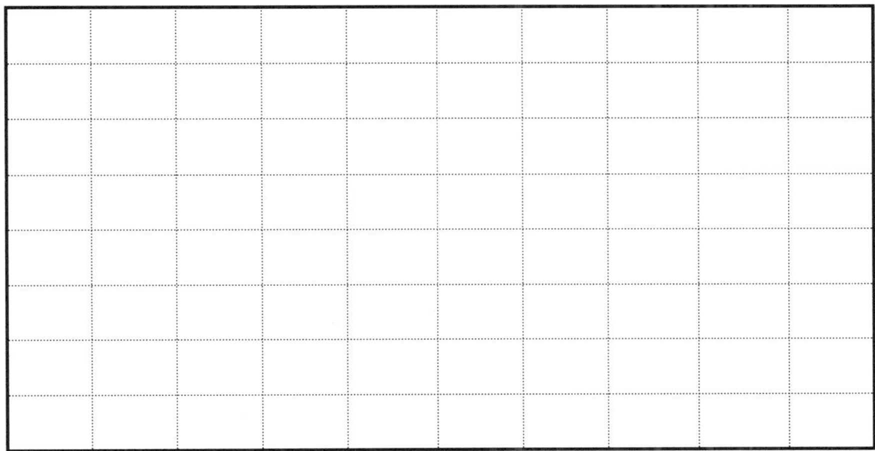

● 전압 스케일 : 5V/div ● 시간 스케일 : 20μs/div

[실험단계 ⑦의 전압파형 (f=10kHz, 6V_{p-p}, D=0.5)]

표 13-7 강압 초퍼회로 실험파형 (실험단계 ⑧)

● 전압 스케일 : 5V/div ● 시간 스케일 : 2μs/div

[실험단계 ⑧의 전압파형 (f=100kHz, 6V_{p-p}, D=0.5)]

표 13-8 강압 초퍼회로 실험파형 (실험단계 ⑨)

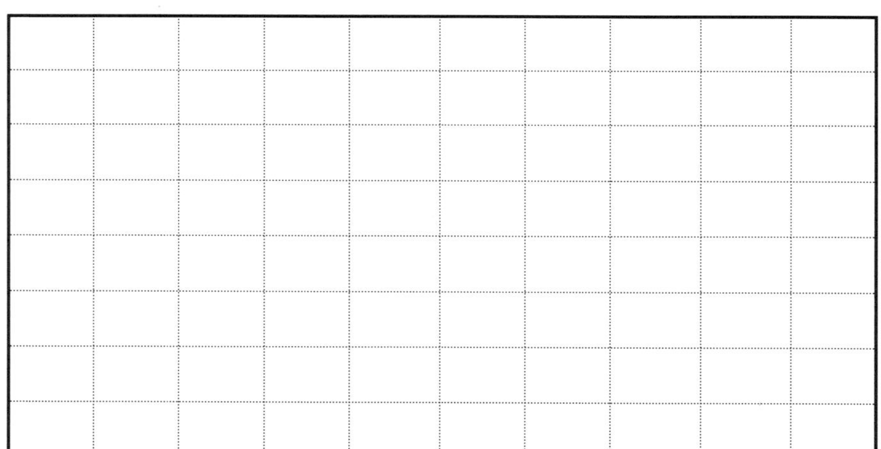

● 전압 스케일 : 5V/div ● 시간 스케일 : 0.2μs/div

[실험단계 ⑨의 전압파형 (f=1MHz, 6V_{p-p}, D=0.5)]

13.6 검토사항

1 초퍼회로의 시비율(duty ratio)에 대하여 설명하여라.

2 직류전압은 평균값(average value)으로 정의된다. 강압 초퍼회로의 직류출력전압인 식 (13.3)을 직류전압의 평균값 정의식을 이용하여 유도하여라.

3 그림 13-9는 강압 초퍼회로의 출력전압 파형이다. 시비율 D와 직류출력전압 V_o를 구하여라.

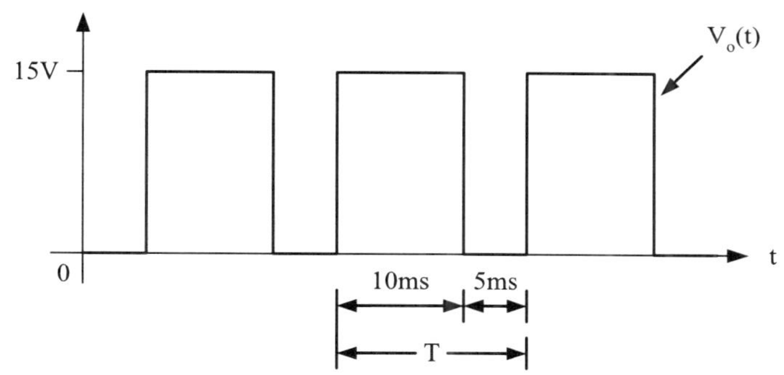

그림 13-9 강압 초퍼회로의 출력전압 파형

4 표 13-2에서 표 13-8까지의 실험결과에서 출력전압 V_o의 파형이 신호발생기를 이용하여 트랜지스터에 인가한 PWM 제어신호와 모양이 일치하는지 각각 비교하여라. 만약 일치하지 않는 실험결과가 있다면 그 이유를 설명하여라.

5 표 13-2(b), 표 13-5, 표 13-6, 표 13-7의 실험결과에서 시비율(D)은 일정하고 주파수만 증가하는 경우 출력전류 I_o가 어떻게 변하는지 설명하여라.

6 실험시의 특이사항 및 실험에 대한 종합결론을 정리하여라.

NOTE

실험

14. 승압 초퍼회로 실험

14.1 실험목적

▣ DC-DC 컨버터인 승압 초퍼회로의 동작특성을 이해한다.

▣ 초퍼회로의 출력전압에 포함된 교류성분의 고조파 분석을 하기 위한 푸리에 급수를 이해한다.

14.2 실험이론

14.2.1 승압 초퍼회로

DC-DC 컨버터는 DC 입력전압을 다른 전압의 DC 출력전압으로 변환하는 회로이다. DC 입력전압을 조정하는 회로이므로 전압을 낮추거나 높이는 2가지의 변환회로가 가능하다. 실험 13에서 실험한 강압 초퍼회로(step-down chopper)는 DC 출력전압이 DC 입력전압에 비해 전압이 낮아지는 강압용 DC-DC 컨버터이다. 그리고 실험 14에서 실험하고자 하는 승압 초퍼회로(step-up chopper)는 DC 출력전압이 DC 입력전압에 비해 전압이 높아지는 승압용 DC-DC 컨버터이다. 승압 초퍼회로는 DC 출력전압이 DC 입력전압보다 높이질 수 있도록 초퍼회로를 구성하는 것이 매우 중요하다. 그림 14-1은 스위치를 이용한 승압 초퍼회로이다. 승압 초퍼회로는 스위칭에 의해 발생하는 인덕터의 역기전력을 이용하여 DC 출력전압을 승압한다.

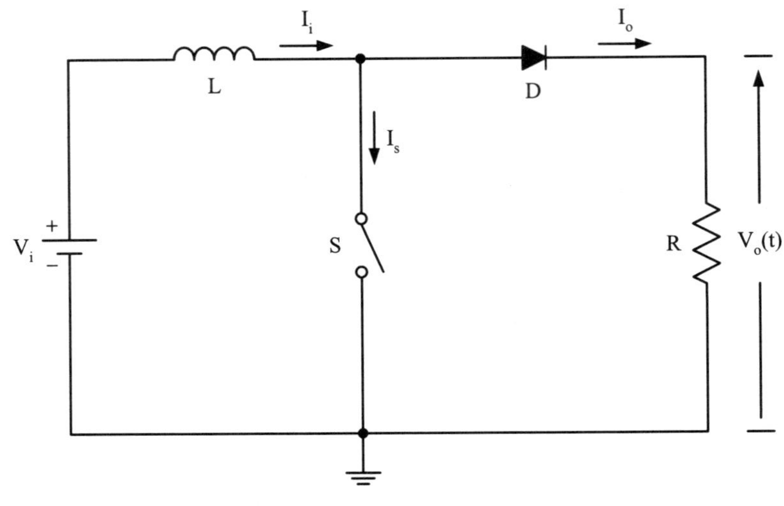

그림 14-1 승압 초퍼회로

스위칭 ON/OFF에 따른 그림 14-1 승압 초퍼회로의 동작특성을 살펴보자. 스위치 S를 닫으면 승압 초퍼회로는 그림 14-2와 같이 구성된다. 스위치가 닫힌 상태에서는 전류가 스위치 S쪽으로만 흐르게 되므로 출력전압이나 출력전류는 모두 0이 된다.

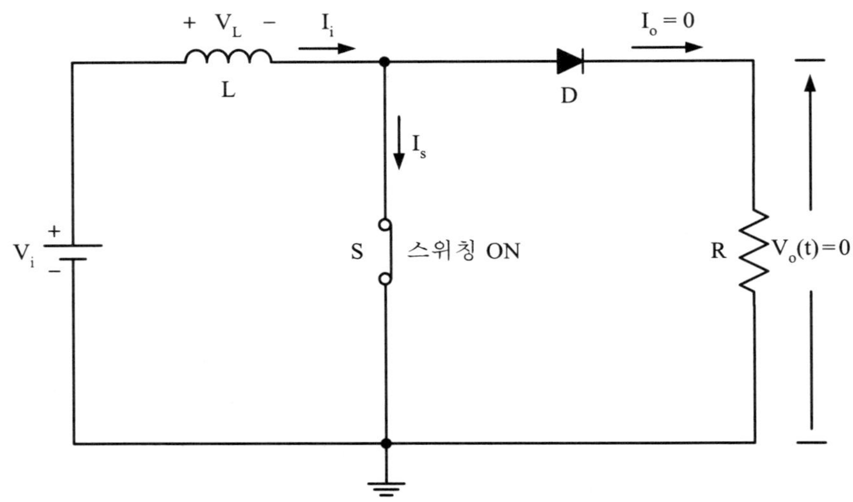

그림 14-2 스위치를 ON한 경우의 승압 초퍼회로의 동작

인덕터 양단의 전압 $V_L(t)$와 회로에 흐르는 전류 $I_i(t)$를 구하기 위해 그림 14-2에서 전압방정식을 세우면 식 (14.1)과 같다. 그림 14-2에서 인덕터 양단의 전압 $V_L(t)$는 직류입력전압 V_i와 동일하다. 그리고 식 (14.1)을 풀어 전류 $I_i(t)$를 구하면 식 (14.2)와 같이 시간에 대해 1차함수가 된다. 즉 스위칭 ON시 회로에 흐르는 전류는 시간 t의 증가에 따라 직선적으로 증가하는 특성을 갖는다. 또한 입력전류 $I_i(t)$는 스위치 S에 흐르는 전류 I_s와 동일하다.

$$V_L(t) = L\frac{dI_i(t)}{dt} = V_i \quad (V_i : 상수) \tag{14.1}$$

$$I_i(t) = I_s(t) = \frac{V_i}{L}t + a \quad \propto \quad t \tag{14.2}$$

$$V_o(t) = 0, \quad I_o(t) = 0 \tag{14.3}$$

이제 스위치 S가 ON 상태에서 OFF 상태로 전환된 경우의 동작특성을 살펴보기로 한다. 스위치를 OFF 상태로 전환하면 전류 $I_s(t)$는 0이 되고, 인덕터 양단에는 그림 14-3과 같이 역기전력이 발생하고, 부하저항 R을 통해 방전전류가 흐르게 된다.

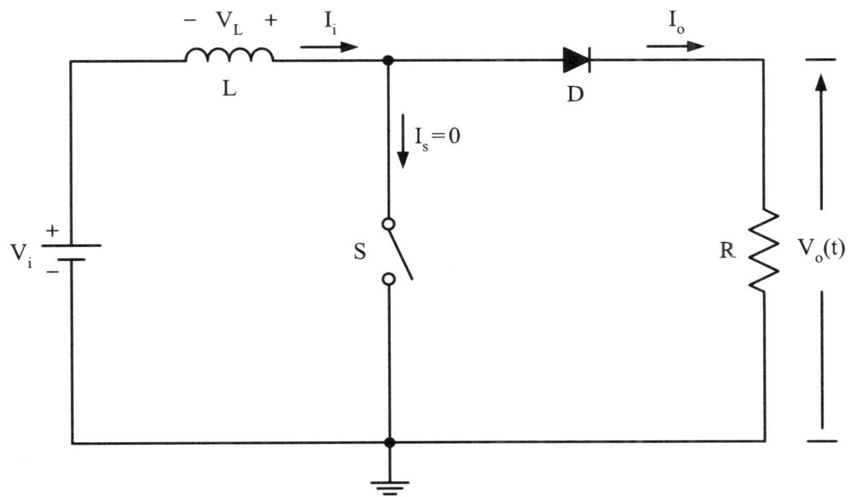

그림 14-3 스위치를 OFF한 경우의 승압 초퍼회로의 동작

그림 14-3과 같이 인덕터 양단의 역기전력 $V_L(t)$는 입력전압 V_i와 극성이 동일하다. 출력전압 $V_o(t)$가 입력전압과 인덕터 전압의 합으로 주어지므로 출력전압이 입력전압보다 높아지게 된다. 즉 스위칭 OFF시 인덕터 양단의 역기전력에 의해 출력전압이 입력전압보다 높아지는 승압이 가능하게 되는 것이다.

$$V_o(t) = V_i + V_L(t) = V_i + L\frac{dI_i(t)}{dt} \quad > \quad V_i \tag{14.4}$$

승압 초퍼회로의 승압된 출력전압 파형과 회로에 흐르는 전류파형을 우선 살펴보면 그림 14-4와 같다. 전압은 출력전압 파형이고, 전류는 스위치 전류 $I_s(t)$와 출력전류 $I_o(t)$의 합으로 주어지는 입력전류 $I_i(t)$의 파형을 나타낸 것이다.

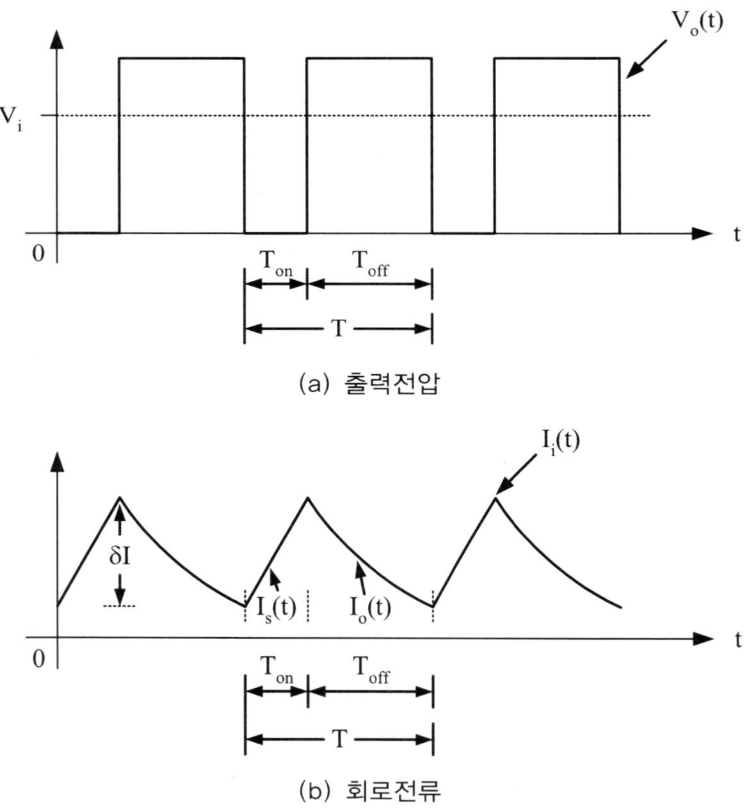

그림 14-4 승압 초퍼회로의 전압 및 전류 파형

스위칭 ON시 인덕터 양단의 전압을 그림 14-4의 파형을 참조하여 다시 정리하면 식 (14.5)와 같다. 그림 14-4의 파형에서 스위치를 ON한 구간의 전류의 기울기는 $\delta I/T_{on}$로 나타낼 수 있다. 이 기울기를 대입하여 정리한 것이 식 (14.5)이다. 그리고 식 (14.5)를 그림 14-4의 전류 변화분 δI를 기준으로 정리한 식이 식 (14.6)이다. 전류 변화분 δI를 구한 이유는 스위칭 OFF시 인덕터 전압과 출력전압을 구하는데 사용하기 위해서이다.

$$\begin{aligned} V_i &= V_L(t) \\ &= L\frac{dI_i(t)}{dt} \\ &= L\frac{\Delta I_i}{\Delta t} \\ &= L\frac{\delta I}{T_{on}} \end{aligned} \tag{14.5}$$

$$\delta I = \frac{V_i}{L}T_{on} \tag{14.6}$$

이제 그림 14-3의 회로에서 스위치를 OFF한 경우의 전압방정식을 세우면 식 (14.7)과 같다. 그리고 식 (14.7)에 식 (14.6)의 δI를 대입하여 정리하면 식 (14.8)과 같다. 식 (14.8)은 승압 초퍼회로의 출력전압을 나타낸 식이다. 승압 초퍼회로의 출력전압을 입력전압과 시비율을 이용하여 최종적으로 정리한 식이다.

$$\begin{aligned} V_o(t) &= V_i + V_L(t) \\ &= V_i + L\frac{dI_i(t)}{dt} \\ &= V_i + L\frac{\Delta I_i}{\Delta t} \\ &= V_i + L\frac{\delta I}{T_{off}} \end{aligned} \tag{14.7}$$

$$
\begin{aligned}
V_o(t) &= V_i + L\frac{\delta I}{T_{off}} \\
&= V_i + L\left(\frac{V_i}{L}T_{on}\right)\frac{1}{T_{off}} \\
&= V_i\left(1+\frac{T_{on}}{T_{off}}\right) \\
&= V_i\left(\frac{T_{off}+T_{on}}{T_{off}}\right) \\
&= V_i\left(\frac{T}{T_{off}}\right) \\
&= V_i\left(\frac{T}{T-T_{on}}\right) \\
&= V_i\frac{1}{\left(\frac{T-T_{on}}{T}\right)} \\
&= V_i\left(\frac{1}{1-\frac{T_{on}}{T}}\right) \\
&= \frac{V_i}{1-D} \qquad (D\ :\ \text{시비율})
\end{aligned}
\tag{14.8}
$$

$$
D = \frac{T_{on}}{T} \tag{14.9}
$$

식 (14.8)을 이용해서 시비율 변화에 따라 출력전압이 어떻게 승압되는지 살펴보자. 시비율이 D=0.25, D=0.5, D=0.75인 3가지 경우에 대해 승압 초퍼회로의 출력전압을 구하면 각각 식 (14.10), 식 (14.11), 식 (14.12)와 같다.

$$
D = 0.25\text{인 경우} \quad V_o = \left.\frac{V_i}{1-D}\right|_{D=0.25} = \frac{4}{3}V_i \tag{14.10}
$$

$$D = 0.5\text{인 경우} \quad V_o = \left.\frac{V_i}{1-D}\right|_{D=0.5} = 2V_i \tag{14.11}$$

$$D = 0.75\text{인 경우} \quad V_o = \left.\frac{V_i}{1-D}\right|_{D=0.75} = 4V_i \tag{14.12}$$

시비율이 D=0.5인 경우는 출력전압이 입력전압의 2배가 되고, 시비율이 D=0.75인 경우는 출력전압이 입력전압의 4배가 된다. 식 (14.8)에서 알 수 있는 바와 같이 시비율이 증가하여 1에 가까워질수록 출력전압이 커진다.

승압 초퍼회로의 실제 구성을 살펴보자. 승압 초퍼회로를 실제로 구성하기 위해서는 강압 초퍼회로의 경우와 마찬가지로 가장 중요하게 고려해야 할 부분은 역시 스위칭 회로이다. 스위칭 소자로는 가장 일반적인 트랜지스터를 이용할 수 있고, 스위칭을 위한 PWM 제어신호는 실험을 위해서는 신호발생기를 이용할 수 있다. 그러나 실제 승압 초퍼회로 구성에서는 신호발생기를 이용할 수는 없다. 실제 실험회로 구성에서는 실험 12의 555 타이머회로 등을 응용할 수 있다. 그리고 출력전압의 제어를 위해서 555 타이머회로는 당연히 시비율을 조정할 수 있어야 한다. 그림 14-5는 트랜지스터를 이용한 승압 초퍼회로이다.

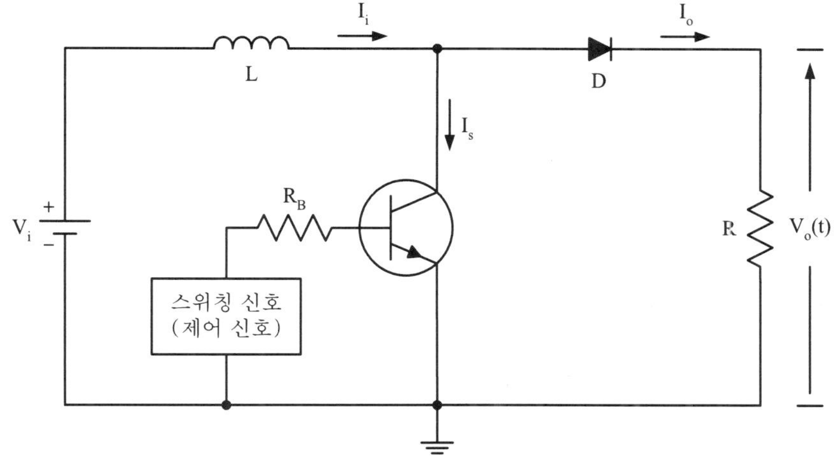

그림 14-5 트랜지스터를 이용한 승압 초퍼회로

14.3 실험부품

부품 및 장비		규격 및 수량	
부 품	트랜지스터	npn C3202	1개
	다이오드	1N4004	1개
	인덕터	약 300mH	1개
	커패시터	0.1μF (304)	1개
		10μF (104)	1개
	저항	1kΩ	1개
		2.2kΩ	1개
		10kΩ	1개
장 비		직류전원 공급장치(DC power supply)	
		신호발생기(signal generator)	
		오실로스코프(oscilloscope)	
		디지털 멀티미터(DMM)	
		브레드 보드(bread board)	

14.4 실험방법

실험 1. 승압 초퍼회로 실험

① 그림 14-6의 실험회로를 구성하여라.

그림 14-6의 실험회로에서 트랜지스터는 npn 트랜지스터(C3202)를 사용하고, 베이스 저항은 R_B=1kΩ 저항을 사용하여라. 또한 부하저항 R은 R=2.2kΩ 저항을 사용하고, 인덕터 L은 지급받은 인덕터를 사용하여 실험회로와 같이 구성하여라.

직류입력전압은 직류전원 공급장치를 이용하여 +5 V가 되도록 정확히

조정하고, 트랜지스터의 스위칭 신호는 그림 14-6의 실험회로와 같이 신호발생기를 이용하여 인가하여라.

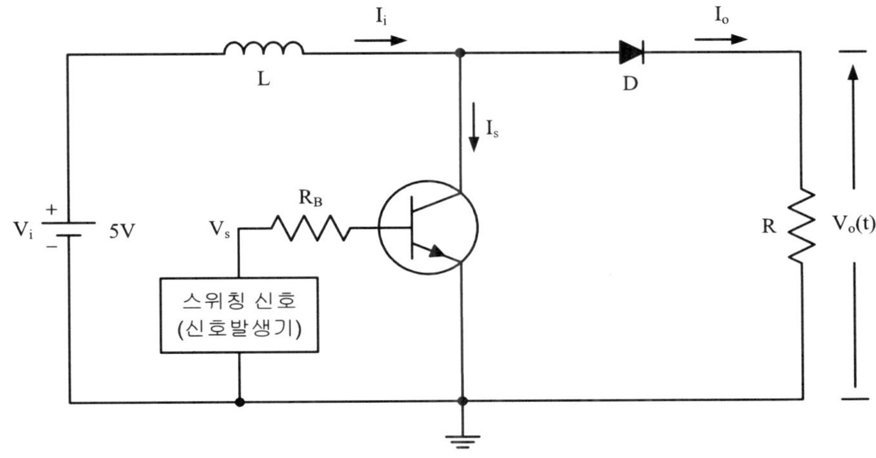

그림 14-6 승압 초퍼회로 실험회로

② 트랜지스터의 베이스 입력신호로 사용하는 신호발생기의 구형파 출력이 10 kHz, 6 V_{p-p}(−3 V에서 +3 V의 피크-피크값)이고, 시비율(duty ratio)이 0.4가 되도록 정확히 조정하고, 아래의 실험파형을 측정하여 표 14-1(a)에 기록하여라. 실험파형을 그릴 때 중요한 전압 데이터와 시간 데이터를 반드시 실험파형에 기록하여라.
오실로스코프는 듀얼모드를 이용하여 CH1은 신호발생기를 이용한 스위칭 신호 V_s, CH2는 출력전압 V_o를 동시에 측정하여라. 이때 오실로스코프 CH1과 CH2의 입력모드는 DC를 선택하여라. 또한 V_s 전압과 V_o 전압의 정확한 비교를 위해 CH1과 CH2의 접지전압 위치가 모두 오실로스코프 화면의 가운데가 되도록 CH1과 CH2 각각의 수직 위치조정기를 조정하고, 전압스케일 역시 동일하게 설정하여라.

③ 부하저항 R을 R=10kΩ 저항으로 교체한 후 실험단계 ②를 반복하고, 실험파형을 측정하여 표 14-1(b)에 기록하여라.

④ 실험단계 ③의 부하저항 R=10kΩ 저항에 병렬로 커패시터 C=0.1μF을 추가하여 연결한 후 실험단계 ②를 반복하고, 실험파형을 측정하여 표

14-2(a)에 기록하여라.

⑤ 실험단계 ④의 부하저항 R=10kΩ 저항은 그대로 두고, 커패시터는 C=10 μF으로 교체한 후 실험단계 ②를 반복하고, 실험파형을 측정하여 표 14-2(b)에 기록하여라.

⑥ 실험단계 ⑤의 부하저항 R을 R=2.2kΩ 저항으로 다시 교체하고, 커패시터 C는 회로에서 제거하여라.

⑦ 트랜지스터의 베이스 입력신호로 사용하는 신호발생기의 구형파 출력이 10 kHz, 6 $V_{p\text{-}p}$(−3 V에서 +3 V의 피크-피크값)이고, 시비율(duty ratio)이 0.6이 되도록 정확히 조정하여라. 그리고 오실로스코프는 듀얼모드를 이용하여 CH1은 신호발생기를 이용한 스위칭 신호 V_s, CH2는 출력전압 V_o를 동시에 측정하여 실험파형을 측정하여 표 14-3(a)에 기록하여라.

⑧ 부하저항 R을 R=10kΩ 저항으로 교체한 후 실험단계 ⑦을 반복하고, 실험파형을 측정하여 표 14-3(b)에 기록하여라.

⑨ 실험단계 ⑧의 부하저항 R=10kΩ 저항에 병렬로 커패시터 C=0.1μF을 추가하여 연결한 후 실험단계 ⑦을 반복하고, 실험파형을 측정하여 표 14-4(a)에 기록하여라.

⑩ 실험단계 ⑨의 부하저항 R=10kΩ 저항은 그대로 두고, 커패시터는 C=10 μF으로 교체한 후 실험단계 ⑦을 반복하고, 실험파형을 측정하여 표 14-4(b)에 기록하여라.

14.5 실험결과

실험 1. 승압 초퍼회로 실험

표 14-1 승압 초퍼회로 실험파형 (실험단계 ②,③)

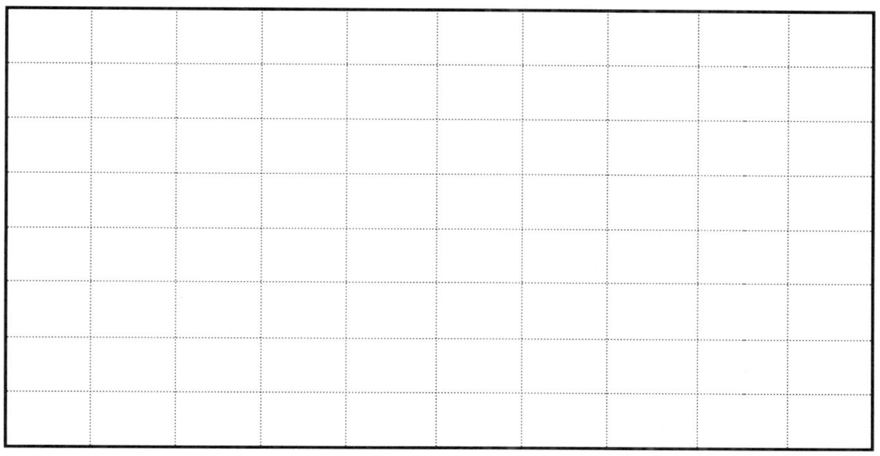

● 전압 스케일 : 5V/div ● 시간 스케일 : 20μs/div

(a) 실험단계 ②의 전압파형 (f=10kHz, $6V_{p-p}$, D=0.4) [R=2.2kΩ]

● 전압 스케일 : 5V/div ● 시간 스케일 : 20μs/div

(b) 실험단계 ③의 전압파형 (f=10kHz, $6V_{p-p}$, D=0.4) [R=10kΩ]

표 14-2 승압 초퍼회로 실험파형 (실험단계 ④,⑤)

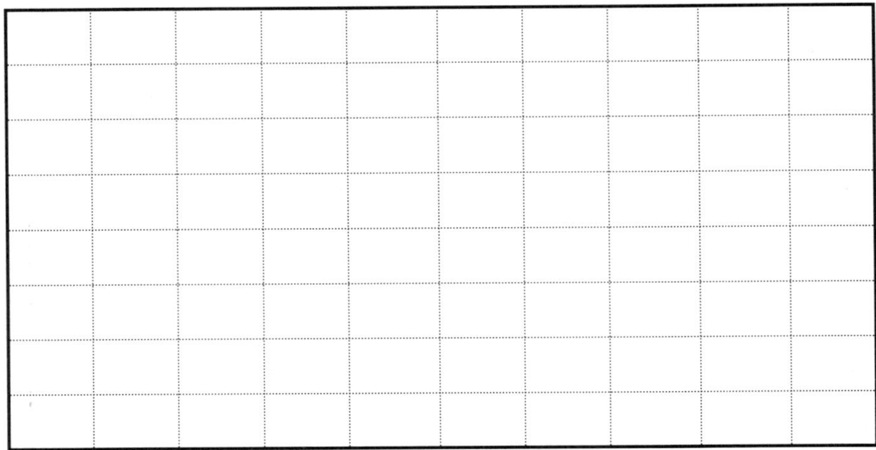

● 전압 스케일 : 5V/div ● 시간 스케일 : 20μs/div

(a) 실험단계 ④의 전압파형 (f=10kHz, 6V_{p-p}, D=0.4) [10kΩ//0.1μF]

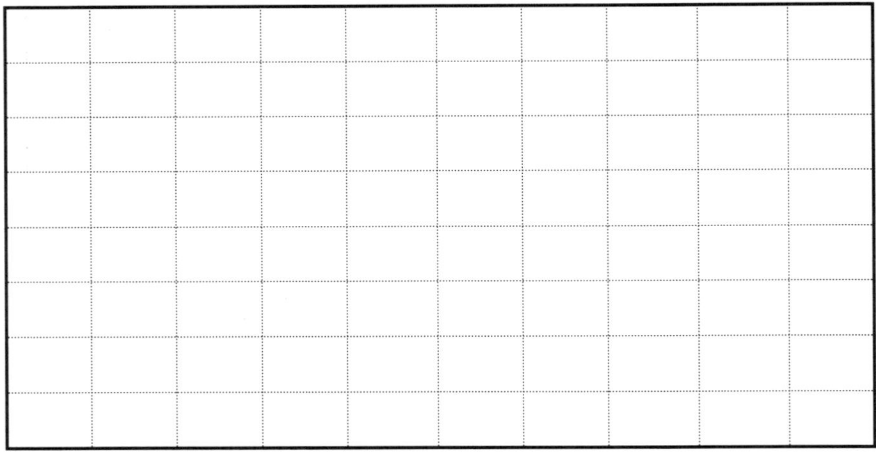

● 전압 스케일 : 5V/div ● 시간 스케일 : 20μs/div

(b) 실험단계 ⑤의 전압파형 (f=10kHz, 6V_{p-p}, D=0.4) [10kΩ//10μF]

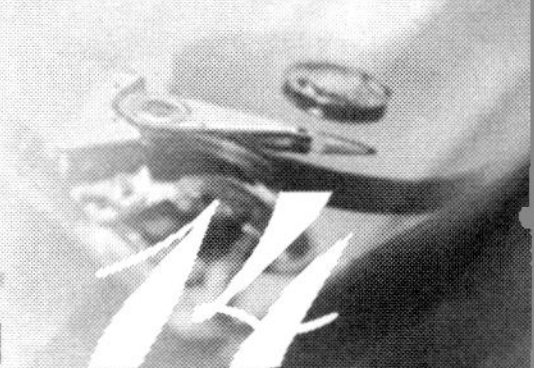

표 14-3 승압 초퍼회로 실험파형 (실험단계 ⑦,⑧)

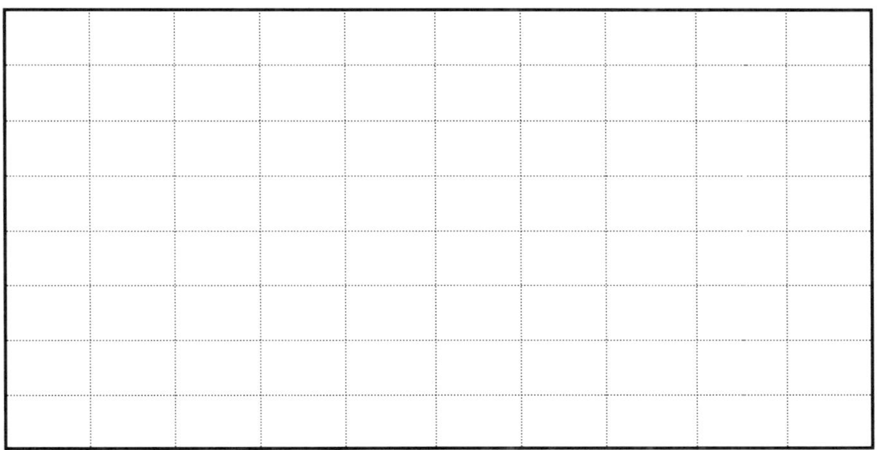

● 전압 스케일 : 5V/div ● 시간 스케일 : 20μs/div

(a) 실험단계 ⑦의 전압파형 (f=10kHz, 6V_{p-p}, D=0.6) [R=2.2kΩ]

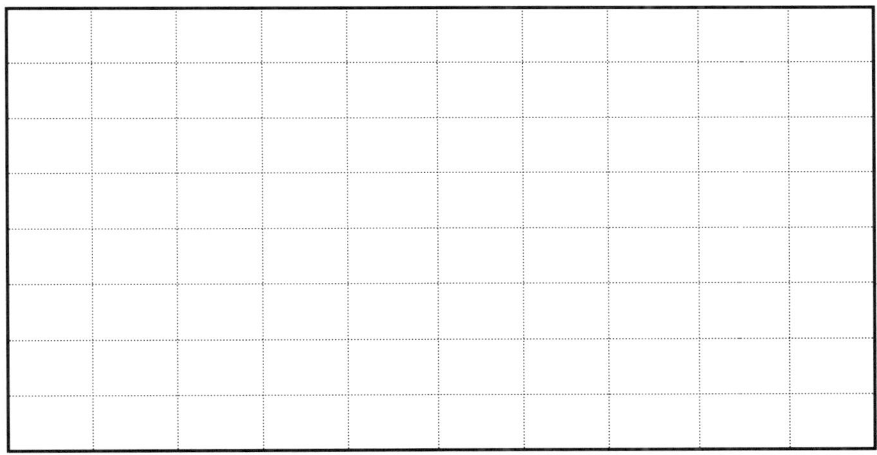

● 전압 스케일 : 5V/div ● 시간 스케일 : 20μs/div

(b) 실험단계 ⑧의 전압파형 (f=10kHz, 6V_{p-p}, D=0.6)[R=10kΩ]

표 14-4 승압 초퍼회로 실험파형 (실험단계 ⑨,⑩)

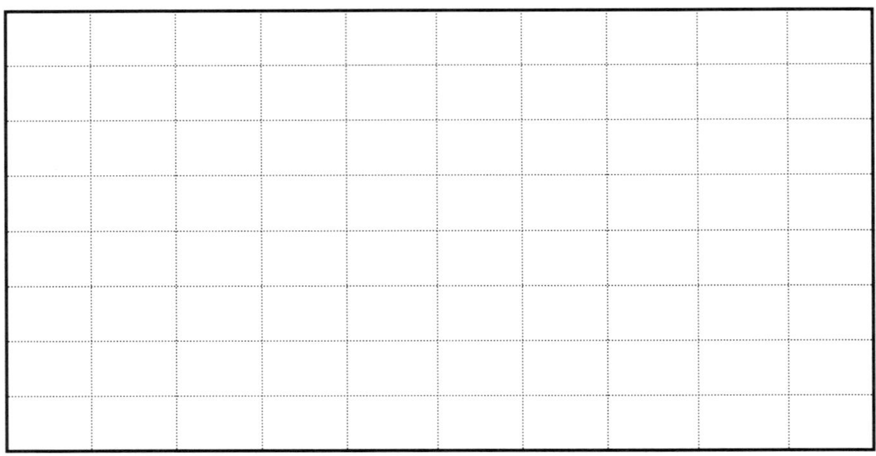

● 전압 스케일 : 5V/div　　● 시간 스케일 : 20μs/div

(a) 실험단계 ⑨의 전압파형 (f=10kHz, 6V_{p-p}, D=0.6) [10kΩ//0.1μF]

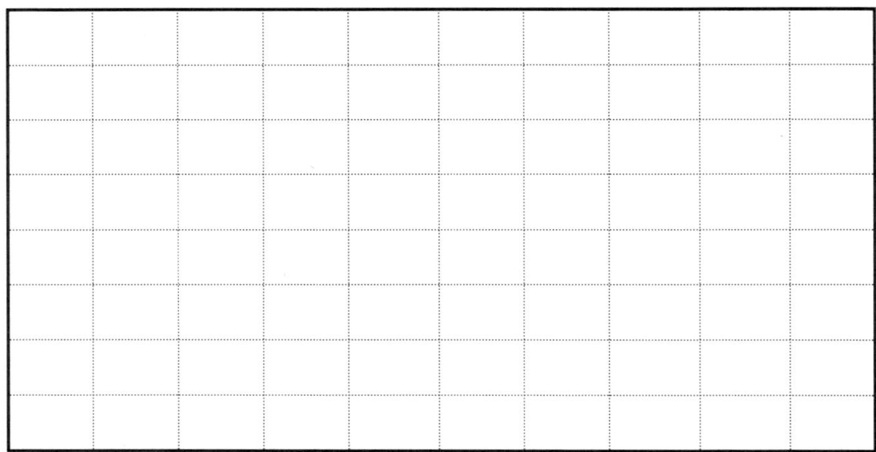

● 전압 스케일 : 5V/div　　● 시간 스케일 : 20μs/div

(b) 실험단계 ⑩의 전압파형 (f=10kHz, 6V_{p-p}, D=0.6) [10kΩ//10μF]

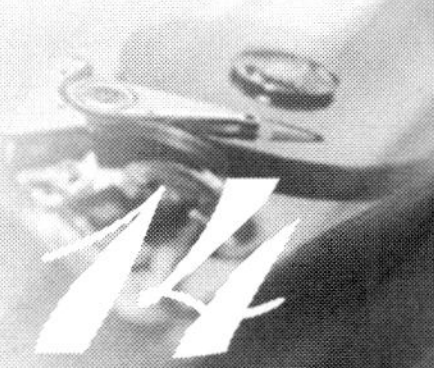

14.6 검토사항

1 승압 초퍼회로에서 출력전압이 입력전압보다 높아질 수 있는 이유를 간단히 설명하여라.

2 승압 초퍼회로에서 출력전압이 아래의 식과 같이 되는 것을 유도하여라. 단 D는 시비율(duty ratio)이고, V_i는 입력전압이다.

$$V_o = \frac{V_i}{1-D}$$

3 그림 14-7은 승압 초퍼회로의 출력전압 파형이다. 시비율 D를 구하여라. 또한 직류입력전압 V_i를 구하여라.

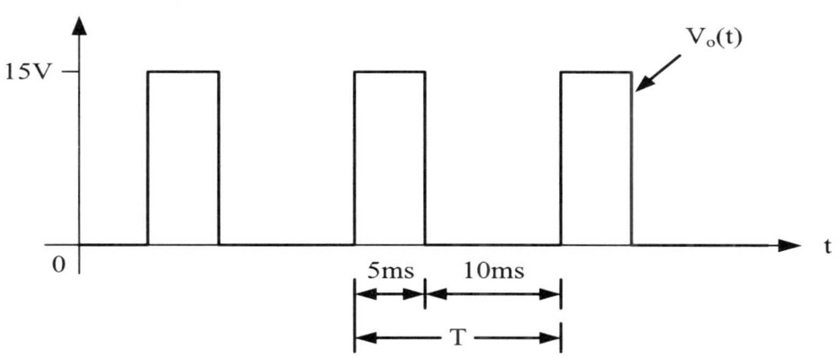

그림 14-7 승압 초퍼회로의 출력전압 파형

4 표 14-1과 표 14-2의 실험결과에서 출력전압 V_o 파형이 어떻게 변하는지 설명하여라.

5 표 14-3과 표 14-4의 실험결과에서 출력전압 V_o 파형이 어떻게 변하는지 설명하여라.

6 시비율 변화에 따른 승압 초퍼회로 출력전압의 변화를 표 14-1에서 표 14-4까지의 실험결과를 이용하여 설명하여라.

7 실험시의 특이사항 및 실험에 대한 종합결론을 정리하여라.

NOTE

실험

15. FET 특성 실험

15.1 실험목적

- ▣ 바이폴라 트랜지스터(BJT)와 전계효과 트랜지스터(FET)의 차이점을 이해한다.
- ▣ 전계효과 트랜지스터(FET)의 종류와 동작특성을 이해한다.

15.2 실험이론

15.2.1 전계효과 트랜지스터(FET)

트랜지스터는 크게 바이폴라(bipolar) 트랜지스터와 유니폴라(unipolar) 트랜지스터의 2가지 종류로 나눌 수 있다. 바이폴라 트랜지스터는 트랜지스터의 동작이 전자와 정공의 두 가지 형태의 전하에 의해 영향을 받는 트랜지스터를 의미하며, 우리가 일반적으로 사용하는 트랜지스터가 바로 대표적인 바이폴라 트랜지스터이다.

이에 비해 유니폴라 트랜지스터는 트랜지스터의 동작이 전자 또는 정공 중 한 가지 형태의 전하에 의해 영향을 받는 트랜지스터를 의미하며, 전계효과 트랜지스터(FET)가 유니폴라 트랜지스터의 대표적인 종류이다. 바이폴라 트랜지스터와 유니폴라 트랜지스터의 차이점을 이해하는 것은 FET를 전자회로에서 응용하기 위해서도 매우 중요하다.

전계효과 트랜지스터인 FET는 크게 나누어 JFET(junction field effect transistor)와 MOSFET(metal-oxide-semiconductor field effect transistor)의 2가지 종류가 있다. JFET는 접합형(junction) FET이고, MOSFET는 금속산화물반도체형 FET이다. 금속산화물반도체형 FET인 MOSFET는 공핍형(depletion) MOSFET과 증가형(enhancement) MOSFET의 2가지 종류가 있다. 따라서 전계효과 트랜지스터인 FET의 가장 대표적인 종류는 JFET, 공핍형 MOSFET, 증가형 MOSFET의 3가지가 있다. 이들 중요 FET의 원리와 특성 등에 대하여 살펴보기로 한다.

15.2.2 접합형 전계효과 트랜지스터(JFET)

접합형 전계효과 트랜지스터(junction field effect transistor, JFET)의 구조와 회로기호는 그림 15-1과 같다. JFET는 게이트(gate), 소스(source), 드레인(drain)의 3단자 소자이다. 트랜지스터와 마찬가지로 3단자 소자인 FET의 게이트 단자는 바이폴라 트랜지스터의 베이스 단자, FET의 소스 단자는 바이폴라 트랜지스터의 이미터 단자, FET의 드레인 단자는 바이폴라 트랜지스터의 컬렉터 단자에 각각 대응하는 단자들이다.

일반적으로 FET는 n채널과 p채널의 2가지 종류의 채널 형태를 가지고 있다. 그림 15-1(a)는 n채널 JFET이고, 그림 15-1(b)는 p채널 JFET이다. n채널 JFET와 p채널 JFET는 각각 바이폴라 트랜지스터의 npn형과 pnp형에 대응되는 것으로 이해할 수 있다. 2가지가 유사한 특성을 가지므로 편의상 n채널 JFET를 중심으로 설명하기로 한다. n채널 JFET는 그림 15-1(a)와 같이 n형 반도체 막대에 내부적으로 서로 연결된 2개의 p형 영역인 게이트를 확산시킨 구조를 가지고 있다.

n채널 JFET의 바이어스 전압은 일반적으로 그림 15-2(a)와 같이 인가한다. 게이트와 소스 사이에는 그림 15-2(a)와 같이 항상 역방향 바이어스 전압을 인가해야 한다. 그림 15-1(a)의 n채널 JFET의 구조에서 p형 반도체인 게이트에 음(−)의 전압, n형 반도체인 소스에 양(+)의 전압을 연결하면, 즉 역방향 바이어스를 인가하면 p형 반도체인 2개의 게이트 단자 주변에는 공핍층(depletion layer)이 형성되어 n채널이 좁아지게 되고, 이에 의해 드레인 전류의 흐름이 억제된다. 즉, 게이트와 소스 사이의 역방향 바이어스 전압 V_{GS}의 변화에 의해 소스와 드레인 사이의 전류를 제어할 수 있다.

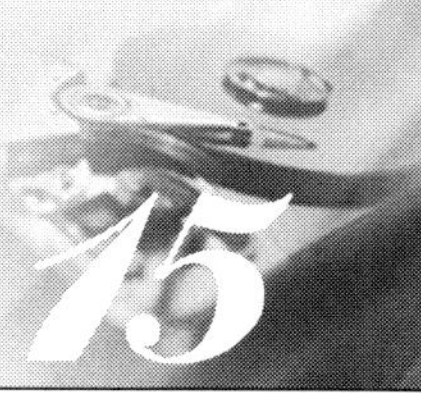

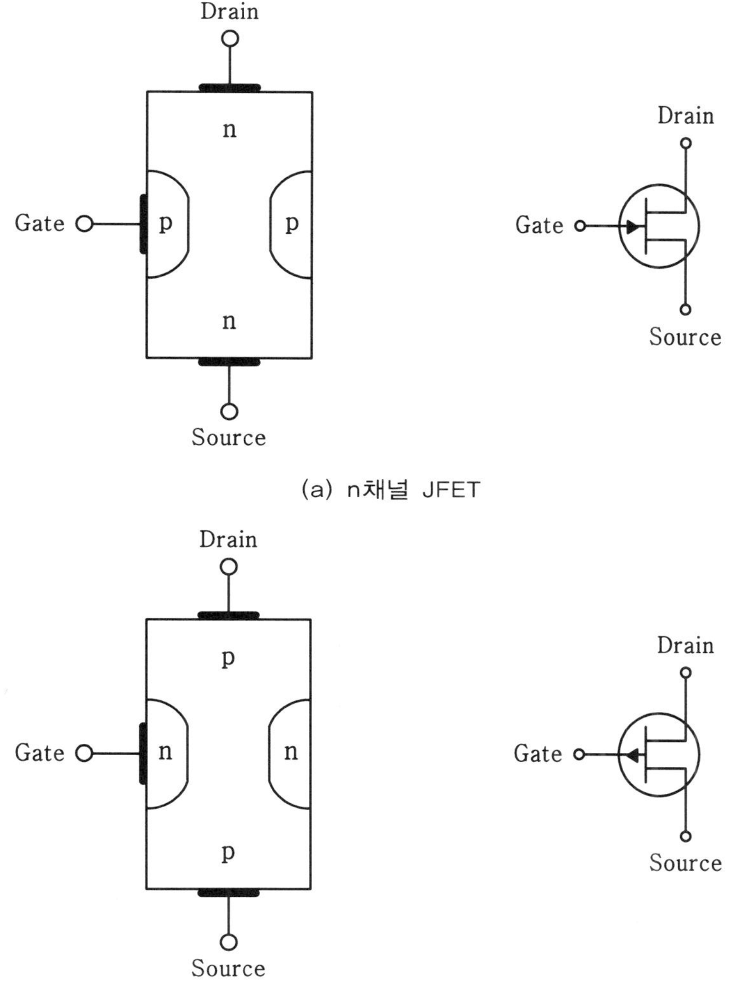

그림 15-1 접합형 FET(JFET)의 구조와 회로기호

그림 15-2(b)는 n채널 JFET의 전압·전류 특성곡선이다. 역방향 바이어스 전압 V_{GS}의 증가에 따라 드레인 전류 I_D가 감소하는 것을 알 수 있다. 또한 드레인과 소스 사이의 전압 V_{DS}가 핀치오프(pinchoff) 전압 V_P보다 크면 드레인 전류 I_D는 더 이상 크게 증가하지 않고 거의 일정한 정전류원과 유사한 특성을 갖는 것을 알 수 있다.

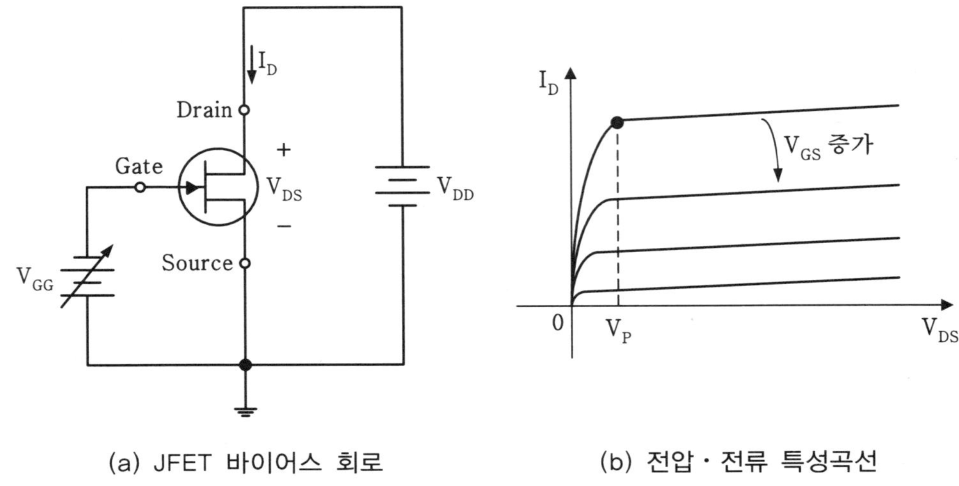

(a) JFET 바이어스 회로 (b) 전압·전류 특성곡선

그림 15-2 n채널 JFET의 바이어스 회로와 전압·전류 특성곡선

15.2.3 공핍형(depletion) MOSFET

공핍형 MOSFET(depletion metal-oxide-semiconductor field effect transistor, depletion MOSFET)의 구조와 회로기호는 그림 15-3과 같다.

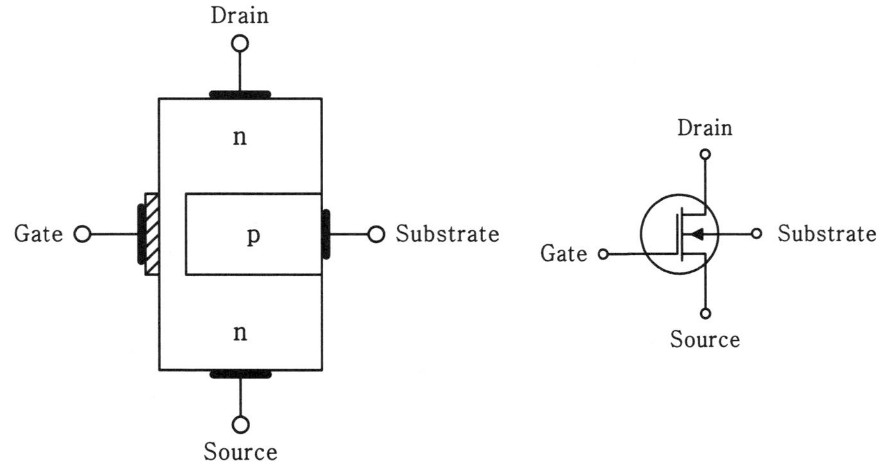

(a) n채널 공핍형 MOSFET

그림 15-3 공핍형 MOSFET의 구조와 회로기호

MOSFET는 JFET와 마찬가지로 소스, 게이트, 드레인의 3단자로 구성된다. 그러나 MOSFET의 구조가 JFET의 구조와 다르다는 것을 알 수 있다. 2가지 FET의 다른 구조에 의해 JFET와 MOSFET는 서로 다른 동작특성을 갖게 된다.

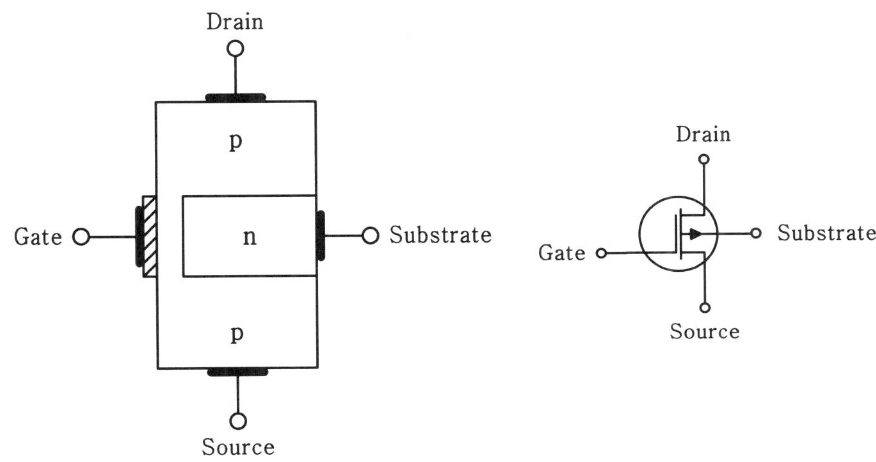

(b) p채널 공핍형 MOSFET

그림 15-3 (계 속)

그림 15-3의 구조 및 회로기호에는 기판(substrate)을 포함하여 4개의 단자로 구성된 것으로 보이지만 실제적으로 기판(substrate)은 소스(source)와 내부적으로 연결되어 3단자로 구성된다. MOSFET이 JFET와 다른 점의 하나는 그림 15-3과 같이 게이트가 절연체에 의해 전기적으로 절연되어 있어 게이트 전압 변화에 의한 게이트 전류의 변화가 상대적으로 작다는 점이다. MOSFET는 게이트가 전기적으로 절연된 구조를 갖는다는 점에서 절연 게이트 FET(insulated-gate FET, IGFET)라고 부르기도 한다.

공핍형 MOSFET 역시 n채널과 p채널의 두 가지가 있으며, 이들은 유사한 특성을 가지므로 JFET와 마찬가지로 n채널 공핍형 MOSFET를 중심으로 설명하기로 한다. n채널 공핍형 MOSFET의 구조는 그림 15-3(a)와 같이 n형 반도체에 전기적으로 절연된 게이트와 p형 영역의 기판(substrate)으로 구성되어 있다. 소스에서 드레인으로 흐르는 전자는 절연 게이트와 p형 영역 사이의 좁은 채널을 통과해야 하며, 이 채널은 게이트와 소스 사이에 인가한 게이트 전압에 따라 달라진다.

그림 15-4는 음(−)과 양(+)의 게이트 전압을 인가한 바이어스 회로를 나타내고 있다. 그림 15-4(a)의 바이어스 회로에서 음(−)의 게이트 전압이 증가하면 드레인 전류가 흐를 수 있는 채널이 더욱 좁아져서 드레인 전류가 감소하게 된다. 또한 그림 15-4(b)의 바이어스 회로에서 양(+) 게이트 전압이 증가하면 채널을 통해 흐를 수 있는 자유전자가 증가하여 드레인 전류가 증가하게 된다. 공핍형 MOSFET에서 음(−)의 게이트전압을 인가했을 때의 동작특성은 음(−)의 게이트전압만을 인가할 수 있는 JFET와 유사하다. 그러나 공핍형 MOSFET에서 양(+)의 게이트 전압을 인가하여 드레인 전류를 증가시킬 수 있으므로 JFET와는 다른 특성을 갖는다.

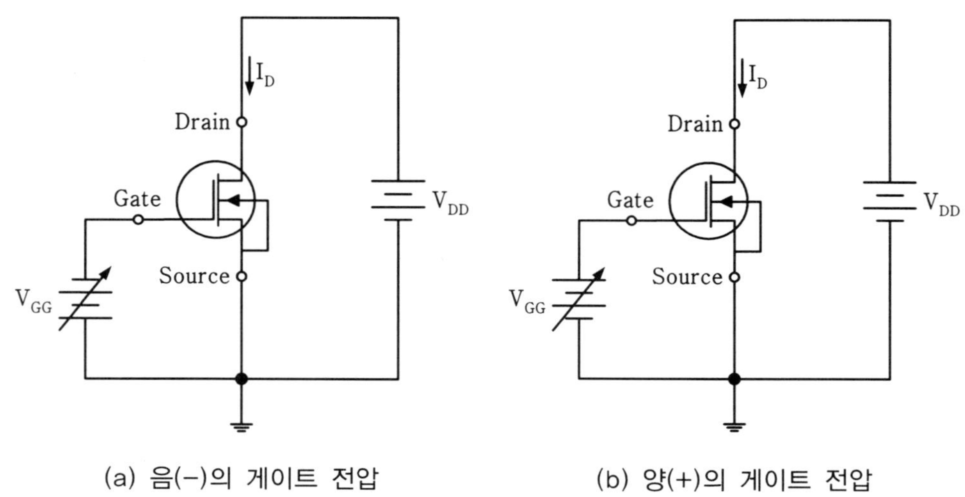

(a) 음(−)의 게이트 전압 (b) 양(+)의 게이트 전압

그림 15-4 n채널 공핍형 MOSFET의 바이어스 회로

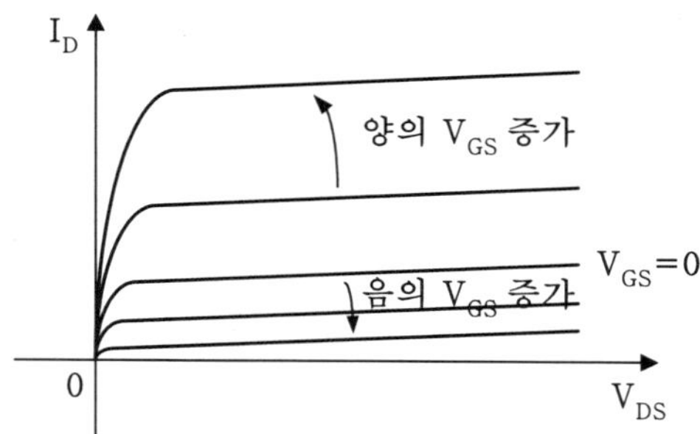

그림 15-5 n채널 공핍형 MOSFET의 전압·전류 특성곡선

그림 15-5는 n채널 공핍형 MOSFET의 전압 · 전류 특성곡선이다. 그림 15-3의 공핍형 MOSFET는 그림 15-5에서 게이트와 소스 사이의 전압 V_{GS}가 $V_{GS}=0$인 전압 · 전류 특성곡선을 기준으로 음(－)의 게이트 전압인 경우는 공핍형 MOSFET 동작을 하고, 양(＋)의 게이트 전압인 경우는 증가형 MOSFET 동작을 한다.

15.2.4 증가형(enhancement) MOSFET

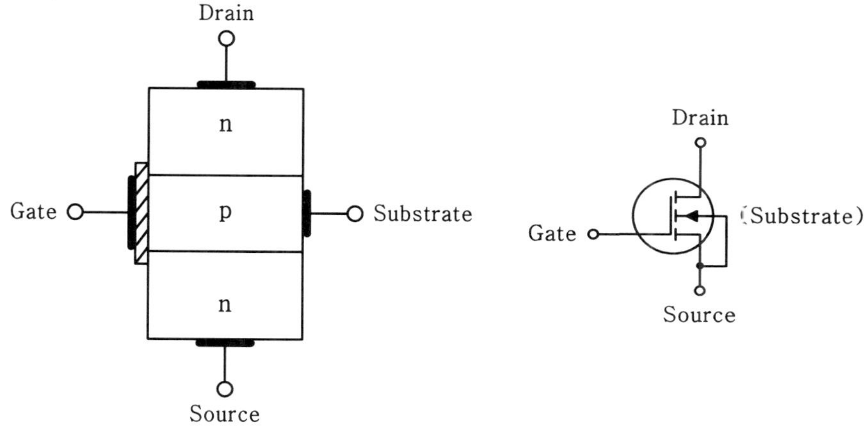

(a) n채널 증가형 MOSFET

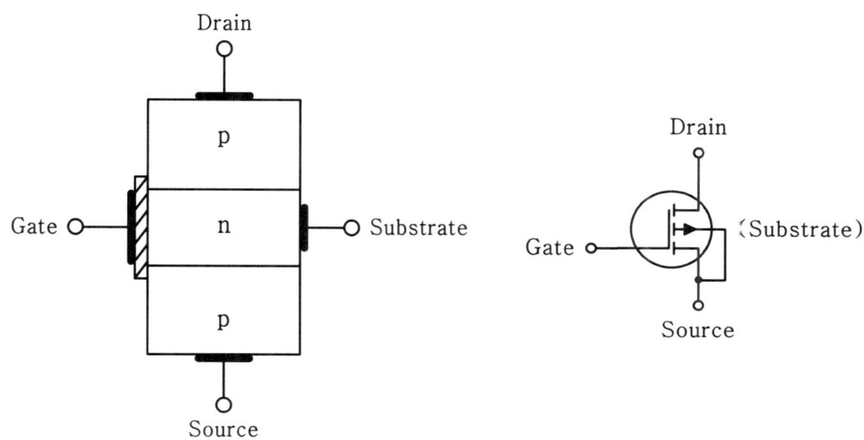

(b) p채널 증가형 MOSFET

그림 15-6 증가형 MOSFET의 구조와 회로기호

증가형 MOSFET(enhancement MOSFET)의 구조와 회로기호는 그림 15-6과 같다. 공핍형 MOSFET가 제한적인 용도로 사용되는 것과 비교하여 증가형 MOSFET는 전자산업과 디지털 분야의 발전에 매우 혁신적인 역할을 하고 있다. 따라서 여러 종류의 FET 중 증가형 MOSFET가 가장 중요한 의미를 갖는다.

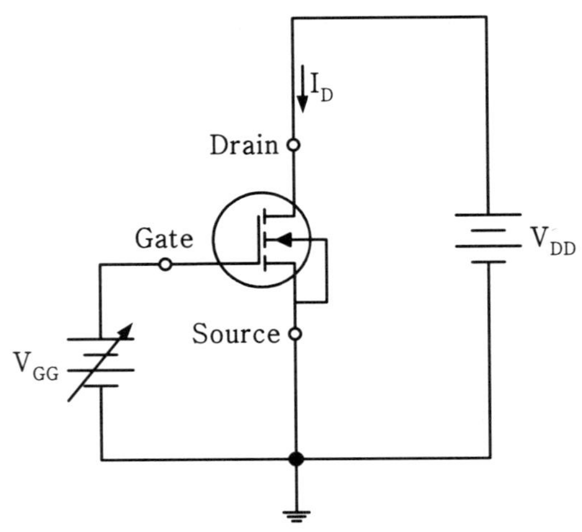

그림 15-7 n채널 증가형 MOSFET의 바이어스 전압

그림 15-7은 n채널 증가형 MOSFET의 바이어스 회로이다. 증가형 MOSFET는 양(+)의 게이트 전압을 인가한다. 게이트 전압이 0 V인 경우 증가형 MOSFET는 차단(OFF) 동작을 하며, 양(+)의 게이트 전압이 증가할수록 드레인 전류는 증가한다. 그 이유는 그림 15-7과 같은 양(+)의 게이트 전압은 자유전자를 p형 영역으로 끌어당겨 절연체와 접촉하는 면의 정공을 모두 재결합시켜 없애고, 잉여의 자유전자가 소스에서 드레인으로 흐르게 되는 n형 반전층을 형성하기 때문이다. 양(+)의 게이트전압에 의해 소스에서 드레인으로 자유전자가 흐를 수 있도록 하는 n형 반전층이 형성되는 최소전압을 게이트 전압의 도통전압 $V_{GS(Th)}$라고 한다. 게이트 전압 V_{GS}가 $V_{GS(Th)}$보다 큰 경우는 n형 반전층이 소스와 드레인을 연결하여 전류가 흐르게 된다.

그림 15-8과 같이 게이트 전압 V_{GS}가 증가할수록 드레인 전류 I_D가 증가한다. 그림 15-9에는 상용화된 n채널 증가형 MOSFET의 하나인 IRF630의 핀 배치도를 나타내었다.

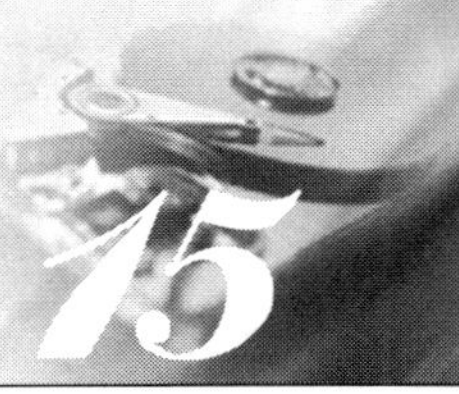

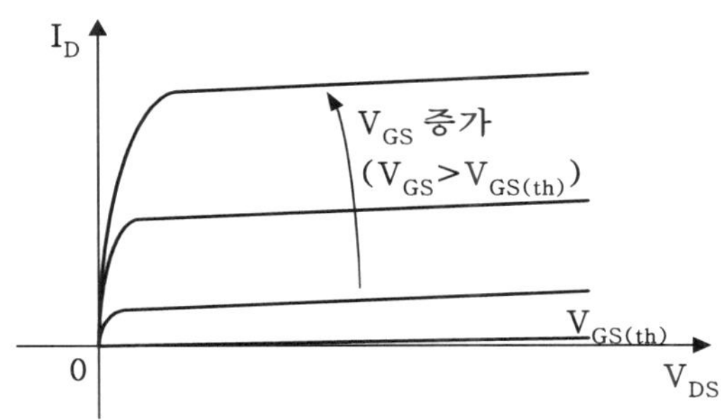

그림 15-8 n채널 증가형 MOSFET의 전압 · 전류 특성곡선

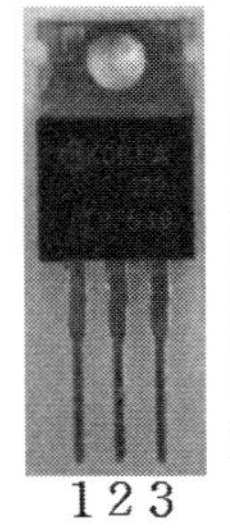

1 : 게이트
2 : 드레인
3 : 소스

1 2 3

(a) 핀 배치도(IRF630)

드레인

게이트

소스

(b) 회로기호

그림 15-9 n채널 증가형 MOSFET (예 : IRF630)

15.3 실험부품

부품 및 장비		규격 및 수량	
부 품	MOSFET	IRF 630	1개
	저항	100Ω, 1kΩ, 100kΩ	각 1개
장 비		직류전원 공급장치(DC power supply)	
		오실로스코프(oscilloscope)	
		디지털 멀티미터(DMM)	
		브레드 보드(bread board)	

15.4 실험방법

실험 1. MOSFET 기본특성 실험

① 그림 15-10 MOSFET 기본특성 실험회로에서 사용하는 n채널 증가형 MOSFET IRF630의 게이트(gate), 드레인(drain), 소스(source) 단자를 데이터 시트에서 확인하여라.

② 그림 15-10의 MOSFET 기본특성 실험회로를 구성하여라.

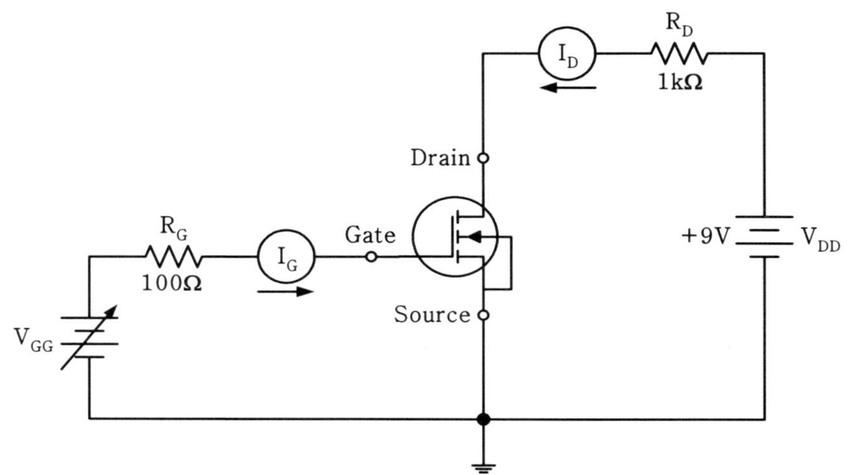

그림 15-10 MOSFET 기본특성 실험회로

드레인과 소스 사이의 바이어스 전압 V_{DD}는 정확히 DC +9 V가 되도록 직류전원공급기를 이용하여 전압을 조정하고, 게이트와 소스 사이의 바이어스 전압 V_{GG}는 직류전원공급기를 이용하여 직류전압을 가변할 수 있도록 연결하여라.

드레인 전류 I_D와 게이트 전류 I_G를 측정할 수 있도록 디지털 멀티미터를 이용하여 회로를 구성하여라. 드레인 전류는 수 mA 정도이고, 게이트 전류는 수 μA 정도이므로 작은 전류를 정확하게 측정할 수 있도록 주의하고, 그림 15-10의 실험회로에 표시된 전류방향과 일치하도록 전류

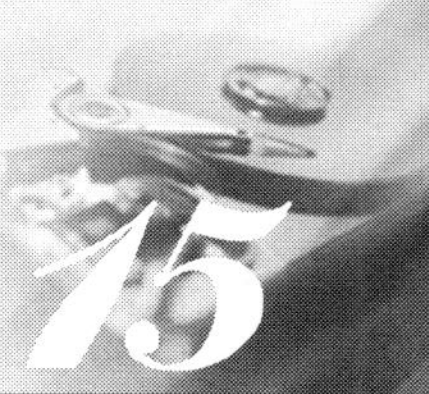

계의 극성을 주의하여 연결하여라.

또한 게이트와 소스 사이의 게이트 전압 V_{GS}는 오실로스코프의 CH1, 드레인과 소스 사이의 드레인 전압 V_{DS}는 오실로스코프의 CH2를 이용하여 측정할 수 있도록 연결하여라.

③ 직류전원공급기를 이용하여 게이트 전압 V_{GG}를 0 V에서부터 천천히 증가시키면서 드레인 전류 I_D가 급격히 증가하는 순간의 게이트 전압 V_{GS}를 측정하여 표 15-1에 기록하여라. 드레인 전류 I_D가 급격히 증가하는 순간의 게이트 전압 V_{GS}를 정확히 측정하기 위하여 3~4회 정도 실험을 반복하여라.

④ 직류전원공급기를 이용하여 V_{GG}를 0 V에서부터 4 V 정도까지 가변시키면서 드레인 전류 I_D가 각각 표 15-1과 같이 되는 순간의 게이트 전압 V_{GS}, 드레인 전압 V_{DS}, 게이트 전류 I_G를 측정하여 표 15-1에 기록하여라.

⑤ 드레인 전류 I_D가 최대값(약 9 mA)이 되는 경우의 드레인 전류 I_D, 게이트 전압 V_{GS}, 드레인 전압 V_{DS}, 게이트 전류 I_G를 측정하여 표 15-1에 기록하여라. 드레인 전류 I_D가 최대값이 되는 최초 순간의 게이트 전압, 드레인 전압, 게이트 전류를 정확히 측정하기 위하여 3~4회 정도 실험을 반복하여라.

또한 게이트 전압 V_{GS}를 이 전압보다 더 크게 증가시키는 경우 드레인 전류 I_D가 변하는지 여부를 확인하여 표 15-1에 기록하여라.

⑥ 저항 R_G를 100 kΩ으로 바꾸고, 실험단계 ③, ④, ⑤를 반복하여 실험결과를 표 15-2에 기록하여라.

실험 2. MOSFET 논리소자 응용 실험

① 그림 15-11의 MOSFET 논리소자 응용 실험회로를 구성하여라.

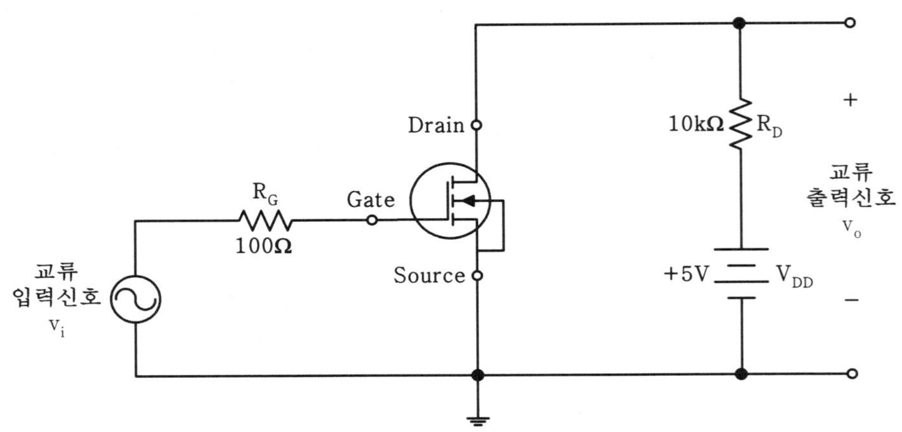

그림 15-11 MOSFET 논리소자 응용 실험회로

② 교류입력신호 v_i를 신호발생기를 이용하여 피크-피크값 전압 (V_{p-p})이 10 V이고, 주파수가 1 kHz인 정현파가 되도록 조정하여라.

③ 입력전압 v_i와 출력전압 v_o를 오실로스코프의 듀얼모드를 이용하여 동시에 측정하여 입력전압 v_i와 출력전압 v_o의 파형을 표 15-3에 그려라. 오실로스코프는 듀얼모드를 이용하여 CH1은 입력전압 v_i, CH2는 출력전압 v_o를 동시에 측정하여라. 또한 입력전압과 출력전압의 정확한 비교를 위해 CH1과 CH2의 Ground 전압 위치가 모두 오실로스코프 화면의 가운데가 되도록 CH1과 CH2 각각의 수직 위치조정기(vertical position knob)를 조정하고, 전압스케일(V/div) 역시 동일하게 설정하여라.

④ 교류입력신호 v_i를 신호발생기를 이용하여 피크-피크값 전압 (V_{p-p})이 10 V이고, 주파수가 1 kHz인 구형파가 되도록 조정하여라.

⑤ 입력전압 v_i와 출력전압 v_o를 오실로스코프의 듀얼모드를 이용하여 동시에 측정하여 입력전압 v_i와 출력전압 v_o의 파형을 표 15-4에 그려라.

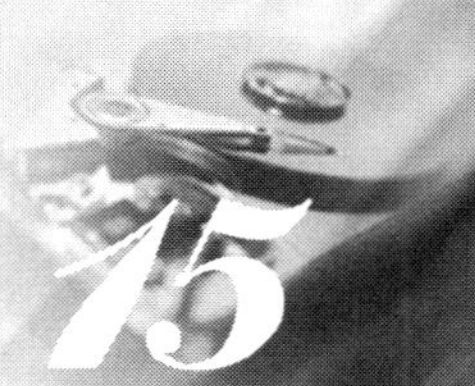

15.5 실험결과

실험 1. MOSFET 기본특성 실험

표 15-1 MOSFET 기본특성 실험 데이터 (R_G=100Ω인 경우)

실험단계	드레인 전류(I_D)	게이트 전압(V_{GS})	드레인 전압(V_{DS})	게이트 전류(I_G)
③	드레인 전류가 급격히 증가하는 순간의 게이트 전압 측정	[V]	-	-
④, ⑤	0 mA	[V]	[V]	[μA]
	0.5 mA	[V]	[V]	[μA]
	1.0 mA	[V]	[V]	[μA]
	2.0 mA	[V]	[V]	[μA]
	4.0 mA	[V]	[V]	[μA]
	6.0 mA	[V]	[V]	[μA]
	8.0 mA	[V]	[V]	[μA]
	8.5 mA	[V]	[V]	[μA]
	최대값 (　　　) mA	[V]	[V]	[μA]
⑤	드레인 전류 I_D가 변하는지 여부			

표 15-2 MOSFET 기본특성 실험 데이터 (R_G=100kΩ인 경우)

실험단계	드레인 전류(I_D)	게이트 전압(V_{GS})	드레인 전압(V_{DS})	게이트 전류(I_G)
⑥	드레인 전류가 급격히 증가하는 순간의 게이트 전압 측정	[V]	-	-
⑥	0 mA	[V]	[V]	[μA]
	0.5 mA	[V]	[V]	[μA]
	1.0 mA	[V]	[V]	[μA]
	2.0 mA	[V]	[V]	[μA]
	4.0 mA	[V]	[V]	[μA]
	6.0 mA	[V]	[V]	[μA]
	8.0 mA	[V]	[V]	[μA]
	8.5 mA	[V]	[V]	[μA]
	최대값 ( ) mA	[V]	[V]	[μA]
⑥	드레인 전류 I_D가 변하는지 여부			

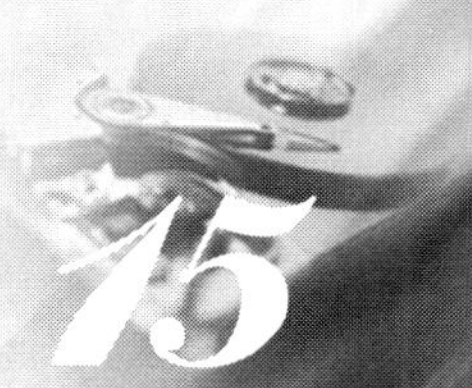

실험 2. MOSFET 논리소자 응용 실험

표 15-3 MOSFET 논리소자 응용 실험파형 (v_i : 정현파인 경우)

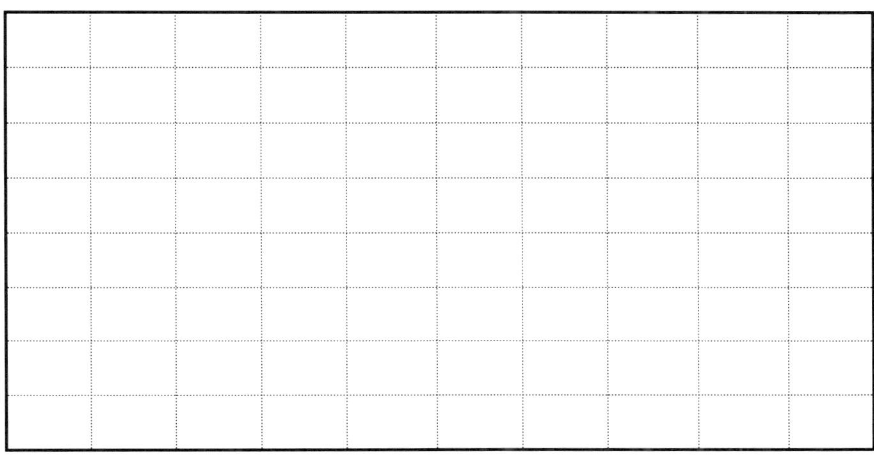

● 전압 스케일 : 2V/div ● 시간 스케일 : 0.2ms/div

표 15-4 MOSFET 논리소자 응용 실험파형 (v_i : 구형파인 경우)

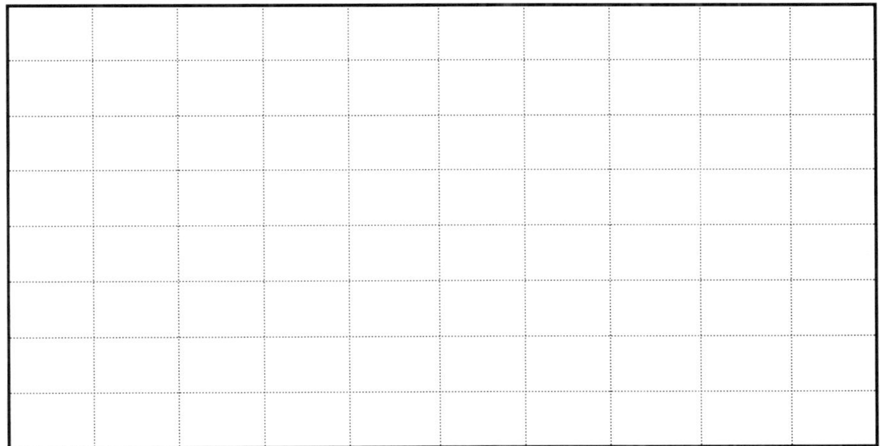

● 전압 스케일 : 2V/div ● 시간 스케일 : 0.2ms/div

15.6 검토사항

1 트랜지스터와 FET의 차이점을 설명하여라.

2 JFET와 공핍형 MOSFET의 공통점을 설명하여라.

3 공핍형 MOSFET와 증가형 MOSFET의 차이점을 설명하여라.

4 [실험 1]의 실험단계 ③의 게이트 전압을 무슨 전압이라 하는지 설명하여라.

5 표 15-1의 실험 데이터를 이용하여 증가형 MOSFET의 특성을 설명하여라.

6 표 15-1과 표 15-2의 실험 데이터를 비교하여 저항 R_G의 변화에 의한 증가형 MOSFET의 특성 변화를 설명하여라.

7 [실험 2]의 실험결과인 표 15-3과 표 15-4의 출력전압파형 v_o가 타당한지 여부를 [실험 1] MOSFET 기본특성 실험결과 등을 이용하여 정확히 설명하여라.

8 [실험 2]에서 교류입력신호 v_i를 피크-피크값 전압(V_{p-p})이 4 V이고, 주파수가 1 kHz인 구형파를 인가했다고 가정한 경우의 출력전압 v_o의 파형을 그려라.

9 실험에서 사용한 증가형 MOSFET IRF630의 데이터 시트를 참고하여 게이트 도통전압 $V_{GS(th)}$의 최소값과 최대값을 조사하여라. 또한 드레인과 소스 사이에 인가하는 높은 전압에 의해 MOSFET에 애벌란시(avalanche) 현상이 발생하여 게이트 전압과 무관하게 MOSFET가 도통상태가 되는 전압 BV_{DSS}의 최소값을 조사하여라.

10 실험시의 특이사항 및 실험에 대한 종합결론을 정리하여라.

실험

16. 단상 인버터 실험

16.1 실험목적

- ▣ DC-AC 컨버터인 단상 인버터의 동작특성을 이해한다.
- ▣ 단상 인버터의 출력전압에 포함된 교류성분의 고조파 분석을 하기 위한 푸리에 급수를 이해한다.

16.2 실험이론

16.2.1 단상 인버터회로(하프 브리지)

대표적인 전력전자회로인 인버터(inverter)는 DC-AC 컨버터이다. 즉 인버터는 직류입력전압을 교류출력전압으로 변환하는 회로이다. DC전압을 AC전압으로 변환하는 인버터는 대단히 중요한 전력전자회로이다. 인버터는 출력전압이 AC전압이므로 인버터의 주요한 특성은 출력 AC전압의 고조파 성분이다. 인버터회로는 기본파 교류성분이외의 고조파 성분이 최소화되도록 설계하고 구성하는 것이 중요하다.

기본적인 인버터회로에는 2가지 종류가 있다. 하나는 하프 브리지(half bridge) 인버터회로이고, 다른 하나는 풀 브리지(full bridge) 인버터회로이다. 단상 하프 브리지 인버터회로를 먼저 살펴보고, 단상 풀 브리지 인버터회로를 다음에 살펴보기로 한다. 그림 16-1은 단상 하프 브리지 인버터회로이다.

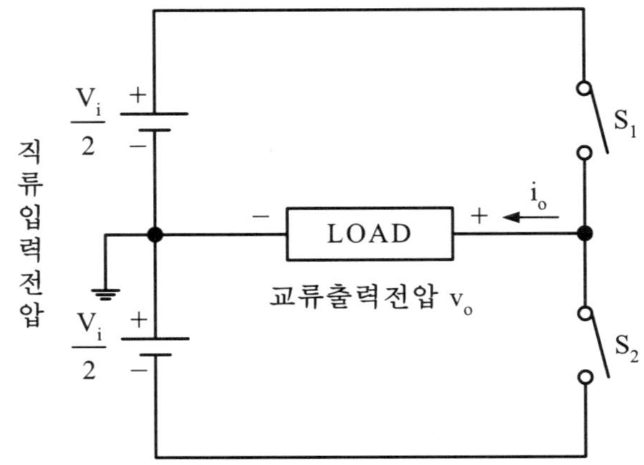

그림 16-1 단상 하프 브리지 인버터회로

그림 16-1의 단상 하프 브리지 인버터회로에서 스위치 S_2를 열고 스위치 S_1을 닫으면 상단의 직류입력전압 $V_i/2$에 의해 출력전압 v_o는 $+V_i/2$가 된다. 또한 스위치 S_1을 열고, 스위치 S_2를 닫으면 하단의 직류입력전압 $V_i/2$에 의해 출력전압 v_o는 $-V_i/2$가 된다. 즉 스위치 S_1과 S_2의 스위칭에 의해 출력전압 v_o는 $+V_i/2$와 $-V_i/2$가 교번하는(alternating) 교류전압이 된다. 그림 16-1의 단상 하프 브리지 인버터회로에서 입력전압은 직류전압이고, 스위칭에 의해 출력전압이 교류전압이 된다. 이것이 DC전압을 AC전압으로 변환하는 인버터회로의 기본적인 동작이다.

스위치 S_1과 S_2는 동시에 모두 ON상태가 되면 안 된다. 스위치 S_1과 S_2가 동시에 ON상태가 되면 직류입력전압이 단락되는 문제가 발생한다. 따라서 스위치 S_1과 S_2는 교대로 ON상태가 되도록 제어해야 한다. 스위치 S_1과 S_2의 스위칭 방법에는 크게 2가지를 생각할 수 있다.

첫 번째 스위칭 방법은 스위치 S_1과 S_2의 스위칭이 항상 반대가 되도록 하는 방법이다. 이 경우에는 스위치 S_1과 S_2가 동시에 OFF상태가 되지는 않는 것을 전제로 한다. 그리고 스위치 S_1이 ON상태이면 스위치 S_2는 자동으로 OFF상태가 되고, 스위치 S_2가 ON상태이면 스위치 S_1은 자동으로 OFF상태가 되는 스위칭 방법이다. 그리고 스위치 S_1과 S_2가 동시에 OFF상태가 되지는 않도록 하는 스위칭이다. 이와 같은 스위칭에 의해서는 2-레벨 출력전압이 만들어진다. 그림 16-2는 단상 하프 브리지 인버터회로의 부하가 저항 R인 경우의 2-레벨 출력전압과 출력전류를 나타낸 것이다.

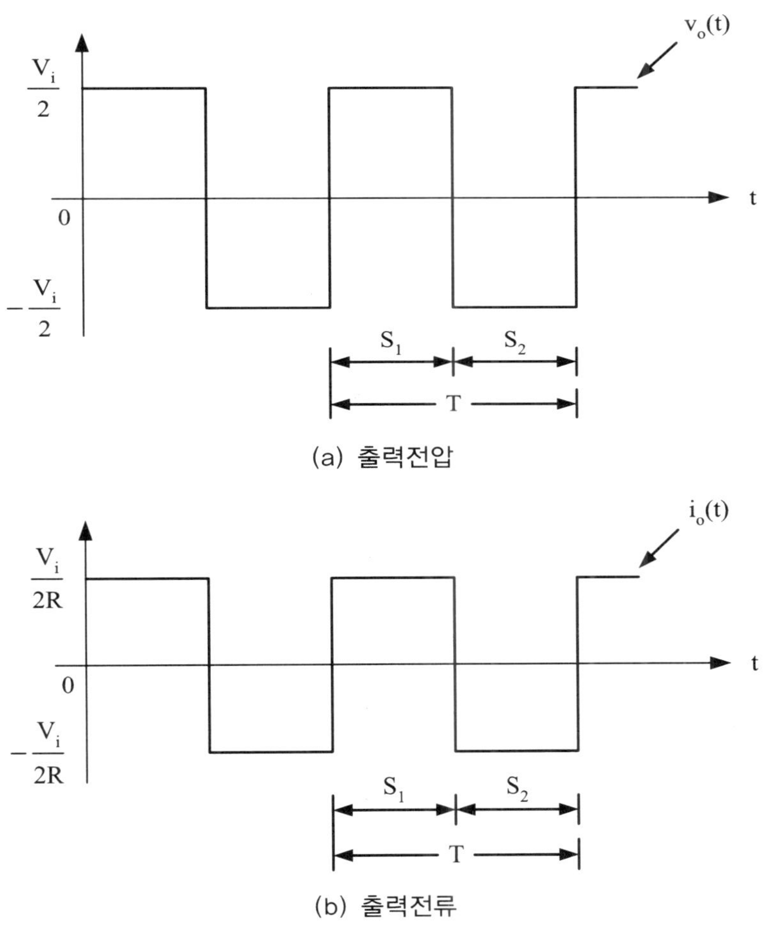

(a) 출력전압

(b) 출력전류

그림 16-2 단상 하프 브리지 인버터의 출력전압·출력전류 파형

두 번째 스위칭 방법은 스위칭에 의해 3-레벨 출력전압을 만드는 방법이다. 이 경우 역시 스위치 S_1과 S_2가 동시에 모두 ON상태가 되지는 않는다는 것은 동일하지만 차이점은 스위치 S_1과 S_2의 스위칭이 항상 반대가 되지는 않는다는 것이다. 이와 같은 차이점은 스위치 S_1과 S_2가 동시에 OFF상태가 될 수도 있다는 점에 기인한다. 이 경우에는 스위치 S_1과 S_2가 모두 OFF 상태인 경우, 스위치 S_1이 ON상태이고 스위치 S_2가 OFF상태인 경우, 스위치 S_2가 ON상태이고 스위치 S_1이 OFF상태인 경우의 3가지 상태가 존재하므로 이에 의해 3-레벨 출력전압이 만들어진다.

16.2.2 단상 인버터회로(풀 브리지)

그림 16-3은 단상 풀 브리지 인버터회로이다. 그림 16-3의 단상 풀 브리지 인버터회로에서 스위치 S_1, S_4를 닫고, 스위치 S_2, S_3을 열면 직류입력전압 V_i에 의해 출력전압 v_o는 $+V_i$가 된다. 또한 스위치 S_2, S_3을 닫고, 스위치 S_1, S_4를 열면 직류입력전압 V_i에 의해 출력전압 v_o는 $-V_i$가 된다. 즉 브리지 회로의 스위칭에 의해 출력전압 v_o는 $+V_i$와 $-V_i$가 교번하는(alternating) 교류전압이 된다. 그림 16-3의 단상 풀 브리지 인버터회로에서 입력전압은 직류전압이고, 스위칭에 의해 출력전압이 교류전압이 된다. 그림 16-3이 보다 일반적인 인버터회로의 기본적인 구조이다.

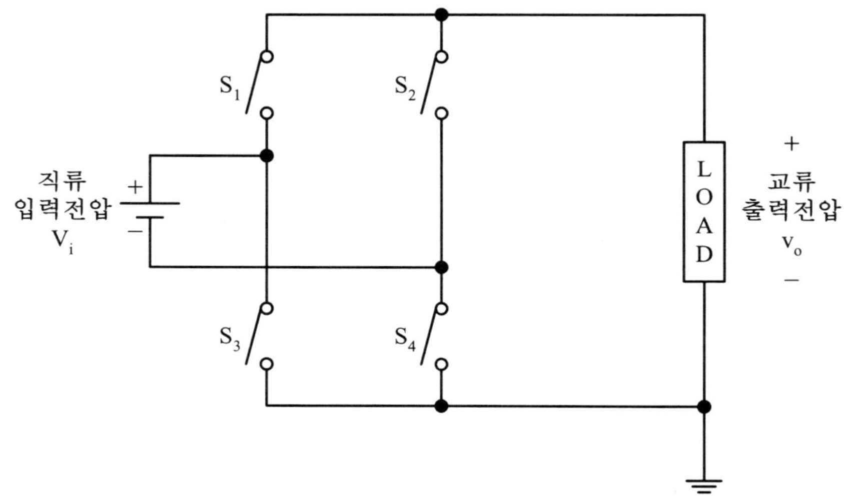

그림 16-3 단상 풀 브리지 인버터회로

그림 16-3의 인버터회로에서 스위치 S_1, S_2는 동시에 ON상태가 되면 안 되고, 스위치 S_3, S_4 역시 동시에 ON상태가 되면 안 된다. 특정한 시간에 스위치는 S_1과 S_4가 동시에 ON상태이거나 또는 S_2와 S_3이 동시에 ON상태이어야 한다.

그림 16-4는 단상 풀 브리지 인버터회로의 부하가 저항 R인 경우의 2-레벨 출력전압과 출력전류를 나타낸 것이다. 그림 16-4와 그림 16-2를 비교하면 최대값이 다르다는 점을 제외하면 단상 풀 브리지 인버터회로의 출력전압·출력전류 파형은 그림 16-2의 단상 하프 브리지 인버터회로의 출력전압·출력전류 파형과 동일하다.

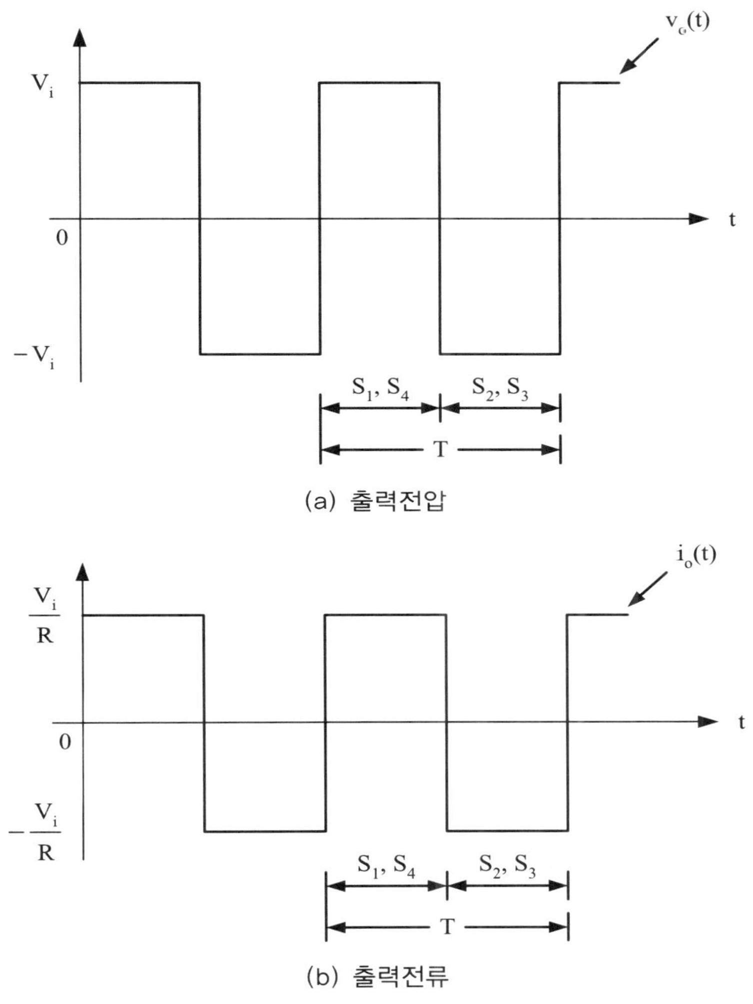

그림 16-4 단상 풀 브리지 인버터의 출력전압 · 출력전류 파형

이제 인버터의 실제적인 회로구성에 대해 살펴보자. 그림 16-5는 트랜지스터를 이용하여 구성한 인버터회로이다. 트랜지스터를 이용하여 스위칭 회로를 구성하는 경우 그림 16-5와 같이 일반적으로 다이오드를 병렬로 연결한다. 그 이유는 부하에 유도성 리액턴스 성분이 포함되는 경우 환류 다이오드가 필요하기 때문이다. 그런데 전기회로의 부하는 일반적으로 인덕터와 같은 유도성 리액턴스 성분이 존재하므로 그림 16-5와 같이 스위칭 회로에 환류 다이오드 회로를 포함하여 구성하여야 한다.

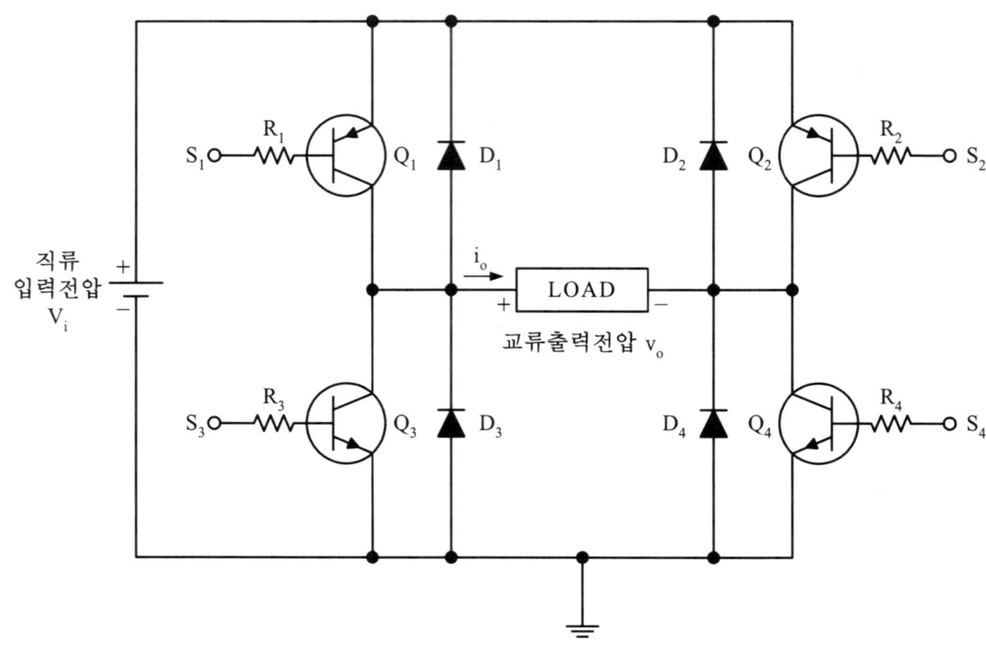

그림 16-5 트랜지스터를 이용한 단상 풀 브리지 인버터회로

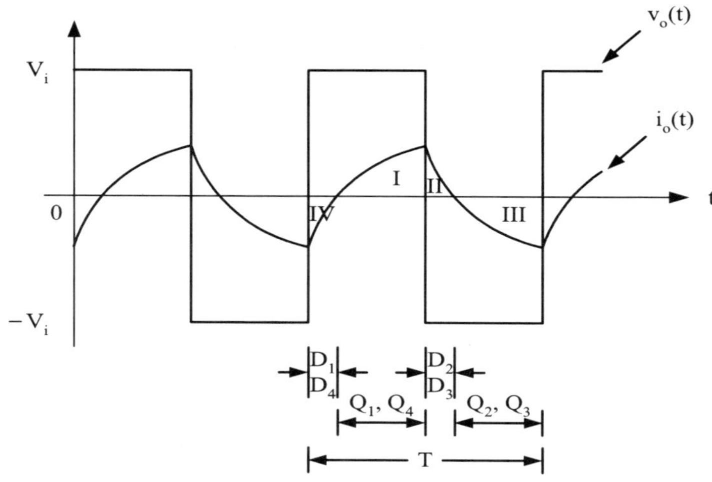

그림 16-6 RL 부하 인버터의 출력전압 · 출력전류 파형

그림 16-6은 RL 부하인 경우 인버터의 출력전압·출력전류 파형이다. 출력전압 파형은 저항 부하인 경우와 동일하고, 출력전류 파형은 저항 부하인 경우와 상이하다. 출력전압 파형에 대한 추가적인 설명은 필요하지 않으므로 생략하고, 출력전류 파형에 대한 설명만 하기로 한다. 그림 16-6에 출력전류의 1주기를 4개의 구간으로 나누어 각각의 구간에서 스위칭 ON상태인 트랜지스터 또는 다이오드를 표기하였다.

그림 16-6에서 출력전류 파형의 첫 번째 구간으로 트랜지스터 Q_1과 Q_4가 ON상태인 구간(I 구간)을 살펴보기로 한다. 트랜지스터 Q_1과 Q_4가 ON상태인 경우 출력전류는 정극성 방향으로 흐르게 되고, 유도성 리액턴스 성분에 의해 그림 16-6의 해당 구간의 파형과 같이 단조 증가하는 특성을 가지게 된다.

트랜지스터 Q_1과 Q_4가 ON상태인 I 구간의 다음 구간은 출력전압이 $-V_i$로 바뀌는 구간이다. 즉 트랜지스터 Q_1과 Q_4가 OFF상태, Q_2와 Q_3이 ON상태로 전환되는 구간이다. 그런데 트랜지스터 Q_2와 Q_3이 ON상태가 된다고 해서 출력전류의 방향이 순간적으로 바뀌지는 않는다. RL 부하의 유도성 리액턴스 성분은 전류를 일정한 방향으로 흐르게 하려는 특성을 가지므로 I 구간에서 정극성 방향으로 흐르던 전류는 트랜지스터 Q_1과 Q_4가 OFF상태로 전환된 경우 RL 부하의 인덕터에 역기전력이 발생하여 환류 다이오드 D_2와 D_3을 통해 정극성 방향으로 계속 방전전류를 흐르게 한다. 따라서 II 구간에서는 다이오드 D_2와 D_3을 통해 방전전류가 흐르게 되고, 이 구간은 출력전류가 0이 되는 순간까지이다.

출력전류가 0이 되면 비로소 RL 부하에 흐르는 출력전류의 방향이 부극성으로 바뀔 수 있다. 이제 출력전류는 ON상태인 트랜지스터 Q_2와 Q_3을 통해 전류가 흐르게 된다. 이것이 그림 16-6에 표기된 출력전류의 III 구간이다.

트랜지스터 Q_2와 Q_3이 ON상태인 III 구간의 다음 구간은 출력전압이 다시 $+V_i$로 바뀌는 구간이다. 즉 트랜지스터 Q_2와 Q_3이 OFF상태, 트랜지스터 Q_1과 Q_4가 ON상태로 전환되는 구간이다. 그런데 트랜지스터 Q_1과 Q_4가 ON상태가 된다고 해서 출력전류의 방향이 순간적으로 바뀌지는 않는다. 따라서 III 구간에서 부극성 방향으로 흐르던 전류는 트랜지스터 Q_2와 Q_3이 OFF상태로 전환된 경우 RL 부하의 인덕터에 역기전력이 발생하여 환류 다이오드 D_1과 D_4를 통해 부극성 방향으로 방전전류를 흐르게 한다. 따라서 IV 구간에서는 다이오드 D_1과 D_4를 통해 방전전류가 흐르게 되고, 이 구간은 출력전류가 0이 되는 순간까지이다. 출력전류는 이와 같은 4개의 구간 I, II, III, IV가 반복되는 특성을 갖는다.

그림 16-5의 회로를 이용하여 실제로 인버터회로를 구성하기 위해서는 스위칭 신호를 인가하기 위한 부분을 보완할 필요가 있다. 그림 16-7은 구형파 펄스신호를 이용하여 구동할 수 있는 인버터회로이다. 그림 16-7의 인버터회로에서 구형파 펄스신호의 +peak 전압은 트랜지스터 Q_1과 Q_4를 스위칭 ON하기 위한 신호가 된다. 그리고 구형파 펄스신호의 0V 전압은 트랜지스터 Q_2와 Q_3을 스위칭 ON하기 위한 신호가 된다.

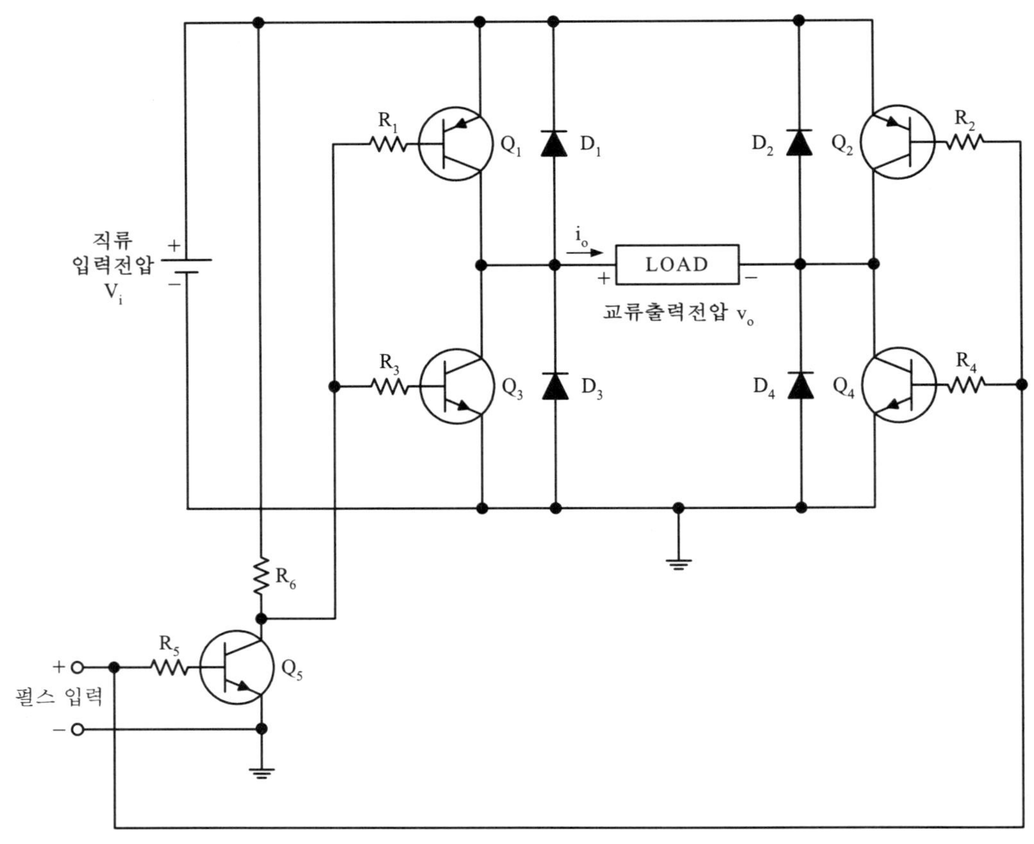

그림 16-7 트랜지스터를 이용한 인버터회로의 구성

그림 16-8은 인버터의 구형파 출력전압을 정현파 전압과 비교한 파형이다. 이상적인 출력전압은 정현파 전압이다. 그림 16-8에서 두 파형의 차이에 의해 고조파 성분이 존재한다. 이와 같은 고조파 성분을 줄이는 것이 인버터의 매우 중요한 특성이다.

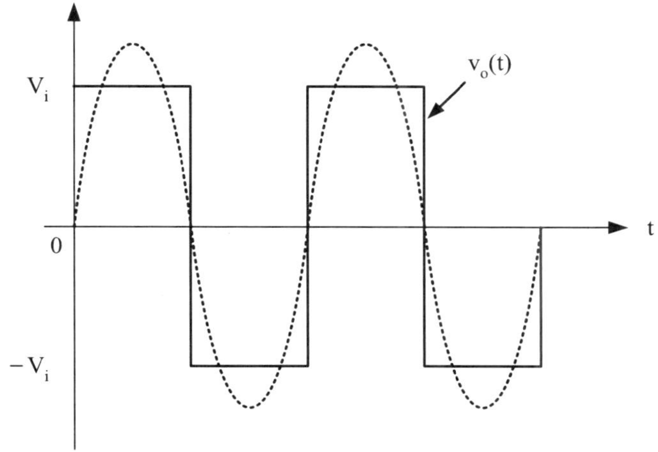

그림 16-8 인버터의 구형파 출력전압과 정현파 전압의 비교

16.2.3 단상 인버터의 고조파 분석

단상 인버터는 DC-AC 컨버터의 한 종류로써 DC 입력전압을 AC 출력전압으로 변환하는 회로이다. 따라서 단상 인버터의 특성을 분석하는데 있어서 출력전압에 포함된 고조파 성분을 분석하는 것은 중요하다. 식 (16.1)의 푸리에 급수(Fourier Series)를 이용하여 단상 인버터 출력전압의 고조파를 분석할 수 있다.

$$\begin{aligned} v(t) &= A_0 \\ &\quad + A_1 \sin\omega t + A_2 \sin 2\omega t + A_3 \sin 3\omega t + \cdots \\ &\quad + B_1 \cos\omega t + B_2 \cos 2\omega t + B_3 \cos 3\omega t + \cdots \\ &= A_0 + \sum_{n=1}^{\infty} A_n \sin n\omega t + \sum_{n=1}^{\infty} B_n \cos n\omega t \end{aligned} \tag{16.1}$$

여기서, A_0 : 직류 성분의 계수 $A_0 = \frac{1}{T}\int_0^T v(t)dt$

A_n : n차 sin성분의 계수 $A_n = \frac{2}{T}\int_0^T v(t)\sin(n\omega t)dt$

B_n : n차 cos성분의 계수 $B_n = \frac{2}{T}\int_0^T v(t)\cos(n\omega t)dt$

그림 16-9는 입력전압이 직류전압 V_i인 단상 인버터의 출력전압이다. 푸리에 급수를 이용하여 이와 같은 단상 인버터 출력전압의 고조파를 분석한다.

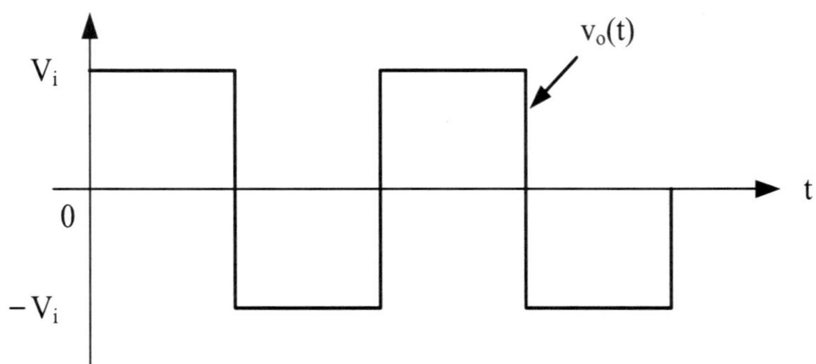

그림 16-9 고조파 분석을 위한 단상 인버터의 출력전압

$$V_0(t) = A_0 + \sum_{n=1}^{\infty} A_n \sin n\omega t + \sum_{n=1}^{\infty} B_n \cos n\omega t \tag{16.2}$$

식 (16.2)에서 A_0, A_n, B_n의 계수를 구하는 식 (16.1)의 정의식을 이용하여 식 (16.2)의 A_0, A_n, B_n 계수를 구할 수 있다. 첫 번째로 직류성분의 계수인 A_0을 구하면 식 (16.3)과 같다.

$$\begin{aligned} A_0 &= \frac{1}{T}\int_0^T v_o(t)dt \\ &= \frac{1}{T}\left\{\int_0^{\frac{T}{2}} V_i dt + \int_{\frac{T}{2}}^{T}(-V_i)dt\right\} \\ &= \frac{1}{T}\left\{[V_i t]_0^{\frac{T}{2}} - [V_i t]_{\frac{T}{2}}^{T}\right\} \\ &= \frac{1}{T}\left\{V_i \cdot \frac{T}{2} - V_i \cdot \left(T - \frac{T}{2}\right)\right\} \\ &= 0 \end{aligned} \tag{16.3}$$

$$\therefore A_0 = 0$$

두 번째로 교류성분의 sine 성분의 계수인 A_n을 구하면 식 (16.4)과 같다.

$$
\begin{aligned}
A_n &= \frac{2}{T}\int_0^T v_o(t)\sin(n\omega t)dt \\
&= \frac{2}{T}\left\{\int_0^{\frac{T}{2}} V_i \sin(n\omega t)\,dt + \int_{\frac{T}{2}}^{T}(-V_i)\sin(n\omega t)\,dt\right\} \\
&= \frac{2}{T}\int_0^{\frac{T}{2}}\left\{V_i \sin\left(\frac{2n\pi}{T}t\right)dt - \int_{\frac{T}{2}}^{T} V_i \sin\left(\frac{2n\pi}{T}t\right)dt\right\} \quad \left(\leftarrow \omega = 2\pi f = \frac{2\pi}{T}\right) \\
&= \frac{2}{T}\left\{-\frac{T}{2n\pi}\left[\cos\left(\frac{2n\pi}{T}t\right)\right]_0^{\frac{T}{2}}\right\}V_i - \frac{2}{T}\left\{-\frac{T}{2n\pi}\left[\cos\left(\frac{2n\pi}{T}t\right)\right]_{\frac{T}{2}}^{T}\right\}V_i \qquad (16.4) \\
&= -\frac{1}{n\pi}\left\{\cos\left(\frac{2n\pi}{T}\cdot\frac{T}{2}\right) - \cos 0\right\}V_i + \frac{1}{n\pi}\left\{\cos\left(\frac{2n\pi}{T}\cdot T\right) - \cos\left(\frac{2n\pi}{T}\cdot\frac{T}{2}\right)\right\}V_i \\
&= -\frac{1}{n\pi}\{\cos(n\pi) - 1\}V_i + \frac{1}{n\pi}\{1 - \cos(n\pi)\}V_i \\
&= -\frac{2}{n\pi}\{\cos(n\pi) - 1\}V_i
\end{aligned}
$$

$$\therefore A_n = -\frac{2}{n\pi}\{\cos(n\pi) - 1\}V_i$$

교류성분의 계수인 A_n을 쉽게 이해하기 위해 식 (16.4)에 n=1, 2, 3 등의 값을 대입하여 차수별 sine 성분 계수를 구하여 정리하면 식 (16.5)와 같다. A_n 계수는 홀수 차수의 성분만 존재하고, 짝수 차수의 성분은 존재하지 않는 것을 알 수 있다.

$$A_n = -\frac{2}{n\pi}\{\cos(n\pi) - 1\}V_i$$

따라서,

$$
\begin{array}{ll}
A_1 = \dfrac{4}{\pi}\cdot V_s & A_2 = 0 \\
A_3 = \dfrac{4}{3\pi}\cdot V_s & A_4 = 0 \\
A_5 = \dfrac{4}{5\pi}\cdot V_s & A_6 = 0 \\
A_7 = \dfrac{4}{7\pi}\cdot V_s & A_8 = 0 \\
A_9 = \dfrac{4}{9\pi}\cdot V_s & A_{10} = 0
\end{array}
\qquad (16.5)
$$

식 (16.5)의 A_n 계수를 실험 13 강압초퍼회로 출력전압의 A_n 계수인 식 (13.9)와 비교하면 홀수 차수의 계수가 각각 2배가 되는 것을 알 수 있다. 또한 식 (16.5)에서 홀수 차수의 A_n 계수는 강압초퍼회로와 동일하게 차수에 반비례하여 작아진다. 즉 A_3 계수는 A_1 계수의 1/3, A_5 계수는 A_1 계수의 1/5, A_7 계수는 A_1 계수의 1/7, A_9 계수는 A_1 계수의 1/9 등이다.

세 번째로 교류성분의 cosine 성분의 계수인 B_n을 구하면 식 (16.6)과 같다. 그림 16-9의 단상 인버터 출력전압의 고조파 분석에서 cosine 성분의 B_n 계수는 존재하지 않는다.

$$\begin{aligned}
B_n &= \frac{2}{T}\int_0^T v_o(t)\cos(n\omega t)dt \\
&= \frac{2}{T}\left\{\int_0^{\frac{T}{2}} V_i\cos(n\omega t)\,dt + \int_{\frac{T}{2}}^{T}(-V_i)\cos(n\omega t)\,dt\right\} \\
&= \frac{2}{T}\left\{\int_0^{\frac{T}{2}} V_i\cos\left(\frac{2n\pi}{T}t\right)dt - \int_{\frac{T}{2}}^{T} V_i\cos\left(\frac{2n\pi}{T}t\right)dt\right\} \quad \left(\leftarrow \omega = 2\pi f = \frac{2\pi}{T}\right) \\
&= \frac{2}{T}\left\{\frac{T}{2n\pi}\left[\sin\left(\frac{2n\pi}{T}t\right)\right]_0^{\frac{T}{2}}\right\}V_i - \frac{2}{T}\left\{-\frac{T}{2n\pi}\left[\sin\left(\frac{2n\pi}{T}t\right)\right]_{\frac{T}{2}}^{T}\right\}V_i \\
&= \frac{1}{n\pi}\left\{\sin\left(\frac{2n\pi}{T}\cdot\frac{T}{2}\right) - \sin 0\right\}V_i - \frac{1}{n\pi}\left\{\sin\left(\frac{2n\pi}{T}\cdot T\right) - \sin\left(\frac{2n\pi}{T}\cdot\frac{T}{2}\right)\right\}V_i \\
&= \frac{1}{n\pi}\{\sin(n\pi) - \sin 0\}V_i - \frac{1}{n\pi}\{\sin(2n\pi) - \sin(n\pi)\}V_i \\
&= 0
\end{aligned} \tag{16.6}$$

$$\therefore B_n = 0$$

식 (16.3), 식 (16.5), 식 (16.6)을 식 (16.2)에 대입하여 정리하면 푸리에 급수를 이용한 단상 인버터의 고조파 분석은 식 (16.7)과 같다.

단상 인버터는 DC-AC 컨버터이다. 출력전압이 AC 전압이므로 고조파 분석 결과 기본파 교류 성분만 존재하고, 직류 성분과 기본파 이외의 교류성분은 전혀 존재하지 않는 것이 이상적인 고조파 분석 결과이다. 이런 관점에서 푸리에 급수를 이용한 고조파 분석 결과인 식 (16.3)에서 A_0=0이고, 식 (16.6)에서 B_n=0이 된 것은 바람직한 고조파 분석 결과이다. 그러나 식 (16.5)에서 A_n 계수에는 기본파 성분 이외에 홀수 차수의 고조파 성분(harmonics)들이 포함되어 있다.

$$
\begin{aligned}
V_0(t) &= A_0 + \sum_{n=1}^{\infty} A_n \sin n\omega t + \sum_{n=1}^{\infty} B_n \cos n\omega t \\
&= -\sum_{n=1}^{\infty}\left[\frac{2V_s}{n\pi}\{\cos(n\pi)-1\}\right]\sin n\omega t \\
&= \sum_{n=1,3,5}^{\infty} \frac{4V_s}{n\pi}\sin n\omega t \\
&= \frac{4V_i}{\pi}\sin(\omega t) + \frac{4V_i}{3\pi}\sin(3\omega t) + \frac{4V_i}{5\pi}\sin(5\omega t) \\
&\quad + \frac{4V_i}{7\pi}\sin(7\omega t) + \frac{4V_i}{9\pi}\sin(9\omega t) + \cdots \\
&= \frac{4}{\pi}V_i\left\{1 \cdot \sin(\omega t) + \frac{1}{3}sin(3\omega t) + \frac{1}{5}sin(5\omega t) + \frac{1}{7}sin(7\omega t) + \frac{1}{9}sin(9\omega t)\right\}
\end{aligned}
\tag{16.7}
$$

단상 인버터의 고조파 분석 결과에서 원하는 교류 출력전압을 기준인 1로 하여 원하지 않는 교류성분들 즉 고조파 성분들의 크기를 비교해보는 것은 의미 있는 일이다. 원하는 교류 출력전압을 얻기 위해 원하지 않는 고조파 성분들이 얼마나 발생되는 지를 비교할 수 있기 때문이다. 이를 위해 식 (16.7)은 $4V_i/\pi$를 기준으로 최종적으로 식을 정리하였다.

표 16-1은 직류 출력전압을 1로 하는 경우의 고조파 성분들의 최대값과 실효값을 나타내었다. 직류전압의 크기는 평균값으로 나타내고, 교류전압의 크기는 실효값으로 나타내므로 직류 출력전압의 크기를 기준으로 하는 상대적인 고조파 성분들의 크기는 실효값을 기준으로 비교하였다. 표 13-1에서 직류 출력전압을 기준으로 하여 1차 고조파는 0.9, 3차 고조파는 0.3, 5차 고조파는 0.18, 7차 고조파는 0.13, 9차 고조파는 0.1의 크기를 갖는다.

그림 13-7은 고조파 성분을 직류 출력전압을 기준으로 하여 그래프로 나타낸 것이다. 이상적인 DC-DC 컨버터를 설계하고 제작한다는 것은 그림 13-7의 고조파 분석 결과에서 직류 성분만이 표시되고, 교류 성분은 전혀 존재하지 않는다는 것이다. 따라서 그림 13-6 강압 초퍼회로 출력전압의 고조파 성분인 A_1=0.9, A_3=0.3, A_5=0.18, A_7=0.13, A_9=0.1 등의 계수가 모두 실질적으로 거의 0에 근접하도록 하는 강압 초퍼회로를 개선하는 일이 보다 이상적인 DC-DC 컨버터를 위한 가장 중요한 특성이다.

표 16-1 기본파 성분(=4V_i/π)의 크기를 기준(=1)으로 한 고조파 성분의 비교

	최대값(V_m)	평균값(V_{dc}) 또는 실효값(V_{rms})
직류성분	–	0
기본파 성분	$\frac{4}{\pi}V_i = 1.27V_i \rightarrow 1$	$\left(\frac{A_1}{\sqrt{2}} =\right) 1$
3차 고조파	$\frac{4}{3\pi}V_i \rightarrow 0.33$	0.33
5차 고조파	$\frac{4}{5\pi}V_i \rightarrow 0.2$	0.2
7차 고조파	$\frac{4}{7\pi}V_i \rightarrow 0.14$	0.14
9차 고조파	$\frac{4}{9\pi}V_i \rightarrow 0.11$	0.11

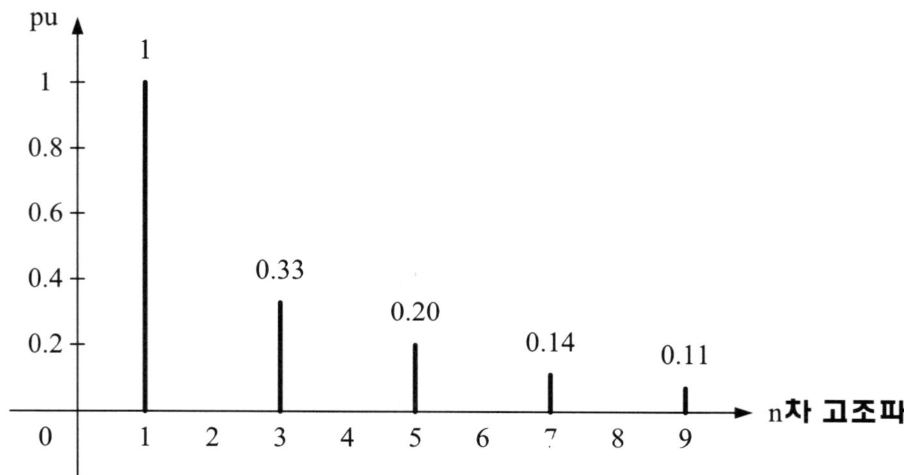

그림 16-10 단상 인버터 출력전압의 고조파 분석

16.3 실험부품

부품 및 장비		규격 및 수량	
부 품	트랜지스터	npn C1815	3개
		pnp A1270	2개
	다이오드	1N4004	4개
	인덕터	약 300mH	1개
	저항	10kΩ	5개
		1kΩ	1개
	시멘트저항	500Ω/5W	1개
장 비		직류전원 공급장치(DC power supply)	
		신호발생기(signal generator)	
		오실로스코프(oscilloscope)	
		디지털 멀티미터(DMM)	
		브레드 보드(bread board)	

16.4 실험방법

실험 1. 단상 인버터 실험

① 그림 16-11의 실험회로를 구성하여라.
그림 16-11의 실험회로에서 트랜지스터 Q_1, Q_2는 pnp 트랜지스터(A1270)를 사용하고, 트랜지스터 Q_3, Q_4는 npn 트랜지스터(C1815)를 사용하여라. 그리고 RL 부하는 a, b단자 사이에 연결하여라. 그림 16-11과 같이 반드시 a단자 쪽에 인덕터를 연결하고, b단자 쪽에 시멘트 저항(500Ω)을 연결하여라. 또한 직류입력전압은 직류전원 공급장치를 이용하여 정확히 +12 V가 되도록 조정하여라.

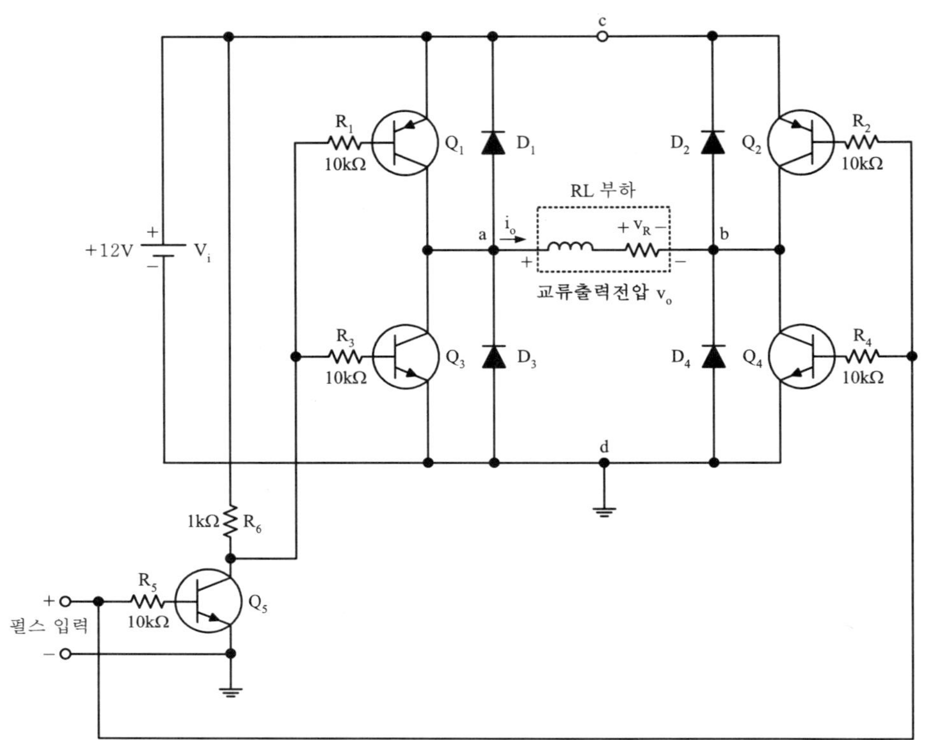

그림 16-11 단상 인버터 실험회로

② 트랜지스터 Q_5의 베이스 입력신호는 트랜지스터 Q_1~Q_4의 스위칭을 위한 제어신호이다. 신호발생기의 구형파 출력전압이 200 Hz, 12 $V_{p\text{-}p}$(0 V에서 +12 V의 피크-피크값), 시비율(duty ratio) k=0.5가 되도록 정확히 조정한 후 트랜지스터 Q_5의 펄스 입력신호로 인가하여라.

③ 교류출력전압 $v_{ab}=v_o$의 전압파형과 저항부하 양단의 전압 v_R 전압파형을 오실로스코프 듀얼모드를 이용하여 CH1은 교류출력전압 v_o, CH2는 저항부하 양단의 전압 v_R을 동시에 측정하여 표 16-2(a)에 기록하여라.
v_o는 출력전압 파형을 측정하기 위한 것이고, v_R은 출력전류 i_o의 파형을 측정하기 위한 것이다. 이는 출력전류는 $i_o=i_R=v_R/R\propto v_R$이므로 i_o와 v_R은 크기만 다를 뿐 파형은 서로 동일한 모양이기 때문이다.
실험파형을 그릴 때 중요한 전압 데이터와 시간 데이터를 반드시 표

16-2(a)의 실험결과에 기록하여라.
또한 측정한 실험파형의 주기(T), 주파수(f), 피크-피크값(V_{p-p})을 측정하여 표 16-2(a)에 기록하여라.

④ 트랜지스터 Q_5의 펄스 입력파형과 a단자의 전압 즉 v_{ad} 전압파형을 오실로스코프 듀얼모드를 이용하여 CH1은 Q_5의 펄스 입력파형을 측정하고, CH2는 v_{ad} 전압파형을 동시에 측정하여 표 16-3에 기록하여라.
실험파형을 그릴 때 두 전압파형의 위상관계를 명확히 파악하여 기재하고, 중요한 전압 데이터와 시간 데이터를 표 16-3의 실험결과에 기록하여라. 또한 측정한 실험파형의 주기(T), 주파수(f), 피크-피크값(V_{p-p})을 측정하여 표 16-3에 기록하여라.

⑤ 트랜지스터 Q_5의 펄스 입력파형과 b단자의 전압 즉 v_{bd} 전압파형을 오실로스코프 듀얼모드를 이용하여 CH1은 Q_5의 펄스 입력파형을 측정하고, CH2는 v_{bd} 전압파형을 동시에 측정하여 표 16-4에 기록하여라.
실험파형을 그릴 때 두 전압파형의 위상관계를 명확히 파악하여 기재하고, 중요한 전압 데이터와 시간 데이터를 표 16-4의 실험결과에 기록하여라. 또한 측정한 실험파형의 주기(T), 주파수(f), 피크-피크값(V_{p-p})을 측정하여 표 16-4에 기록하여라.

⑥ 신호발생기의 구형파 출력전압의 주파수를 60 Hz로 변경한 후 실험방법 ③을 반복하여 실험결과를 표 16-2(b)에 기록하여라.

16.5 실험결과

실험 1. 단상 인버터 실험

표 16-2 단상 인버터 실험파형(실험단계 ③,⑥)

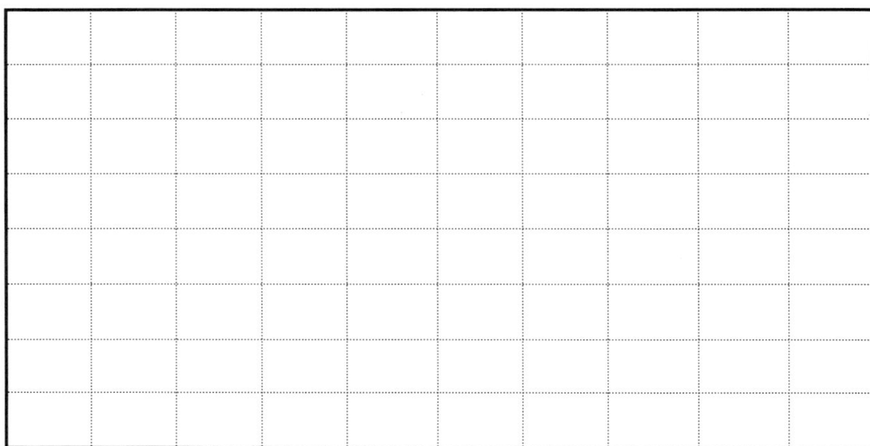

● 전압 스케일 : 5V/div ● 시간 스케일 : 1ms/div

(a) 실험단계 ③의 전압파형(T=[ ]ms, f=[ ]Hz, V_{p-p}=[ ]V)

● 전압 스케일 : 5V/div ● 시간 스케일 : 5ms/div

(b) 실험단계 ⑥의 전압파형(T=[ ]ms, f=[ ]Hz, V_{p-p}=[ ]V)

표 16-3 단상 인버터 실험파형(실험단계 ④)

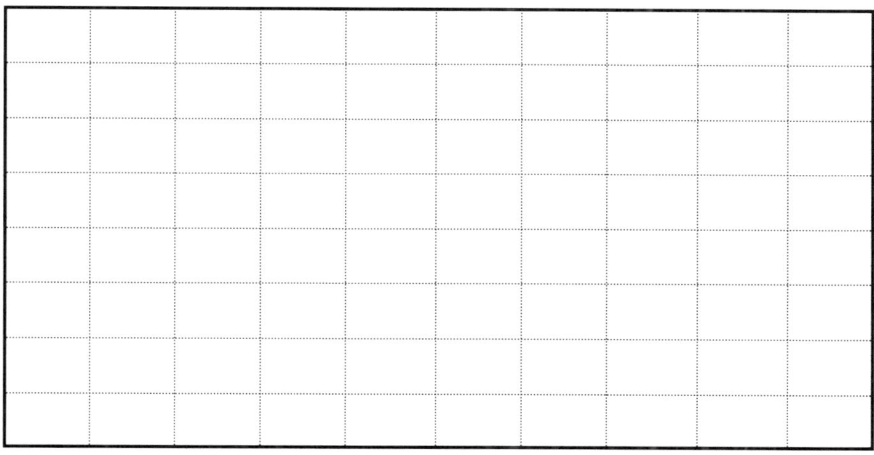

● 전압 스케일 : 5V/div ● 시간 스케일 : 1ms/div

[실험단계 ④의 전압파형(T=[ ]ms, f=[ ]Hz, V_{p-p}=[ ]V)]

표 16-4 단상 인버터 실험파형(실험단계 ⑤)

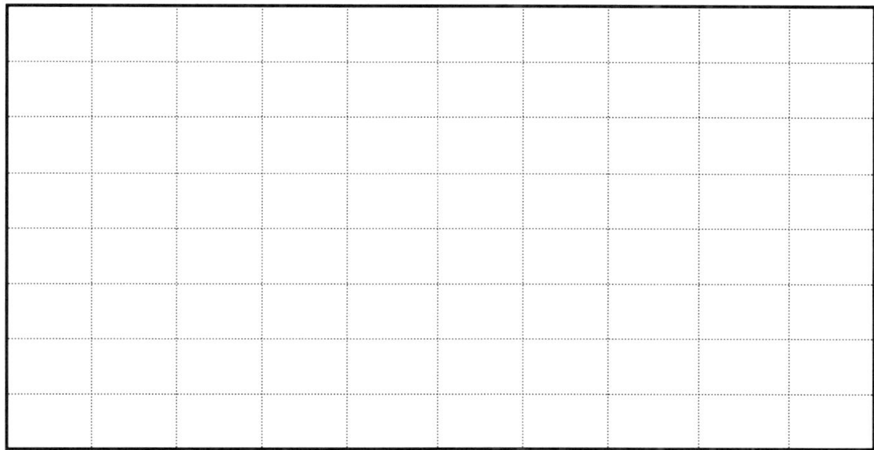

● 전압 스케일 : 5V/div ● 시간 스케일 : 1ms/div

[실험단계 ⑤의 전압파형(T=[ ]ms, f=[ ]Hz, V_{p-p}=[ ]V)]

16.6 검토사항

1 부하가 순저항 부하인 경우 그림 16-1 단상 하프 브리지(half bridge) 인버터 회로의 출력전압과 출력전류의 동작특성을 설명하여라.

2 부하가 순저항 부하인 경우 그림 16-3 단상 풀 브리지(full bridge) 인버터회로의 출력전압과 출력전류 동작특성을 설명하여라.

3 그림 16-5의 트랜지스터를 이용한 단상 풀 브리지 인버터회로에서 다이오드가 회로에 포함된 이유를 설명하여라.

4 그림 16-6에서 RL 부하인 경우 인버터의 출력전류 파형을 구간 I, II, III, IV 등 4개의 구간으로 나누어 스위칭 상태를 표시하였다. 각 구간에서 그림 16-6에 표시된 트랜지스터 또는 다이오드를 통해 스위칭 회로가 형성되는 이유를 설명하여라.

5 그림 16-7의 인버터회로에서 트랜지스터 Q_5에 인가된 구형파 펄스신호는 구형파 교류출력전압을 위한 2-레벨신호이다. 즉 +peak 전압과 0V 전압의 2가지 전압값을 갖는다. 구형파 펄스신호의 +peak 전압에 의해 ON상태가 되는 트랜지스터가 어느 트랜지스터들인지 설명하여라. 또한 구형파 펄스신호의 0V 전압에 의해 ON상태가 되는 트랜지스터가 어느 트랜지스터들인지 설명하여라.

6 실험단계 ③, ⑥의 실험결과인 표 16-2(a), 표 16-2(b)의 실험결과를 그림 16-6의 RL 부하 인버터의 출력전압·출력전류 파형과 비교하여 실험결과가 타당하지를 설명하여라.

7 실험단계 ④의 실험결과인 표 16-3의 실험결과를 검토하고, 실험결과가 타당한지를 설명하여라.

8 실험단계 ⑤의 실험결과인 표 16-4의 실험결과를 검토하고, 실험결과가 타당한지를 설명하여라.

9 실험시의 특이사항 및 실험에 대한 종합결론을 정리하여라.

주요 실험부품의 데이터 시트

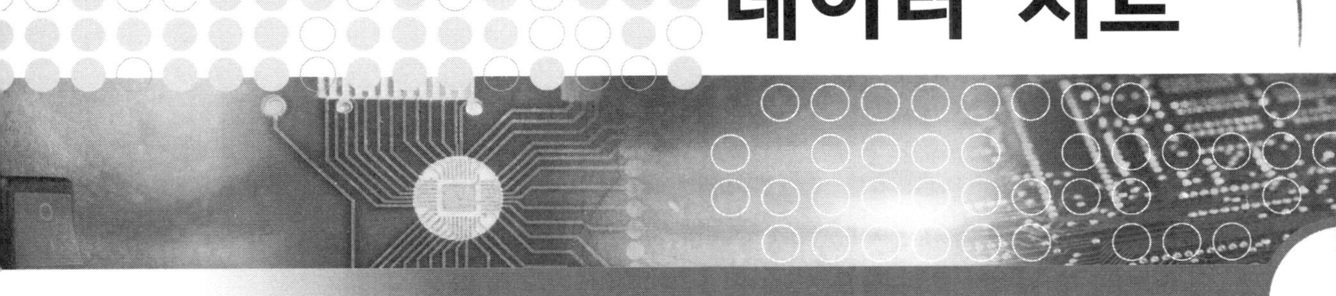

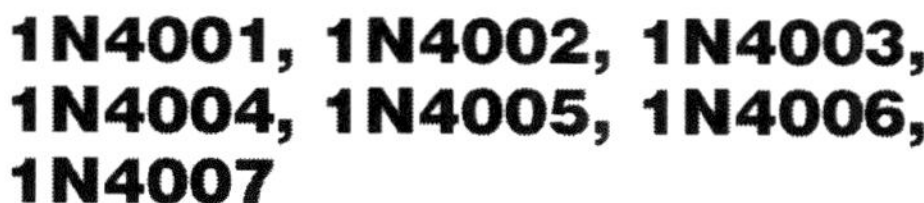

1N4001, 1N4002, 1N4003, 1N4004, 1N4005, 1N4006, 1N4007

1N4004 and 1N4007 are Preferred Devices

Axial Lead Standard Recovery Rectifiers

LEAD MOUNTED RECTIFIERS
50–1000 VOLTS
DIFFUSED JUNCTION

CASE 59–03
AXIAL LEAD
PLASTIC

MARKING DIAGRAM

AL = Assembly Location
1N400x = Device Number
x = 1, 2, 3, 4, 5, 6 or 7
YY = Year
WW = Work Week

MAXIMUM RATINGS

Rating	Symbol	1N4001	1N4002	1N4003	1N4004	1N4005	1N4006	1N4007	Unit
*Peak Repetitive Reverse Voltage Working Peak Reverse Voltage DC Blocking Voltage	V_{RRM} V_{RWM} V_R	50	100	200	400	600	800	1000	Volts
*Non–Repetitive Peak Reverse Voltage (halfwave, single phase, 60 Hz)	V_{RSM}	60	120	240	480	720	1000	1200	Volts
*RMS Reverse Voltage	$V_{R(RMS)}$	35	70	140	280	420	560	700	Volts
*Average Rectified Forward Current (single phase, resistive load, 60 Hz, T_A = 75°C)	I_O	1.0							Amp
*Non–Repetitive Peak Surge Current (surge applied at rated load conditions)	I_{FSM}	30 (for 1 cycle)							Amp
Operating and Storage Junction Temperature Range	T_J T_{stg}	–65 to +175							°C

*Indicates JEDEC Registered Data

ELECTRICAL CHARACTERISTICS*

Rating	Symbol	Typ	Max	Unit
Maximum Instantaneous Forward Voltage Drop (i_F = 1.0 Amp, T_J = 25°C)	v_F	0.93	1.1	Volts
Maximum Full–Cycle Average Forward Voltage Drop (I_O = 1.0 Amp, T_L = 75°C, 1 inch leads)	$V_{F(AV)}$	–	0.8	Volts
Maximum Reverse Current (rated dc voltage) (T_J = 25°C) (T_J = 100°C)	I_R	 0.05 1.0	 10 50	μA
Maximum Full–Cycle Average Reverse Current (I_O = 1.0 Amp, T_L = 75°C, 1 inch leads)	$I_{R(AV)}$	–	30	μA

*Indicates JEDEC Registered Data

2SC1815

AUDIO FREQUENCY GENERAL PURPOSE AMPLIFIER APPLICATIONS.
DRIVER STAGE AMPLIFIER APPLICATIONS.

- High Voltage and High Current
  : $V_{CEO}=50V$ (Min.), $I_C=150mA$ (Max.)
- Excellent h_{FE} Linearity
  : $h_{FE(2)}=100$ (Typ.) at $V_{CE}=6V$, $I_C=150mA$
  : h_{FE} ($I_C=0.1mA$) / h_{FE} ($I_C=2mA$) $=0.95$ (Typ.)
- Low Noise : NF = 1dB (Typ.) at f = 1kHz
- Complementary to 2SA1015 (O, Y, GR class)

Unit in mm

1. EMITTER
2. COLLECTOR
3. BASE

JEDEC	TO-92
EIAJ	SC-43
TOSHIBA	2-5F1B

Weight : 0.21g

MAXIMUM RATINGS (Ta = 25°C)

CHARACTERISTIC	SYMBOL	RATING	UNIT
Collector-Base Voltage	V_{CBO}	60	V
Collector-Emitter Voltage	V_{CEO}	50	V
Emitter-Base Voltage	V_{EBO}	5	V
Collector Current	I_C	150	mA
Base Current	I_B	50	mA
Collector Power Dissipation	P_C	400	mW
Junction Temperature	T_j	125	°C
Storage Temperature Range	T_{stg}	−55~125	°C

ELECTRICAL CHARACTERISTICS (Ta = 25°C)

CHARACTERISTIC	SYMBOL	TEST CONDITION	MIN.	TYP.	MAX.	UNIT
Collector Cut-off Current	I_{CBO}	$V_{CB}=60V$, $I_E=0$	—	—	0.1	μA
Emitter Cut-off Current	I_{EBO}	$V_{EB}=5V$, $I_C=0$	—	—	0.1	μA
DC Current Gain	$h_{FE(1)}$ (Note)	$V_{CE}=6V$, $I_C=2mA$	70	—	700	
	$h_{FE(2)}$	$V_{CE}=6V$, $I_C=150mA$	25	100	—	
Collector-Emitter Saturation Voltage	$V_{CE(sat)}$	$I_C=100mA$, $I_B=10mA$	—	0.1	0.25	V
Base-Emitter Saturation Voltage	$V_{BE(sat)}$	$I_C=100mA$, $I_B=10mA$	—	—	1.0	V
Transition Frequency	f_T	$V_{CE}=10V$, $I_C=1mA$	80	—		MHz
Collector Ouput Capacitance	C_{ob}	$V_{CB}=10V$, $I_E=0$, f = 1MHz	—	2.0	3.5	pF
Base Intrinsic Resistance	$r_{bb'}$	$V_{CE}=10V$, $I_E=-1mA$ f = 30MHz	—	50	—	Ω
Noise Figure	NF	$V_{CE}=6V$, $I_C=0.1mA$ f = 1kHz, $R_G=10k\Omega$	—	1.0	10	dB

Note : h_{FE} Classification O : 70~140 Y : 120~240 GR : 200~400 BL : 350~700

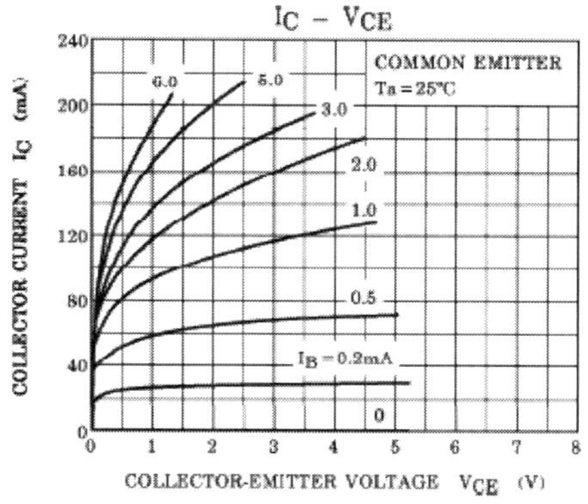

I_C – V_{CE}

COMMON EMITTER
Ta = 25°C

COLLECTOR CURRENT I_C (mA)

240, 200, 160, 120, 80, 40, 0

6.0, 5.0, 3.0, 2.0, 1.0, 0.5, I_B = 0.2mA, 0

0, 1, 2, 3, 4, 5, 6, 7, 8

COLLECTOR-EMITTER VOLTAGE V_{CE} (V)

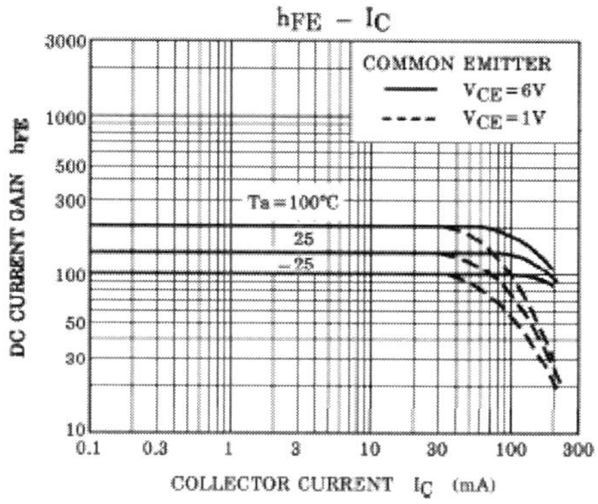

h_{FE} – I_C

COMMON EMITTER
V_{CE} = 6V
V_{CE} = 1V

DC CURRENT GAIN h_{FE}

3000, 1000, 500, 300, 100, 50, 30, 10

Ta = 100°C, 25, –25

0.1, 0.3, 1, 3, 10, 30, 100, 300

COLLECTOR CURRENT I_C (mA)

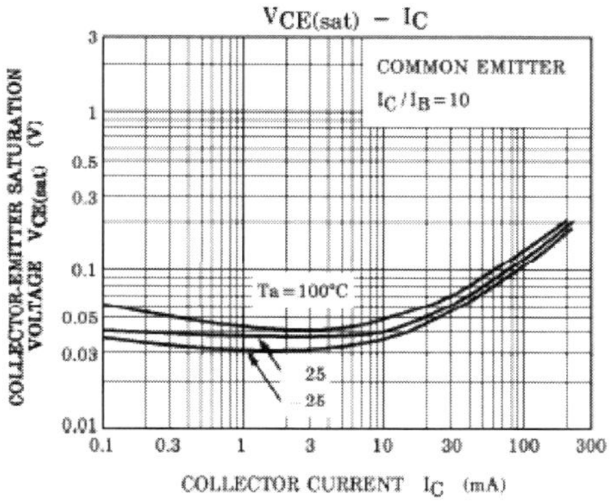

$V_{CE(sat)}$ – I_C

COMMON EMITTER
I_C/I_B = 10

COLLECTOR-EMITTER SATURATION VOLTAGE $V_{CE(sat)}$ (V)

3, 1, 0.5, 0.3, 0.1, 0.05, 0.03, 0.01

Ta = 100°C, 25, –25

0.1, 0.3, 1, 3, 10, 30, 100, 300

COLLECTOR CURRENT I_C (mA)

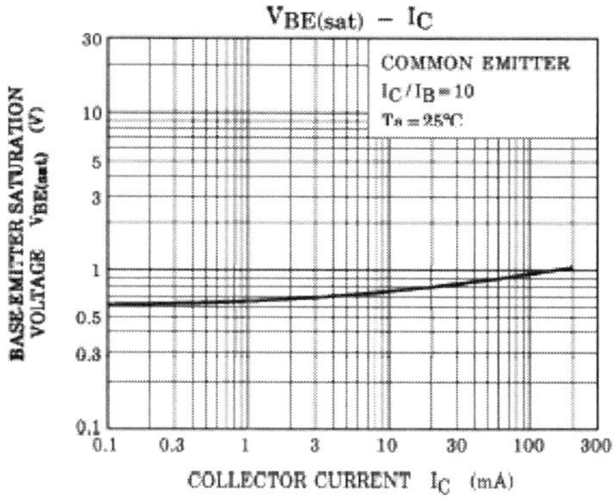

$V_{BE(sat)}$ – I_C

COMMON EMITTER
I_C/I_B = 10
Ta = 25°C

BASE-EMITTER SATURATION VOLTAGE $V_{BE(sat)}$ (V)

30, 10, 5, 3, 1, 0.5, 0.3, 0.1

0.1, 0.3, 1, 3, 10, 30, 100, 300

COLLECTOR CURRENT I_C (mA)

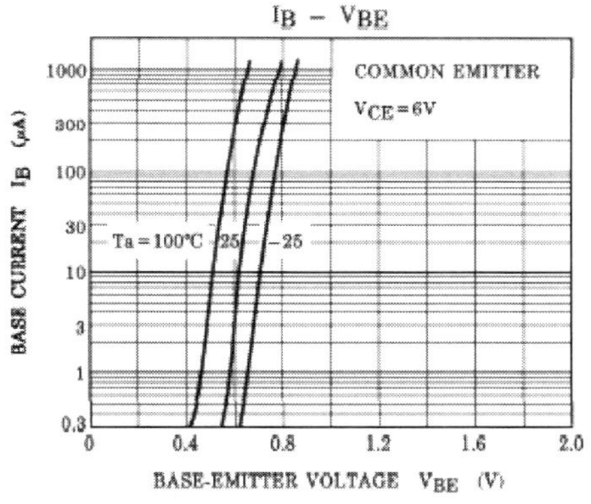

I_B – V_{BE}

COMMON EMITTER
V_{CE} = 6V

BASE CURRENT I_B (μA)

1000, 300, 100, 30, 10, 3, 1, 0.3

Ta = 100°C, 25, –25

0, 0.4, 0.8, 1.2, 1.6, 2.0

BASE-EMITTER VOLTAGE V_{BE} (V)

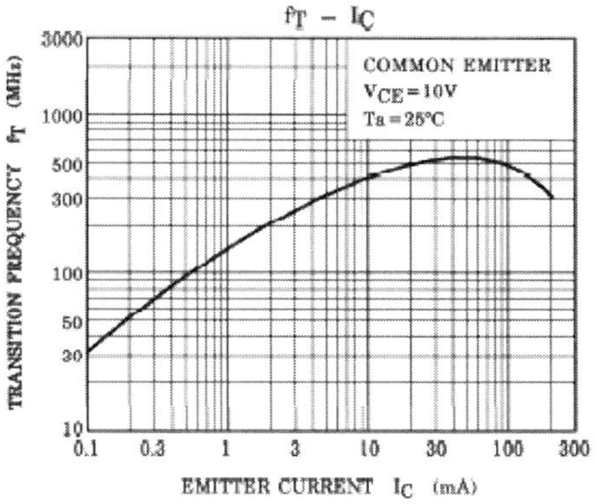

f_T – I_C

COMMON EMITTER
V_{CE} = 10V
Ta = 25°C

TRANSITION FREQUENCY f_T (MHz)

3000, 1000, 500, 300, 100, 50, 30, 10

0.1, 0.3, 1, 3, 10, 30, 100, 300

EMITTER CURRENT I_C (mA)

C3202

NPN TRANSISTOR

GENERAL PURPOSE APPLICATION.
SWITCHING APPLICATION.

FEATURES
- Excellent h_{FE} Linearity
  : $h_{FE}(2)$=25(Min.) at V_{CE}=6V, I_C=400mA.
- Complementary to KTA1270.

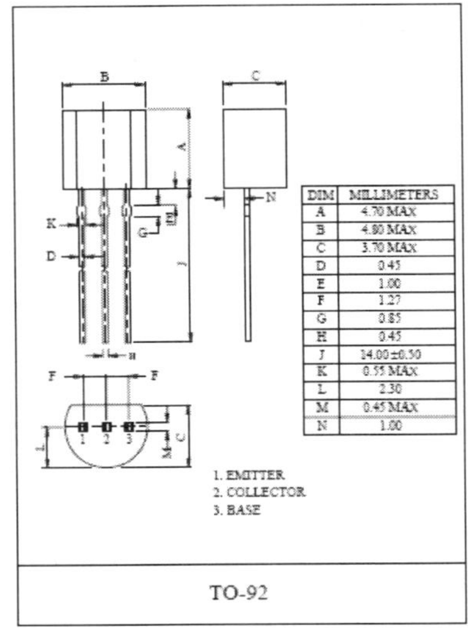

TO-92

MAXIMUM RATING (Ta=25℃)

CHARACTERISTIC	SYMBOL	RATING	UNIT
Collector-Base Voltage	V_{CBO}	35	V
Collector-Emitter Voltage	V_{CEO}	30	V
Emitter-Base Voltage	V_{EBO}	5	V
Collector Current	I_C	500	mA
Base Current	I_E	-500	mA
Collector Power Dissipation	P_C	625	mW
Junction Temperature	T_j	150	℃
Storage Temperature Range	T_{stg}	-55~150	℃

ELECTRICAL CHARACTERISTICS (Ta=25℃)

CHARACTERISTIC	SYMBOL	TEST CONDITION	MIN.	TYP.	MAX.	UNIT
Collector Cut-off Current	I_{CBO}	V_{CB}=35V, I_E=0	-	-	0.1	μA
Emitter Cut-off Current	I_{EBO}	V_{EB}=5V, I_C=0	-	-	0.1	μA
DC Current Gain	$h_{FE}(1)$ (Note)	V_{CE}=1V, I_C=100mA	70	-	400	
	$h_{FE}(2)$ (Note)	V_{CE}=6V, I_C=400mA	25	-	-	
Collector-Emitter Saturation Voltage	$V_{CE(sat)}$	I_C=100mA, I_B=10mA	-	0.1	0.25	V
Base-Emitter Voltage	V_{BE}	V_{CE}=1V, I_C=100mA	-	0.8	1.0	V
Transition Frequency	f_T	V_{CE}=6V, I_C=20mA	-	300	-	MHz
Collector Output Capacitance	C_{ob}	V_{CB}=6V, I_E=0, f=1MHz	-	7.0	-	pF

Note : $h_{FE}(1)$ Classification O:70~140, Y:120~240, GR:200~400
$h_{FE}(2)$ Classification O:25Min., Y:40Min.

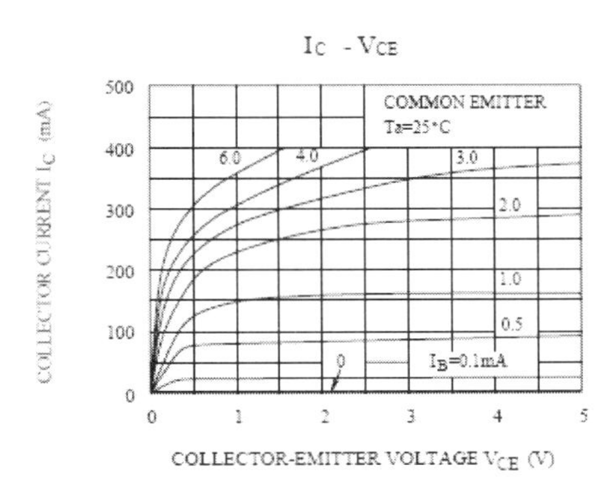
IC - VCE
COMMON EMITTER
Ta=25°C
6.0
4.0
3.0
2.0
1.0
0.5
0
IB=0.1mA
COLLECTOR CURRENT IC (mA)
COLLECTOR-EMITTER VOLTAGE VCE (V)

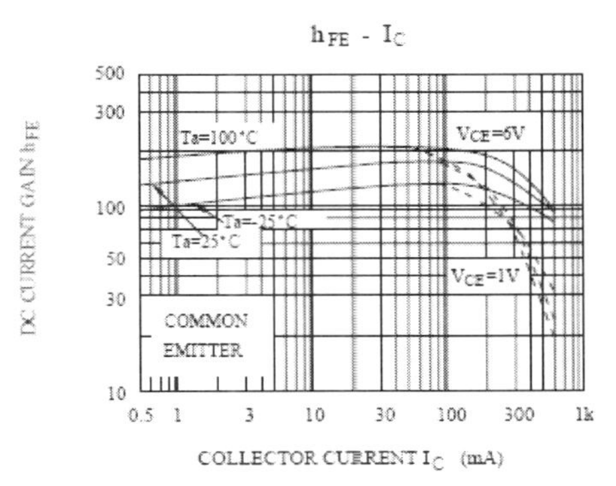
hFE - IC
Ta=100°C
VCE=6V
Ta=-25°C
Ta=25°C
VCE=1V
COMMON
EMITTER
DC CURRENT GAIN hFE
COLLECTOR CURRENT IC (mA)

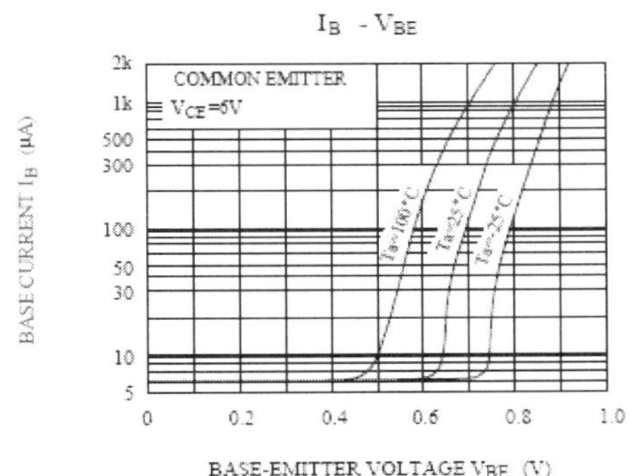
IB - VBE
COMMON EMITTER
VCE=6V
Ta=100°C
Ta=25°C
Ta=-25°C
BASE CURRENT IB (μA)
BASE-EMITTER VOLTAGE VBE (V)

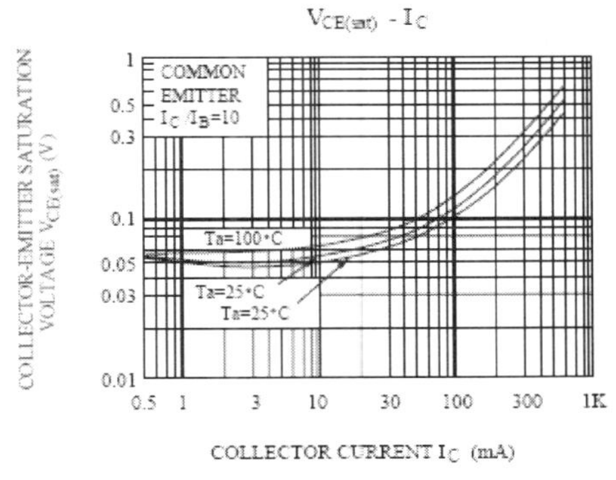
VCE(sat) - IC
COMMON
EMITTER
IC/IB=10
Ta=100°C
Ta=25°C
Ta=25°C
COLLECTOR-EMITTER SATURATION VOLTAGE VCE(sat) (V)
COLLECTOR CURRENT IC (mA)

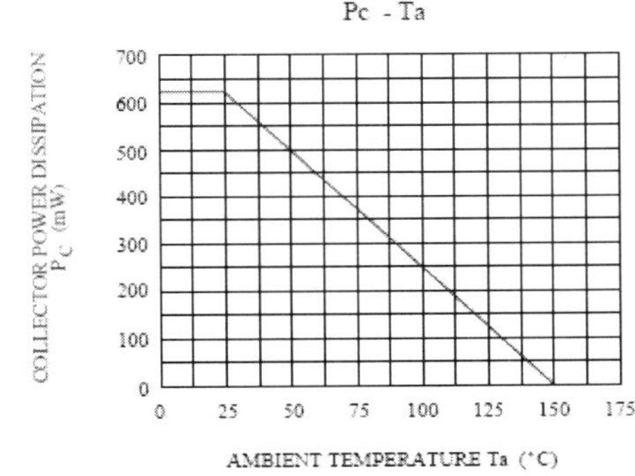
Pc - Ta
COLLECTOR POWER DISSIPATION PC (mW)
AMBIENT TEMPERATURE Ta (°C)

KTA1270

EPITAXIAL PLANAR PNP TRANSISTOR

GENERAL PURPOSE APPLICATION.
SWITCHING APPLICATION.

FEATURES

- Excellent h_{FE} Linearity
  : $h_{FE}(2)$=25(Min.) at V_{CE}=-6V, I_C=-400mA.
- Complementary to KTC3202.

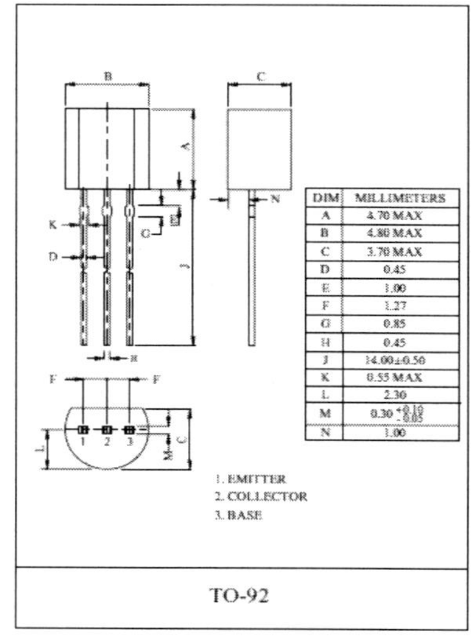

DIM	MILLIMETERS
A	4.70 MAX
B	4.80 MAX
C	3.70 MAX
D	0.45
E	1.00
F	1.27
G	0.85
H	0.45
J	14.00±0.50
K	0.55 MAX
L	2.30
M	0.30 +0.10 -0.05
N	1.00

MAXIMUM RATING (Ta=25℃)

CHARACTERISTIC	SYMBOL	RATING	UNIT
Collector-Base Voltage	V_{CBO}	-35	V
Collector-Emitter Voltage	V_{CEO}	-30	V
Emitter-Base Voltage	V_{EBO}	-5	V
Collector Current	I_C	-500	mA
Base Current	I_B	500	mA
Collector Power Dissipation	P_C	625	mW
Junction Temperature	T_j	150	℃
Storage Temperature Range	T_{stg}	-55 ~ 150	℃

ELECTRICAL CHARACTERISTICS (Ta=25℃)

CHARACTERISTIC	SYMBOL	TEST CONDITION	MIN.	TYP.	MAX.	UNIT
Collector Cut-off Current	I_{CBO}	V_{CB}=-35V, I_E=0	-	-	-0.1	μA
Emitter Cut-off Current	I_{EBO}	V_{EB}=-5V, I_C=0	-	-	-0.1	μA
DC Current Gain	$h_{FE}(1)$ (Note)	V_{CE}=-1V, I_C=-100mA	70	-	240	
	$h_{FE}(2)$ (Note)	V_{CE}=-6V, I_C=-400mA	25	-	-	
Collector-Emitter Saturation Voltage	$V_{CE(sat)}$	I_C=-100mA, I_B=-10mA	-	-0.1	-0.25	V
Base-Emitter Voltage	V_{BE}	V_{CE}=-1V, I_C=-100mA	-	-0.8	-1.0	V
Transition Frequency	f_T	V_{CE}=-6V, I_C=-20mA	-	200	-	MHz
Collector Output Capacitance	C_{ob}	V_{CB}=-6V, I_E=0, f=1MHz	-	13	-	pF

Note : $h_{FE}(1)$ Classification O:70 ~ 140, Y:120 ~ 240
$h_{FE}(2)$ Classification O:25Min., Y:40Min.

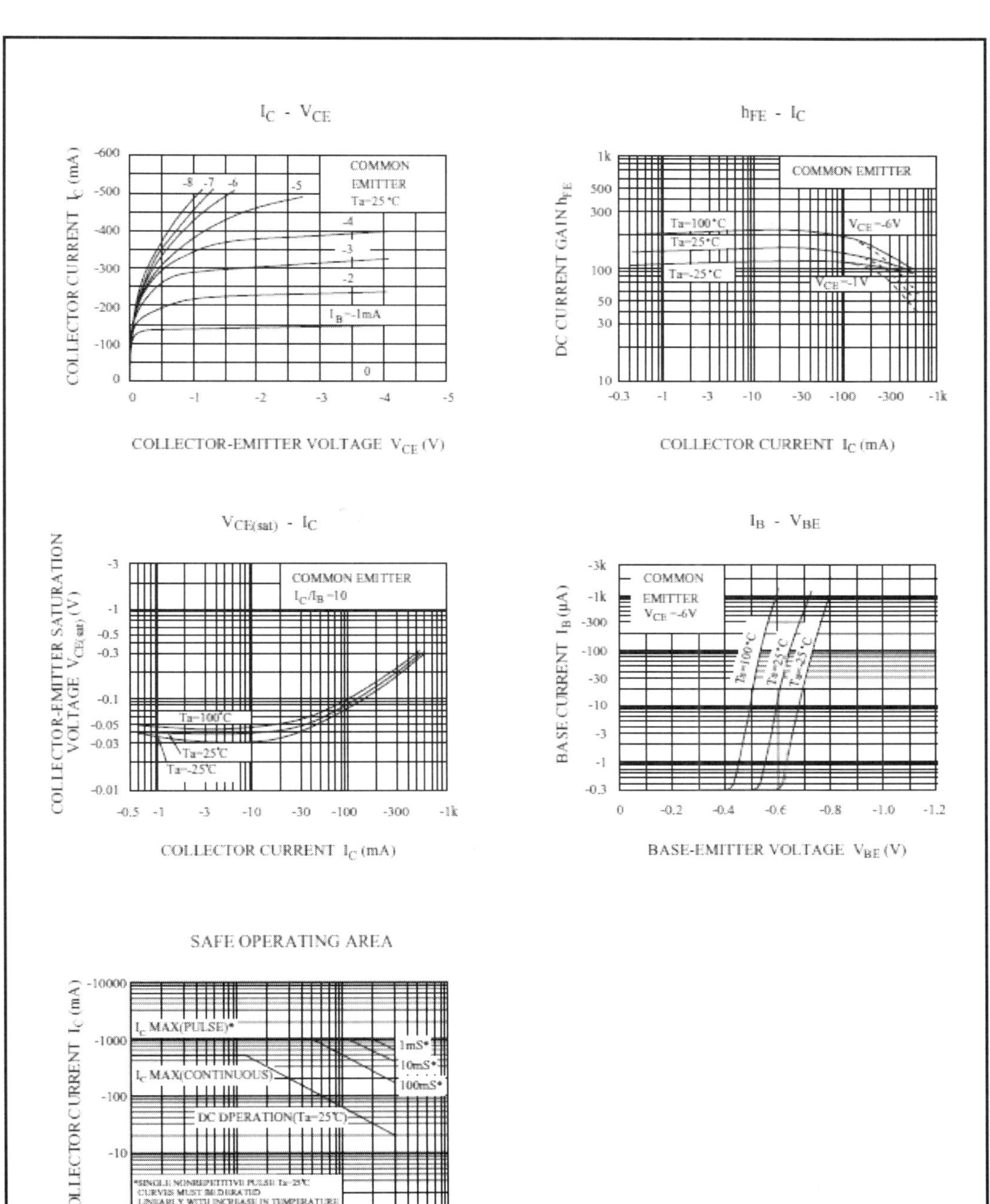
IC - VCE
COMMON EMITTER Ta=25°C
IB=-1mA
COLLECTOR CURRENT IC (mA)
COLLECTOR-EMITTER VOLTAGE VCE (V)
hFE - IC
COMMON EMITTER
Ta=100°C
Ta=25°C
Ta=-25°C
VCE=-6V
VCE=-1V
DC CURRENT GAIN hFE
COLLECTOR CURRENT IC (mA)
VCE(sat) - IC
COMMON EMITTER IC/IB=10
Ta=100°C
Ta=25°C
Ta=-25°C
COLLECTOR-EMITTER SATURATION VOLTAGE VCE(sat) (V)
COLLECTOR CURRENT IC (mA)
IB - VBE
COMMON EMITTER VCE=-6V
Ta=100°C
Ta=25°C
Ta=-25°C
BASE CURRENT IB (μA)
BASE-EMITTER VOLTAGE VBE (V)
SAFE OPERATING AREA
IC MAX(PULSE)*
IC MAX(CONTINUOUS)
1mS*
10mS*
100mS*
DC OPERATION(Ta=25°C)
COLLECTOR CURRENT IC (mA)
COLLECTOR-EMITTER VOLTAGE VCE (V)

MC7800, MC7800A, NCV7805

1.0 A Positive Voltage Regulators

These voltage regulators are monolithic integrated circuits designed as fixed−voltage regulators for a wide variety of applications including local, on−card regulation. These regulators employ internal current limiting, thermal shutdown, and safe−area compensation. With adequate heatsinking they can deliver output currents in excess of 1.0 A. Although designed primarily as a fixed voltage regulator, these devices can be used with external components to obtain adjustable voltages and currents.

- Output Current in Excess of 1.0 A
- No External Components Required
- Internal Thermal Overload Protection
- Internal Short Circuit Current Limiting
- Output Transistor Safe−Area Compensation
- Output Voltage Offered in 2% and 4% Tolerance
- Available in Surface Mount D²PAK−3, DPAK−3 and Standard 3−Lead Transistor Packages
- NCV Prefix for Automotive and Other Applications Requiring Site and Control Changes
- Pb−Free Packages are Available

MAXIMUM RATINGS (T_A = 25°C, unless otherwise noted)

Rating	Symbol	Value 369C	Value 221A	Value 936	Unit
Input Voltage (5.0 − 18 V) (24 V)	V_I	35 40			Vdc
Power Dissipation	P_D	Internally Limited			W
Thermal Resistance, Junction−to−Ambient	$R_{\theta JA}$	92	65	Figure 14	°C/W
Thermal Resistance, Junction−to−Case	$R_{\theta JC}$	5.0	5.0	5.0	°C/W
Storage Junction Temperature Range	T_{stg}	−65 to +150			°C
Operating Junction Temperature	T_J	+150			°C

Maximum ratings are those values beyond which device damage can occur. Maximum ratings applied to the device are individual stress limit values (not normal operating conditions) and are not valid simultaneously. If these limits are exceeded, device functional operation is not implied, damage may occur and reliability may be affected.
*This device series contains ESD protection and exceeds the following tests:
Human Body Model 2000 V per MIL_STD_883, Method 3015.
Machine Model Method 200 V.

TO−220−3
T SUFFIX
CASE 221A

Heatsink surface connected to Pin 2.

Pin 1. Input
2. Ground
3. Output

D²PAK−3
D2T SUFFIX
CASE 936

Heatsink surface (shown as terminal 4 in case outline drawing) is connected to Pin 2.

4

1 2
3

DPAK−3
DT SUFFIX
CASE 369C

STANDARD APPLICATION

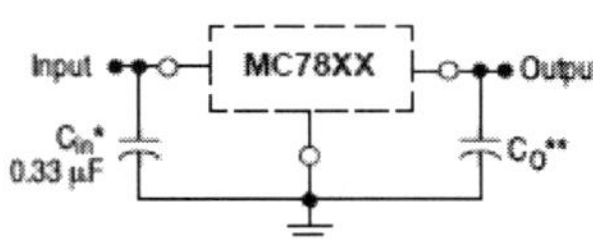

A common ground is required between the input and the output voltages. The input voltage must remain typically 2.0 V above the output voltage even during the low point on the input ripple voltage.

XX, These two digits of the type number indicate nominal voltage.

* C_{in} is required if regulator is located an appreciable distance from power supply filter.

** C_O is not needed for stability; however, it does improve transient response. Values of less than 0.1 μF could cause instability.

ELECTRICAL CHARACTERISTICS (V_{in} = 10 V, I_O = 500 mA, T_J = T_{low} to T_{high} (Note 1), unless otherwise noted)

Characteristic	Symbol	MC7805B, NCV7805			MC7805C			Unit
		Min	Typ	Max	Min	Typ	Max	
Output Voltage (T_J = 25°C)	V_O	4.8	5.0	5.2	4.8	5.0	5.2	Vdc
Output Voltage (5.0 mA ≤ I_O ≤ 1.0 A, P_D ≤ 15 W) 7.0 Vdc ≤ V_{in} ≤ 20 Vdc 8.0 Vdc ≤ V_{in} ≤ 20 Vdc	V_O	– 4.75	– 5.0	– 5.25	4.75 –	5.0 –	5.25 –	Vdc
Line Regulation (Note 4) 7.5 Vdc ≤ V_{in} ≤ 20 Vdc, 1.0 A 8.0 Vdc ≤ V_{in} ≤ 12 Vdc	Reg_{line}	– –	5.0 1.3	100 50	– –	0.5 0.8	20 10	mV
Load Regulation (Note 4) 5.0 mA ≤ I_O ≤ 1.0 A 5.0 mA ≤ I_O ≤ 1.5 A (T_A = 25°C)	Reg_{load}	– –	1.3 0.15	100 50	– –	1.3 1.3	25 25	mV
Quiescent Current	I_B	–	3.2	8.0	–	3.2	6.5	mA
Quiescent Current Change 7.0 Vdc ≤ V_{in} ≤ 25 Vdc 5.0 mA ≤ I_O ≤ 1.0 A (T_A = 25°C)	ΔI_B	– –	– –	– 0.5	– –	0.3 0.08	1.0 0.8	mA
Ripple Rejection 8.0 Vdc ≤ V_{in} ≤ 18 Vdc, f = 120 Hz	RR	–	68	–	62	83	–	dB
Dropout Voltage (I_O = 1.0 A, T_J = 25°C)	$V_I - V_O$	–	2.0	–	–	2.0	–	Vdc
Output Noise Voltage (T_A = 25°C) 10 Hz ≤ f ≤ 100 kHz	V_n	–	10	–	–	10	–	µV/V_O
Output Resistance f = 1.0 kHz	r_O	–	0.9	–	–	0.9	–	mΩ
Short Circuit Current Limit (T_A = 25°C) V_{in} = 35 Vdc	I_{SC}	–	0.2	–	–	0.6	–	A
Peak Output Current (T_J = 25°C)	I_{max}	–	2.2	–	–	2.2	–	A
Average Temperature Coefficient of Output Voltage	TCV_O	–	–0.3	–	–	–0.3	–	mV/°C

1. T_{low} = 0°C for MC78XXAC, C, T_{high} = +125°C for MC78XXAC, NCV7805
   = –40°C for MC78XXB, MC78XXAB, NCV7805
2. Load and line regulation are specified at constant junction temperature. Changes in V_O due to heating effects must be taken into account separately. Pulse testing with low duty cycle is used.

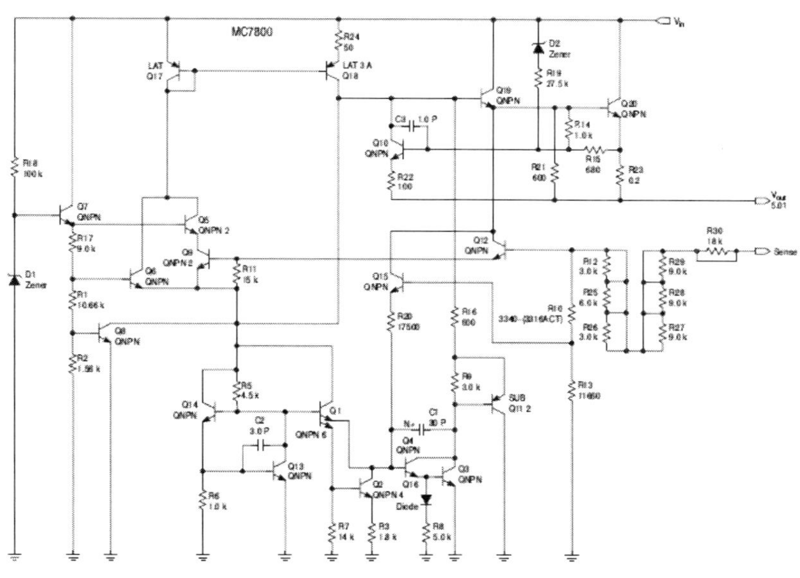

This device contains 22 active transistors.

Figure 1. Representative Schematic Diagram

APPLICATIONS INFORMATION

Design Considerations

The MC7800 Series of fixed voltage regulators are designed with Thermal Overload Protection that shuts down the circuit when subjected to an excessive power overload condition, Internal Short Circuit Protection that limits the maximum current the circuit will pass, and Output Transistor Safe–Area Compensation that reduces the output short circuit current as the voltage across the pass transistor is increased.

In many low current applications, compensation capacitors are not required. However, it is recommended that the regulator input be bypassed with a capacitor if the regulator is connected to the power supply filter with long wire lengths, or if the output load capacitance is large. An input bypass capacitor should be selected to provide good high–frequency characteristics to insure stable operation under all load conditions. A 0.33 μF or larger tantalum, mylar, or other capacitor having low internal impedance at high frequencies should be chosen. The bypass capacitor should be mounted with the shortest possible leads directly across the regulators input terminals. Normally good construction techniques should be used to minimize ground loops and lead resistance drops since the regulator has no external sense lead.

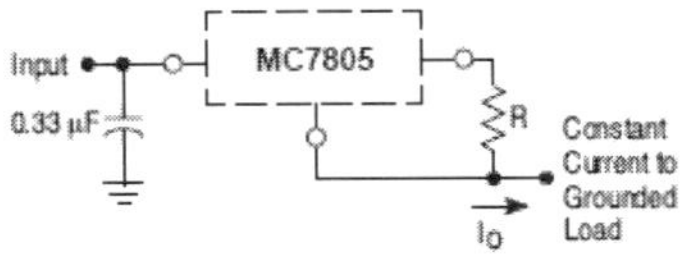

The MC7800 regulators can also be used as a current source when connected as above. In order to minimize dissipation the MC7805C is chosen in this application. Resistor R determines the current as follows:

$$I_O = \frac{5.0\ V}{R} + I_B$$

$I_B \cong 3.2$ mA over line and load changes.

For example, a 1.0 A current source would require R to be a 5.0 Ω, 10 W resistor and the output voltage compliance would be the input voltage less 7.0 V.

Figure 8. Current Regulator

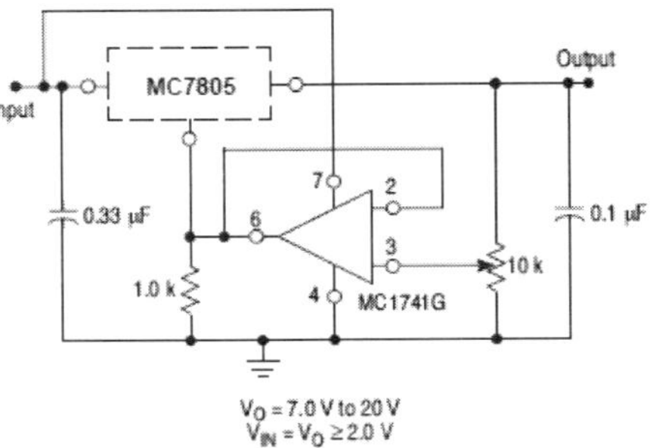

The addition of an operational amplifier allows adjustment to higher or intermediate values while retaining regulation characteristics. The minimum voltage obtainable with this arrangement is 2.0 V greater than the regulator voltage.

Figure 9. Adjustable Output Regulator

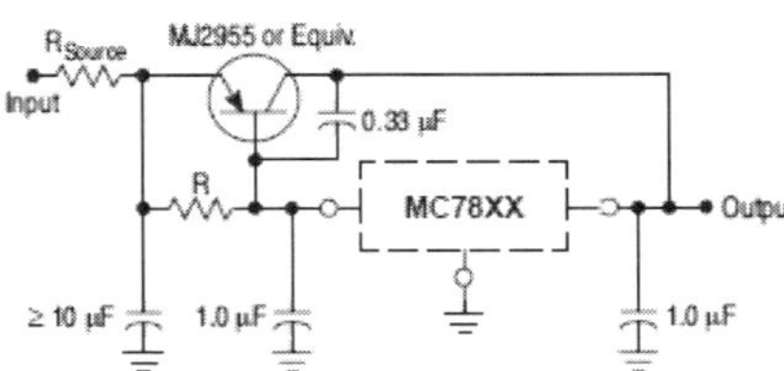

XX = 2 digits of type number indicating voltage.

The MC7800 series can be current boosted with a PNP transistor. The MJ2955 provides current to 5.0 A. Resistor R in conjunction with the V_{BE} of the PNP determines when the pass transistor begins conducting; this circuit is not short circuit proof. Input/output differential voltage minimum is increased by V_{BE} of the pass transistor.

Figure 10. Current Boost Regulator

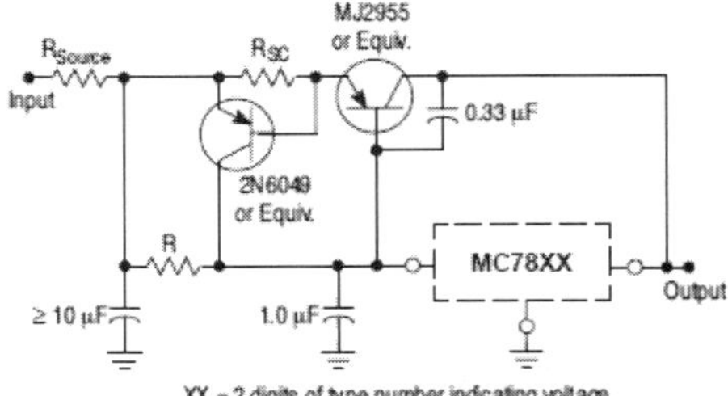

XX = 2 digits of type number indicating voltage.

The circuit of Figure 10 can be modified to provide supply protection against short circuits by adding a short circuit sense resistor, R_{SC}, and an additional PNP transistor. The current sensing PNP must be able to handle the short circuit current of the three–terminal regulator. Therefore, a four–ampere plastic power transistor is specified.

Figure 11. Short Circuit Protection

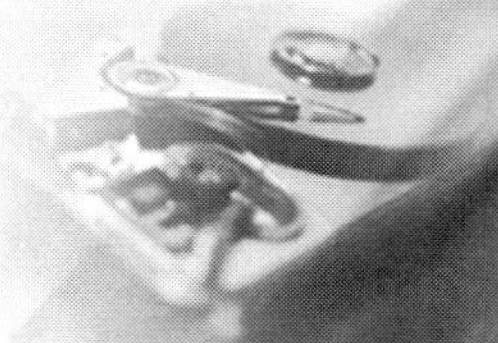

MC7900 Series

1.0 A Negative Voltage Regulators

The MC7900 series of fixed output negative voltage regulators are intended as complements to the popular MC7800 series devices. These negative regulators are available in the same seven–voltage options as the MC7800 devices. In addition, one extra voltage option commonly employed in MECL systems is also available in the negative MC7900 series.

Available in fixed output voltage options from −5.0 V to −24 V, these regulators employ current limiting, thermal shutdown, and safe–area compensation – making them remarkably rugged under most operating conditions. With adequate heatsinking they can deliver output currents in excess of 1.0 A.

- No External Components Required
- Internal Thermal Overload Protection
- Internal Short Circuit Current Limiting
- Output Transistor Safe–Area Compensation
- Available in 2% Voltage Tolerance (See Ordering Information)
- Pb–Free Package May be Available. The G–Suffix Denotes a Pb–Free Lead Finish

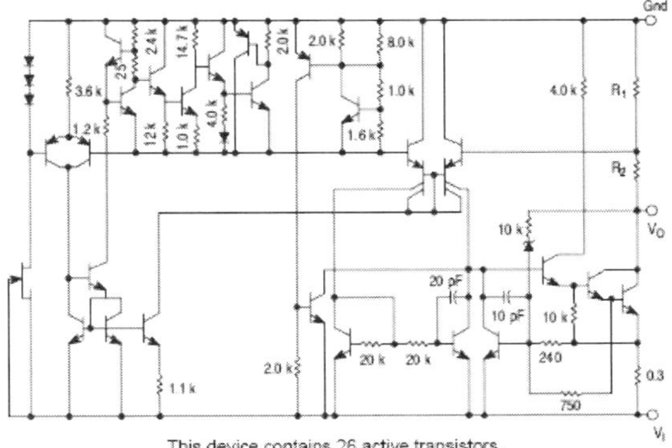

Figure 1. Representative Schematic Diagram

TO–220
T SUFFIX
CASE 221A

Heatsink surface connected to Pin 2.

Pin 1. Ground
2. Input
3. Output

D²PAK
D2T SUFFIX
CASE 936

Heatsink surface (shown as terminal 4 in case outline drawing) is connected to Pin 2.

STANDARD APPLICATION

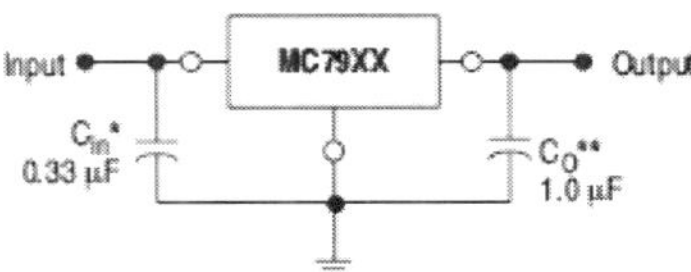

A common ground is required between the input and the output voltages. The input voltage must remain typically 2.0 V above more negative even during the high point of the input ripple voltage.

XX, These two digits of the type number indicate nominal voltage.

* C_{in} is required if regulator is located an appreciable distance from power supply filter.

** C_O improve stability and transient response.

MAXIMUM RATINGS (T_A = +25°C, unless otherwise noted.)

Rating	Symbol	Value	Unit
Input Voltage (−5.0 V ≥ V_O ≥ −18 V) (24 V)	V_I	−35 −40	Vdc
Power Dissipation Case 221A T_A = +25°C Thermal Resistance, Junction−to−Ambient Thermal Resistance, Junction−to−Case Case 936 (D^2PAK) T_A = +25°C Thermal Resistance, Junction−to−Ambient Thermal Resistance, Junction−to−Case	 P_D θ_{JA} θ_{JC} P_D θ_{JA} θ_{JC}	 Internally Limited 65 5.0 Internally Limited 70 5.0	 W °C/W °C/W W °C/W °C/W
Storage Junction Temperature Range	T_{stg}	−65 to +150	°C
Junction Temperature	T_J	+150	°C

Maximum ratings are those values beyond which device damage can occur. Maximum ratings applied to the device are individual stress limit values (not normal operating conditions) and are not valid simultaneously. If these limits are exceeded, device functional operation is not implied, damage may occur and reliability may be affected.
*This device series contains ESD protection and exceeds the following tests:
Human Body Model 2000 V per MIL_STD_883, Method 3015
Machine Model Method 200 V

MC7905B, MC7905C
ELECTRICAL CHARACTERISTICS (V_I = −10 V, I_O = 500 mA, Tlow* < T_J < +125°C, unless otherwise noted.)

Characteristics	Symbol	Min	Typ	Max	Unit
Output Voltage (T_J = +25°C)	V_O	−4.8	−5.0	−5.2	Vdc
Line Regulation (Note 1) (T_J = +25°C, I_O = 100 mA) −7.0 Vdc ≥ V_I ≥ −25 Vdc −8.0 Vdc ≥ V_I ≥ −12 Vdc (T_J = +25°C, I_O = 500 mA) −7.0 Vdc ≥ V_I ≥ −25 Vdc −8.0 Vdc ≥ V_I ≥ −12 Vdc	Reg_{line}	 − − − −	 7.0 2.0 35 8.0	 50 25 100 50	mV
Load Regulation, T_J = +25°C (Note 1) 5.0 mA ≤ I_O ≤ 1.5 A 250 mA ≤ I_O ≤ 750 mA	Reg_{load}	 − −	 11 4.0	 100 50	mV
Output Voltage −7.0 Vdc ≥ V_I ≥ −20 Vdc, 5.0 mA ≤ I_O ≤ 1.0 A, P ≤ 15 W	V_O	 −4.75	 −	 −5.25	Vdc
Input Bias Current (T_J = +25°C)	I_{IB}	−	4.3	8.0	mA
Input Bias Current Change −7.0 Vdc ≥ V_I ≥ −25 Vdc 5.0 mA ≤ I_O ≤ 1.5 A	ΔI_{IB}	 − −	 − −	 1.3 0.5	mA
Output Noise Voltage (T_A = +25°C, 10 Hz ≤ f ≤ 100 kHz)	V_n	−	40	−	μV
Ripple Rejection (I_O = 20 mA, f = 120 Hz)	RR	−	70	−	dB
Dropout Voltage I_O = 1.0 A, T_J = +25°C	V_I−V_O	 −	 1.3	 −	Vdc
Average Temperature Coefficient of Output Voltage I_O = 5.0 mA, Tlow* ≤ T_J ≤ +125°C	$\Delta V_O/\Delta T$	 −	 −1.0	 −	mV/°C

1. Load and line regulation are specified at constant junction temperature. Changes in V_O due to heating effects must be taken into account separately. Pulse testing with low duty cycle is used.

*Tlow = −40°C for MC7905B and Tlow = 0°C for MC7905C.

APPLICATIONS INFORMATION

Design Considerations

The MC7900 Series of fixed voltage regulators are designed with Thermal overload Protection that shuts down the circuit when subjected to an excessive power overload condition. Internal Short Circuit Protection that limits the maximum current the circuit will pass, and Output Transistor Safe–Area Compensation that reduces the output short circuit current as the voltage across the pass transistor is increased.

In many low current applications, compensation capacitors are not required. However, it is recommended that the regulator input be bypassed with a capacitor if the regulator is connected to the power supply filter with long wire lengths, or if the output load capacitance is large. An input bypass capacitor should be selected to provide good high–frequency characteristics to insure stable operation under all load conditions. A 0.33 µF or larger tantalum, mylar, or other capacitor having low internal impedance at high frequencies should be chosen. The capacitor chosen should have an equivalent series resistance of less than 0.7 Ω. The bypass capacitor should be mounted with the shortest possible leads directly across the regulators input terminals. Normally good construction techniques should be used to minimize ground loops and lead resistance drops since the regulator has no external sense lead. Bypassing the output is also recommended.

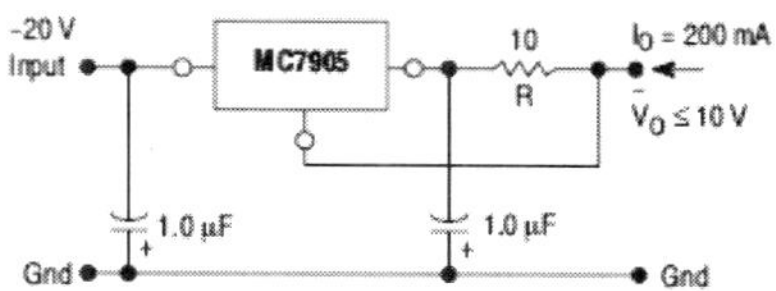

The MC7905, -5.0 V regulator can be used as a constant current source when connected as above. The output current is the sum of resistor R current and quiescent bias current as follows.

$$I_O = \frac{5.0\ V}{R} + I_B$$

The quiescent current for this regulator is typically 4.3 mA. The 5.0 V regulator was chosen to minimize dissipation and to allow the output voltage to operate to within 6.0 V below the input voltage.

Figure 8. Current Regulator

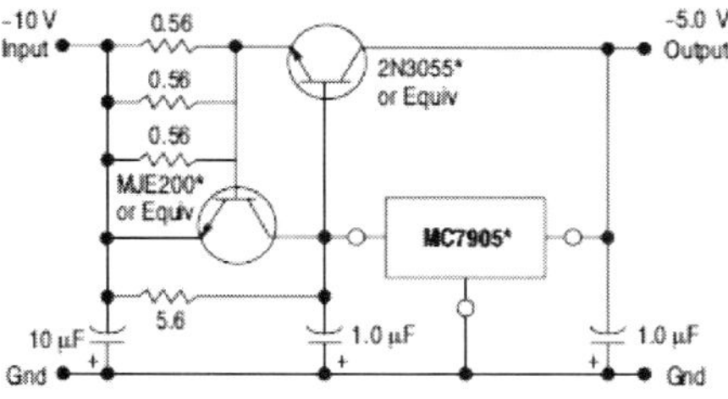

*Mounted on heatsink.

When a boost transistor is used, short circuit currents are equal to the sum of the series pass and regulator limits, which are measured at 3.2 A and 1.8 A respectively in this case. Series pass limiting is approximately equal to 0.6 V/R_{SC}. Operation beyond this point to the peak current capability of the MC7905C is possible if the regulator is mounted on a heatsink; otherwise thermal shutdown will occur when the additional load current is picked up by the regulator.

Figure 9. Current Boost Regulator
(–5.0 V @ 4.0 A, with 5.0 A Current Limiting)

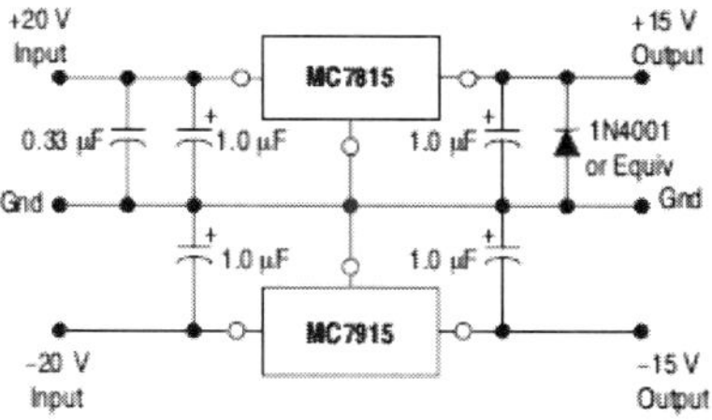

The MC7815 and MC7915 positive and negative regulators may be connected as shown to obtain a dual power supply for operational amplifiers. A clamp diode should be used at the output of the MC7815 to prevent potential latch-up problems whenever the output of the positive regulator (MC7815) is drawn below ground with an output current greater than 200 mA.

Figure 10. Operational Amplifier Supply
(±15 @ 1.0 A)

THYRISTORS
2P4M, 2P5M, 2P6M

DESCRIPTION

The 2P4M to 2P6M are P-gate all diffused plastic molded type SCR granted average on-state current 2 Amps (T_C = 77 °C), with rated voltages up to 600 volts.

FEATURES

- Easy installation by its miniature size and thin electrode leads.
- Less holding current distribution provides free application design.
- Low cost because of mass-production.

QUALITY GRADE

Standard

Please refer to "Quality grade on NEC Semiconductor Devices" (Document number IEI-1209) published by NEC Corporation to know the specification of quality grade on the devices and its recommended applications.

APPLICATIONS

Electric blanket, Electronic jar, Various temperature control.
Electric sewing machine, Speed control of miniature type motor.
Light display equipment, Lamp dimmer such as a display for entertainment.
Automatic gas lighter, Battery charger.
Solid state static switches etc.

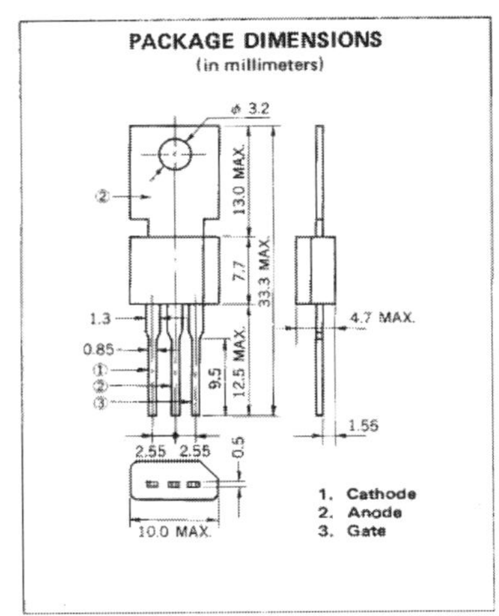

ABSOLUTE MAXIMUM RATINGS (T_a = 25 °C)

CHARACTERISTIC	SYMBOL	2P4M	2P5M	2P6M	UNIT	NOTE
Non-Repetitive Peak Reverse Voltage*	V_{RSM}	500	600	700	V	R_{GK} = 1 kΩ
Non-Repetitive Peak Off-state Voltage*	V_{DSM}	500	600	700	V	R_{GK} = 1 kΩ
Repetitive Peak Reverse Voltage*	V_{RRM}	400	500	600	V	R_{GK} = 1 kΩ
Repetitive Peak Off-state Voltage*	V_{DRM}	400	500	600	V	R_{GK} = 1 kΩ
On-state Current	$I_{T(AV)}$	2 (T_C= 77 °C, θ = 180 ° Single phase (1/2 wave)			A	See Fig.3, Fig.4
Surge Non-Repetitive On-state Current	I_{TSM}	20			A	See Fig. 10
Peak Gate Power Dissipation	P_{GM}	0.5 (f ≧ 50 Hz, Duty ≦ 10 %)			W	
Average Gate Power Dissipation	$P_{G(AV)}$	0.1			W	
Peak Gate Forward Current	I_{FGM}	0.2 (f ≧ 50 Hz, Duty ≦ 10 %)			A	
Peak Gate Reverse Voltage	V_{RGM}	6			V	
Junction Temperature	T_j	−40 to + 125			°C	
Storage Temperature	T_{stg}	−55 to + 150			°C	
Weight		1.4			g	

T_C: Case Temperature is measured at 1.5 mm from the neck of Tablet.

ELECTRICAL CHARACTERISTICS (T_a = 25 °C)

CHARACTERISTIC	SYMBOL	TEST CONDITIONS	MIN.	TYP.	MAX.	UNIT	NOTE
Repetitive Peak Reverse Current*	I_{RRM}	$V_{RM} = V_{RRM}$, T_j = 125 °C R_{GK} = 1 kΩ	–	–	100	μA	
Repetitive Peak Off-state Current*	I_{DRM}	$V_{DM} = V_{DRM}$, T_j = 125 °C R_{GK} = 1 kΩ	–	–	100	μA	
On-state Voltage	V_{TM}	I_{TM} = 4 A	–	–	2.2	V	See Fig. 1
Gate-Trigger Current*	I_{GT}	V_{DM} = 6 V, R_L = 100 Ω R_{GK} = 1 kΩ	–	–	200	μA	See Fig. 5 Fig. 7
Gate-Trigger Voltage*	V_{GT}	V_{DM} = 6 V, R_L = 100 Ω R_{GK} = 1 kΩ	–	–	0.8	V	See Fig. 6, Fig. 8
Gate Non-Trigger Voltage*	V_{GD}	V_{DM} = 1/2 V_{DRM}, T_j = 125 °C R_{GK} = 1 kΩ	0.2	–	–	V	
Critical Rate-of-Rise of Off-state Voltage	dv/dt	V_{DM} = 2/3 V_{DRM}, T_j = 125 °C R_{GK} = 1 kΩ	10	10**	–	V/μS	** 2P5M, 2P6M
Holding Current*	I_H	V_D = 24 V, R_{GK} = 1 kΩ I_{TM} = 4 A	–	1	3	mA	See Fig. 9
Thermal Resistance	R_{th} (j-c)	Junction to Case	–	–	10	°C/W	See Fig. 11
	R_{th} (j-a)	Junction to Ambient	–	–	75		See Fig. 11

** Note: Insert a resistance less than 1 kΩ between gate and cathode, because the items indicated are guaranteed by connecting short resistance between gate and cathode (R_{GK} = 1 kΩ).

EXAMPLE OF R_{GK} INSERTION

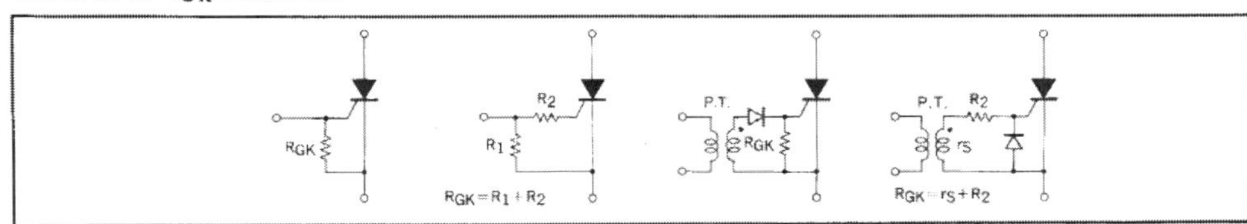

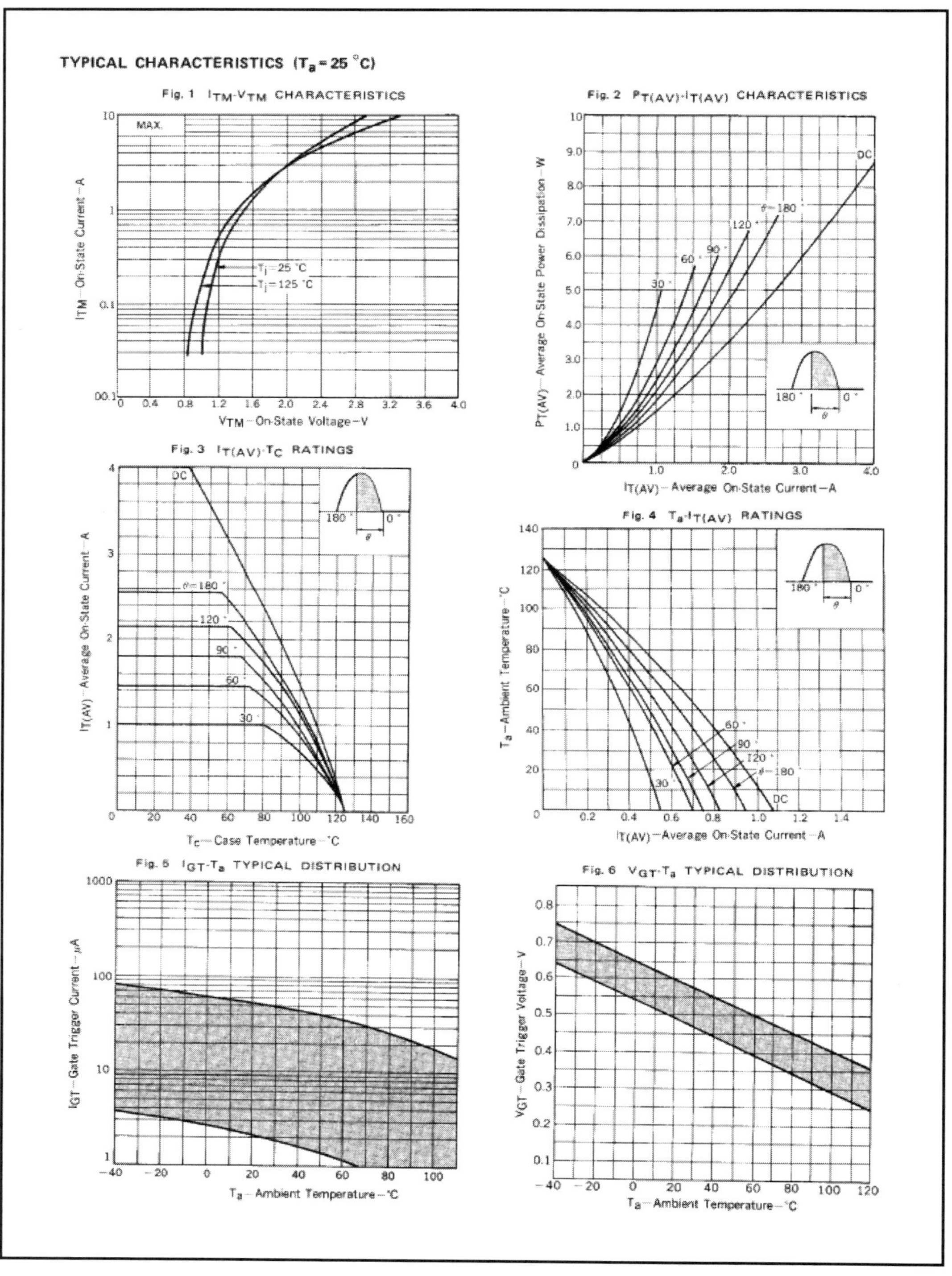
TYPICAL CHARACTERISTICS (T_a = 25 °C)
Fig. 1 I_{TM}-V_{TM} CHARACTERISTICS
MAX.
T_j = 25 °C
T_j = 125 °C
I_{TM} — On-State Current — A
V_{TM} — On-State Voltage — V
Fig. 2 $P_{T(AV)}$-$I_{T(AV)}$ CHARACTERISTICS
DC
θ = 180 °
120 °
90 °
60 °
30 °
$P_{T(AV)}$ — Average On-State Power Dissipation — W
$I_{T(AV)}$ — Average On-State Current — A
Fig. 3 $I_{T(AV)}$-T_C RATINGS
$I_{T(AV)}$ — Average On-State Current — A
T_C — Case Temperature — °C
Fig. 4 T_a-$I_{T(AV)}$ RATINGS
T_a — Ambient Temperature — °C
$I_{T(AV)}$ — Average On-State Current — A
Fig. 5 I_{GT}-T_a TYPICAL DISTRIBUTION
I_{GT} — Gate Trigger Current — μA
T_a — Ambient Temperature — °C
Fig. 6 V_{GT}-T_a TYPICAL DISTRIBUTION
V_{GT} — Gate Trigger Voltage — V
T_a — Ambient Temperature — °C

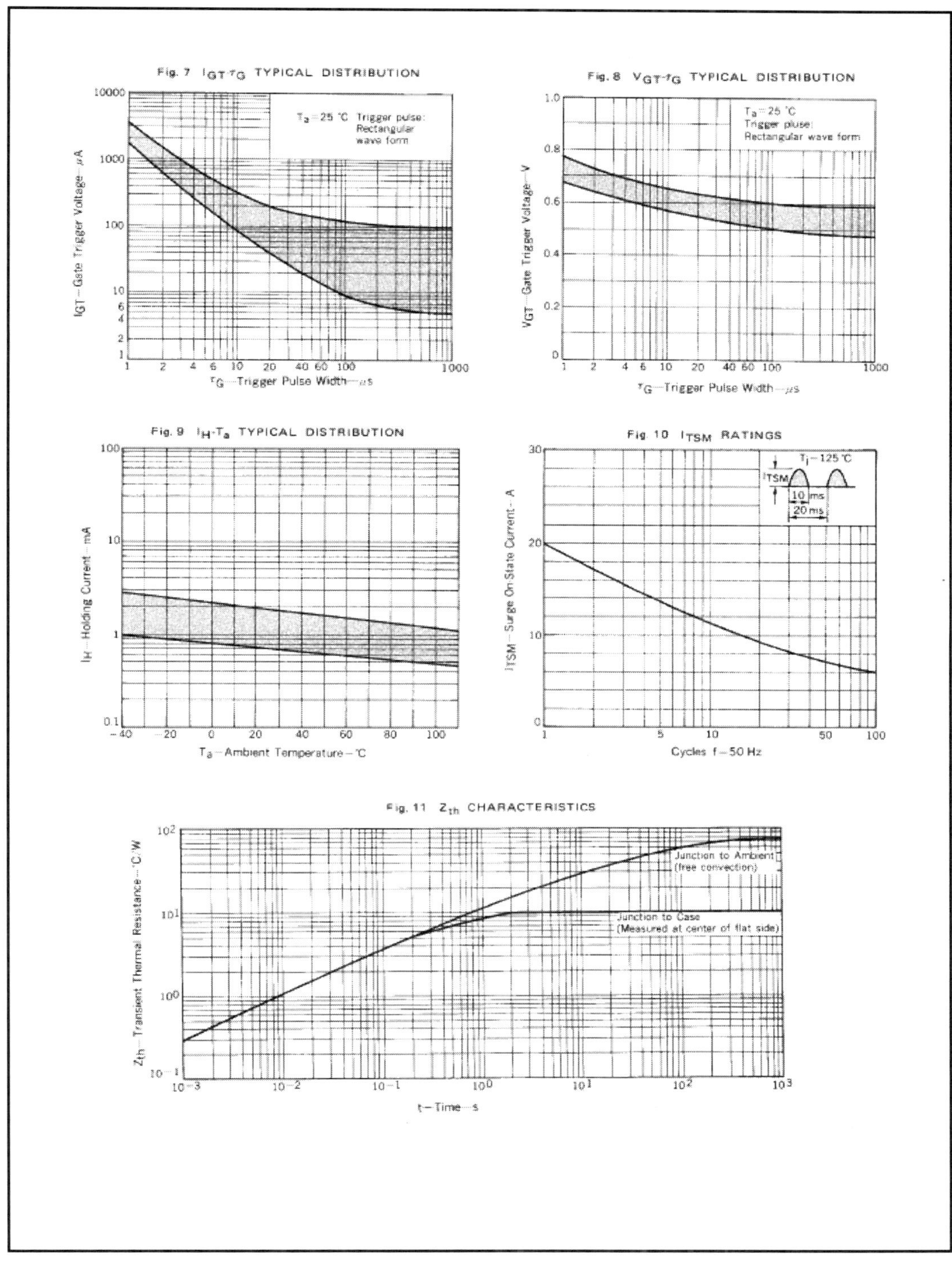
Fig. 7 IGT-τG TYPICAL DISTRIBUTION
Ta=25 °C Trigger pulse: Rectangular wave form
IGT - Gate Trigger Voltage - μA
τG - Trigger Pulse Width - μs
Fig. 8 VGT-τG TYPICAL DISTRIBUTION
Ta=25 °C Trigger pluse: Rectangular wave form
VGT - Gate Trigger Voltage - V
τG - Trigger Pulse Width - μs
Fig. 9 IH-Ta TYPICAL DISTRIBUTION
IH - Holding Current - mA
Ta - Ambient Temperature - °C
Fig. 10 ITSM RATINGS
Tj=125 °C
ITSM
10 ms
20 ms
ITSM - Surge On State Current - A
Cycles f=50 Hz
Fig. 11 Zth CHARACTERISTICS
Junction to Ambient (free convection)
Junction to Case (Measured at center of flat side)
Zth - Transient Thermal Resistance - °C/W
t - Time - s

Phase Control IC

TCA 785

Bipolar IC

Features

- Reliable recognition of zero passage
- Large application scope
- May be used as zero point switch
- LSL compatible
- Three-phase operation possible (3 ICs)
- Output current 250 mA
- Large ramp current range
- Wide temperature range

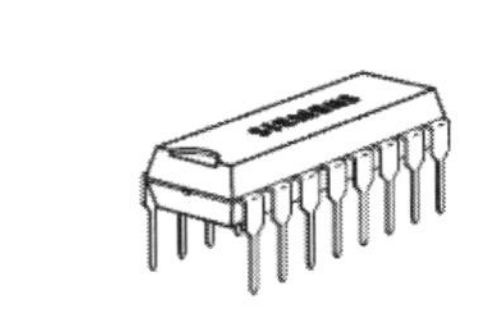

P-DIP-16-1

Type	Ordering Code	Package
TCA 785	Q67000-A2321	P-DIP-16-1

This phase control IC is intended to control thyristors, triacs, and transistors. The trigger pulses can be shifted within a phase angle between 0 ° and 180 °. Typical applications include converter circuits, AC controllers and three-phase current controllers.

This IC replaces the previous types TCA 780 and TCA 780 D.

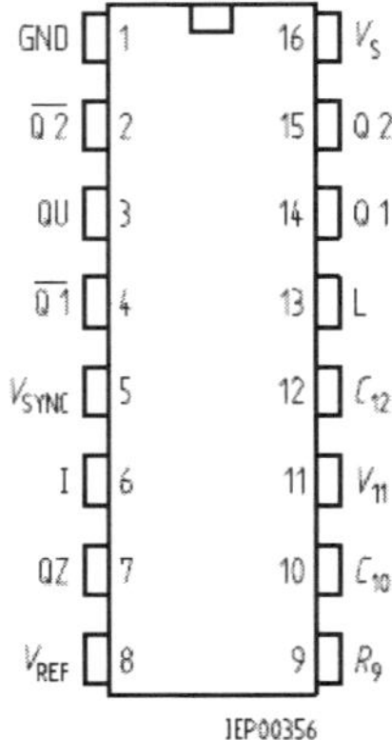

Pin Configuration
(top view)

Pin Definitions and Functions

Pin	Symbol	Function
1	GND	Ground
2 3 4	$\overline{Q2}$ Q U $\overline{Q2}$	Output 2 inverted Output U Output 1 inverted
5	V_{SYNC}	Synchronous voltage
6 7	I Q Z	Inhibit Output Z
8	V_{REF}	Stabilized voltage
9 10	R_9 C_{10}	Ramp resistance Ramp capacitance
11	V_{11}	Control voltage
12	C_{12}	Pulse extension
13	L	Long pulse
14 15	Q 1 Q 2	Output 1 Output 2
16	V_S	Supply voltage

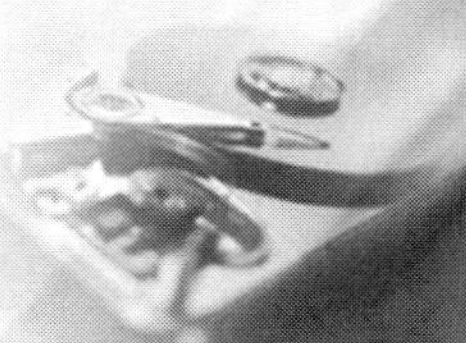

Functional Description

The synchronization signal is obtained via a high-ohmic resistance from the line voltage (voltage V_5). A zero voltage detector evaluates the zero passages and transfers them to the synchronization register.

This synchronization register controls a ramp generator, the capacitor C_{10} of which is charged by a constant current (determined by R_9). If the ramp voltage V_{10} exceeds the control voltage V_{11} (triggering angle φ), a signal is processed to the logic. Dependent on the magnitude of the control voltage V_{11}, the triggering angle φ can be shifted within a phase angle of 0° to 180°.

For every half wave, a positive pulse of approx. 30 μs duration appears at the outputs Q 1 and Q 2. The pulse duration can be prolonged up to 180° via a capacitor C_{12}. If pin 12 is connected to ground, pulses with a duration between φ and 180° will result.

Outputs $\overline{Q1}$ and $\overline{Q2}$ supply the inverse signals of Q 1 and Q 2.

A signal of φ +180° which can be used for controlling an external logic,is available at pin 3.

A signal which corresponds to the NOR link of Q 1 and Q 2 is available at output Q Z (pin 7).

The inhibit input can be used to disable outputs Q1, Q2 and $\overline{Q1}$, $\overline{Q2}$.

Pin 13 can be used to extend the outputs $\overline{Q1}$ and $\overline{Q2}$ to full pulse length (180° – φ).

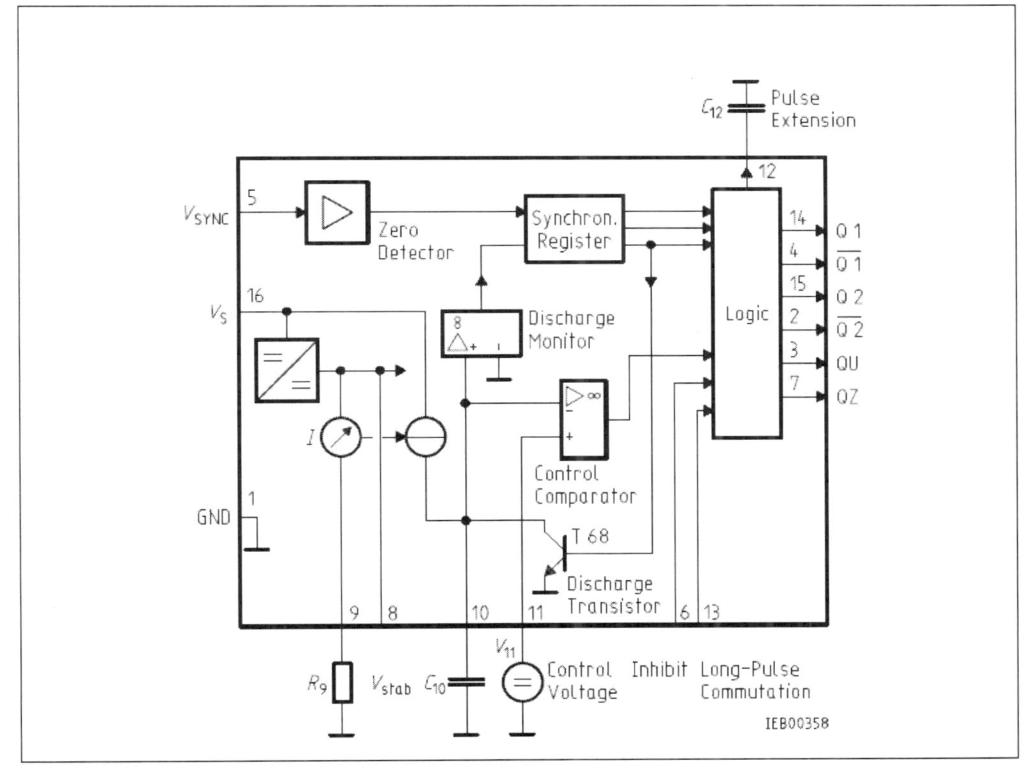

Block Diagram

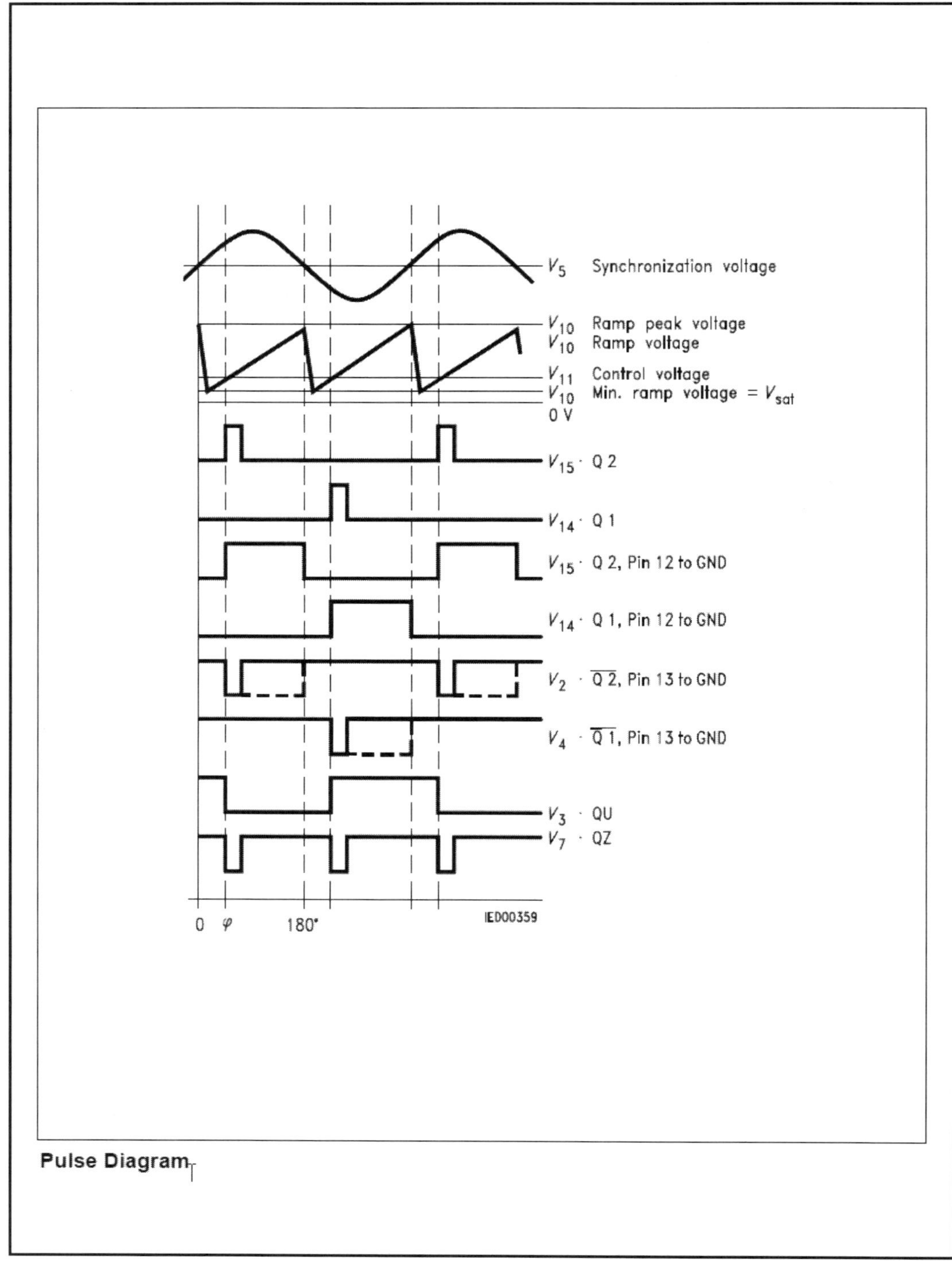

Pulse Diagram

Absolute Maximum Ratings

Parameter	Symbol	Limit Values		Unit
		min.	max.	
Supply voltage	V_S	– 0.5	18	V
Output current at pin 14, 15	I_Q	– 10	400	mA
Inhibit voltage Control voltage Voltage short-pulse circuit	V_6 V_{11} V_{13}	– 0.5 – 0.5 – 0.5	V_S V_S V_S	V V V
Synchronization input current	V_5	– 200	± 200	μA
Output voltage at pin 14, 15	V_Q		V_S	V
Output current at pin 2, 3, 4, 7	I_Q		10	mA
Output voltage at pin 2, 3, 4, 7	V_Q		V_S	V
Junction temperature Storage temperature	T_j T_{stg}	 – 55	150 125	˚C ˚C
Thermal resistance system - air	$R_{th\ SA}$		80	K/W

Operating Range

Parameter	Symbol	min.	max.	Unit
Supply voltage	V_S	8	18	V
Operating frequency	f	10	500	Hz
Ambient temperature	T_A	– 25	85	˚C

Characteristics

$8 \le V_S \le 18$ V; -25 ˚C $\le T_A \le 85$ ˚C; $f = 50$ Hz

Parameter	Symbol	Limit Values			Unit	Test Circuit
		min.	typ.	max.		
Supply current consumption S1 … S6 open $V_{11} = 0$ V $C_{10} = 47$ nF; $R_9 = 100$ kΩ	I_S	4.5	6.5	10	mA	1
Synchronization pin 5 Input current R_2 varied Offset voltage	 $I_{5\ rms}$ ΔV_5	 30	 30	 200 75	 μA mV	 1 4
Control input pin 11 Control voltage range Input resistance	 V_{11} R_{11}	 0.2	 15	 $V_{10\ peak}$	 V kΩ	 1 5

Characteristics (cont'd)
$8 \leq V_S \leq 18$ V; -25 °C $\leq T_A \leq 85$ °C; $f = 50$ Hz

Parameter	Symbol	Limit Values			Unit	Test Circuit
		min.	typ.	max.		
Ramp generator						
Charge current	I_{10}	10		1000	μA	
Max. ramp voltage	V_{10}			$V_2 - 2$	V	1
Saturation voltage at capacitor	V_{10}	100	225	350	mV	1.6
Ramp resistance	R_9	3		300	kΩ	1
Sawtooth return time	t_f		80		μs	1
Inhibit pin 6						
switch-over of pin 7						
Outputs disabled	$V_{6\,L}$		3.3	2.5	V	1
Outputs enabled	$V_{6\,H}$	4	3.3		V	1
Signal transition time	t_r	1		5	μs	1
Input current $V_6 = 8$ V	$I_{6\,H}$		500	800	μA	1
Input current $V_6 = 1.7$ V	$-I_{6\,L}$	80	150	200	μA	1
Deviation of I_{10} R_9 = const. $V_S = 12$ V; $C_{10} = 47$ nF	I_{10}	− 5		5	%	1
Deviation of I_{10} R_9 = const. $V_S = 8$ V to 18 V	I_{10}	− 20		20	%	1
Deviation of the ramp voltage between 2 following half-waves, V_S = const.	$\Delta V_{10\,max}$		± 1		%	
Long pulse switch-over pin 13						
switch-over of S8						
Short pulse at output	$V_{13\,H}$	3.5	2.5		V	1
Long pulse at output	$V_{13\,L}$		2.5	2	V	1
Input current $V_{13} = 8$ V	$I_{13\,H}$			10	μA	1
Input current $V_{13} = 1.7$ V	$-I_{13\,L}$	45	65	100	μA	1
Outputs pin 2, 3, 4, 7						
Reverse current $V_Q = V_S$	I_{CEO}			10	μA	2.6
Saturation voltage $I_Q = 2$ mA	V_{sat}	0.1	0.4	2	V	2.6

Characteristics (cont'd)
$8 \le V_S \le 18$ V; -25 °C $\le T_A \le 85$ °C; $f = 50$ Hz

Parameter	Symbol	Limit Values			Unit	Test Circuit
		min.	typ.	max.		
Outputs pin 14, 15						
H-output voltage $-I_Q = 250$ mA	$V_{14/15\,H}$	$V_S - 3$	$V_S - 2.5$	$V_S - 1.0$	V	3.6
L-output voltage $I_Q = 2$ mA	$V_{14/15\,L}$	0.3	0.8	2	V	2.6
Pulse width (short pulse) S9 open	t_P	20	30	40	µs	1
Pulse width (short pulse) with C_{12}	t_P	530	620	760	µs/ nF	1
Internal voltage control						
Reference voltage Parallel connection of 10 ICs possible	V_{REF}	2.8	3.1	3.4	V	1
TC of reference voltage	α_{REF}		2×10^{-4}	5×10^{-4}	1/K	1

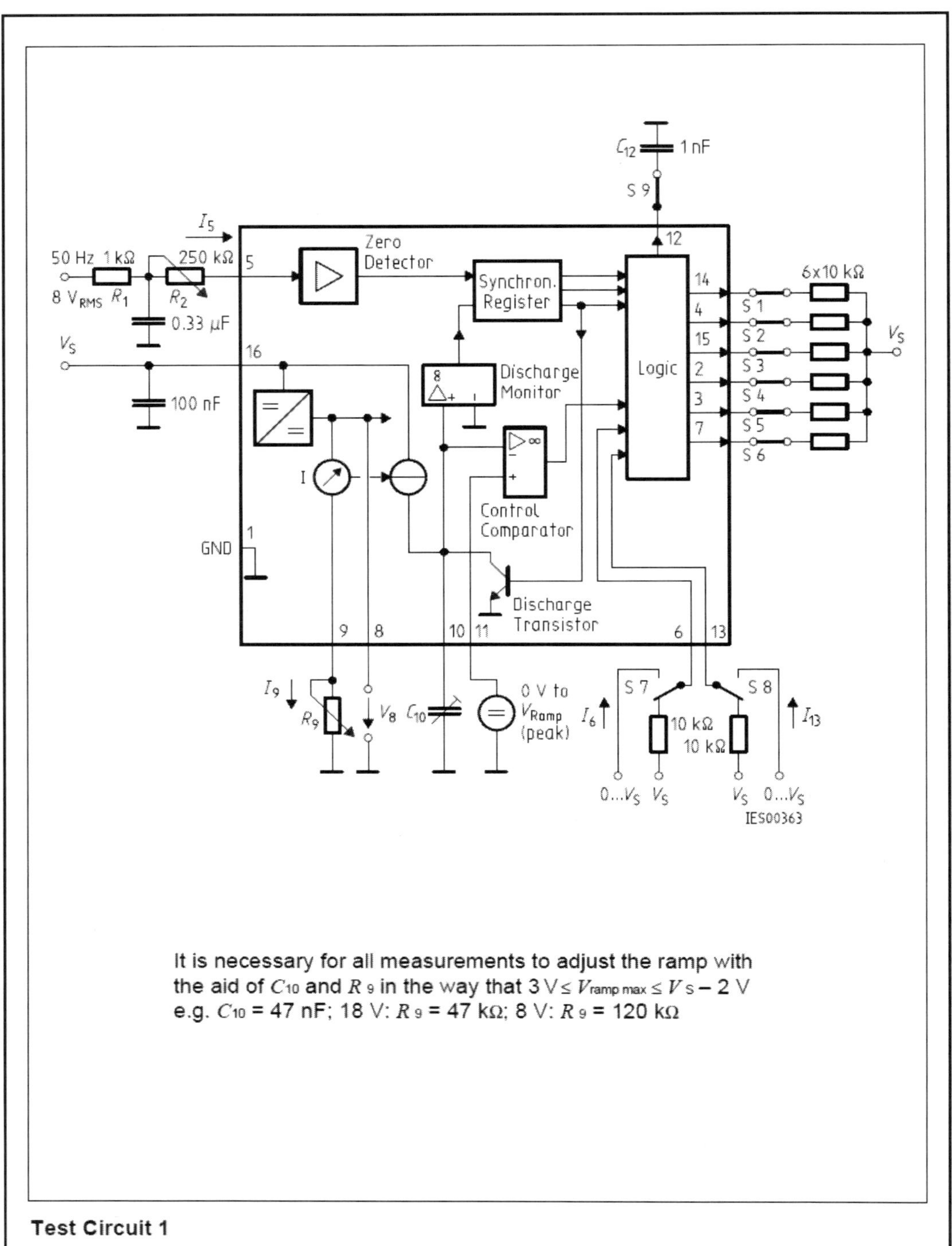

It is necessary for all measurements to adjust the ramp with the aid of C_{10} and R_9 in the way that $3\text{ V} \le V_{\text{ramp max}} \le V_S - 2\text{ V}$

e.g. C_{10} = 47 nF; 18 V: R_9 = 47 kΩ; 8 V: R_9 = 120 kΩ

Test Circuit 1

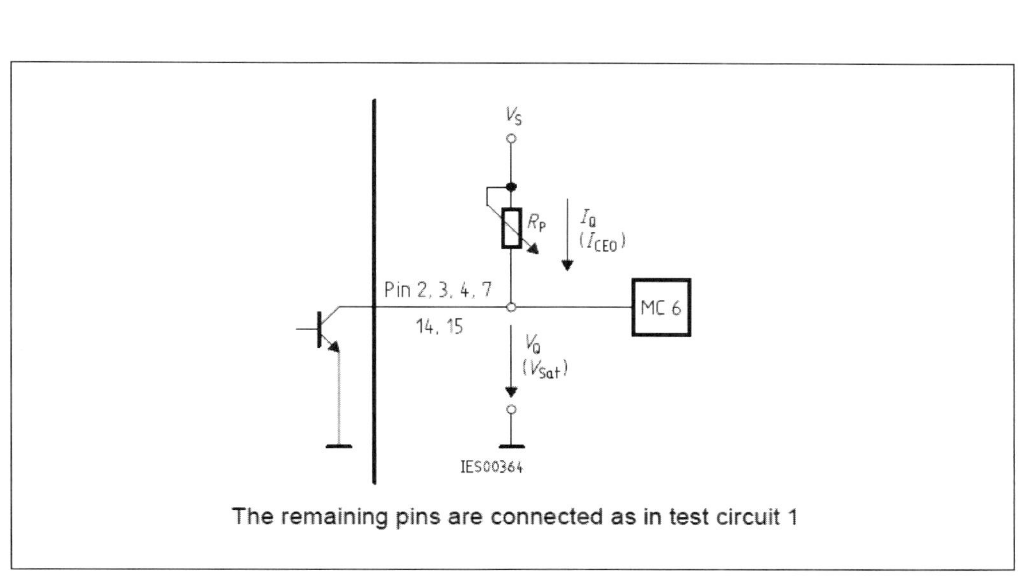

The remaining pins are connected as in test circuit 1

Test Circuit 2

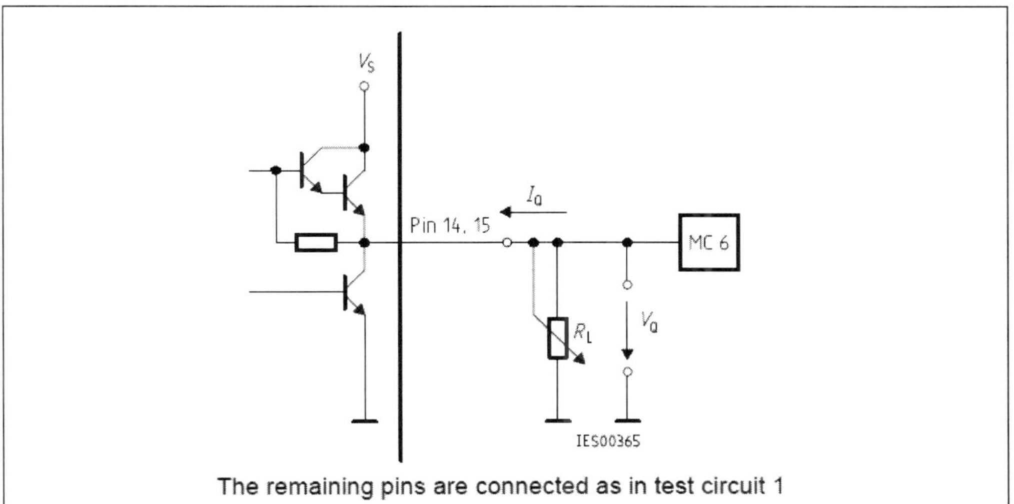

The remaining pins are connected as in test circuit 1

Test Circuit 3

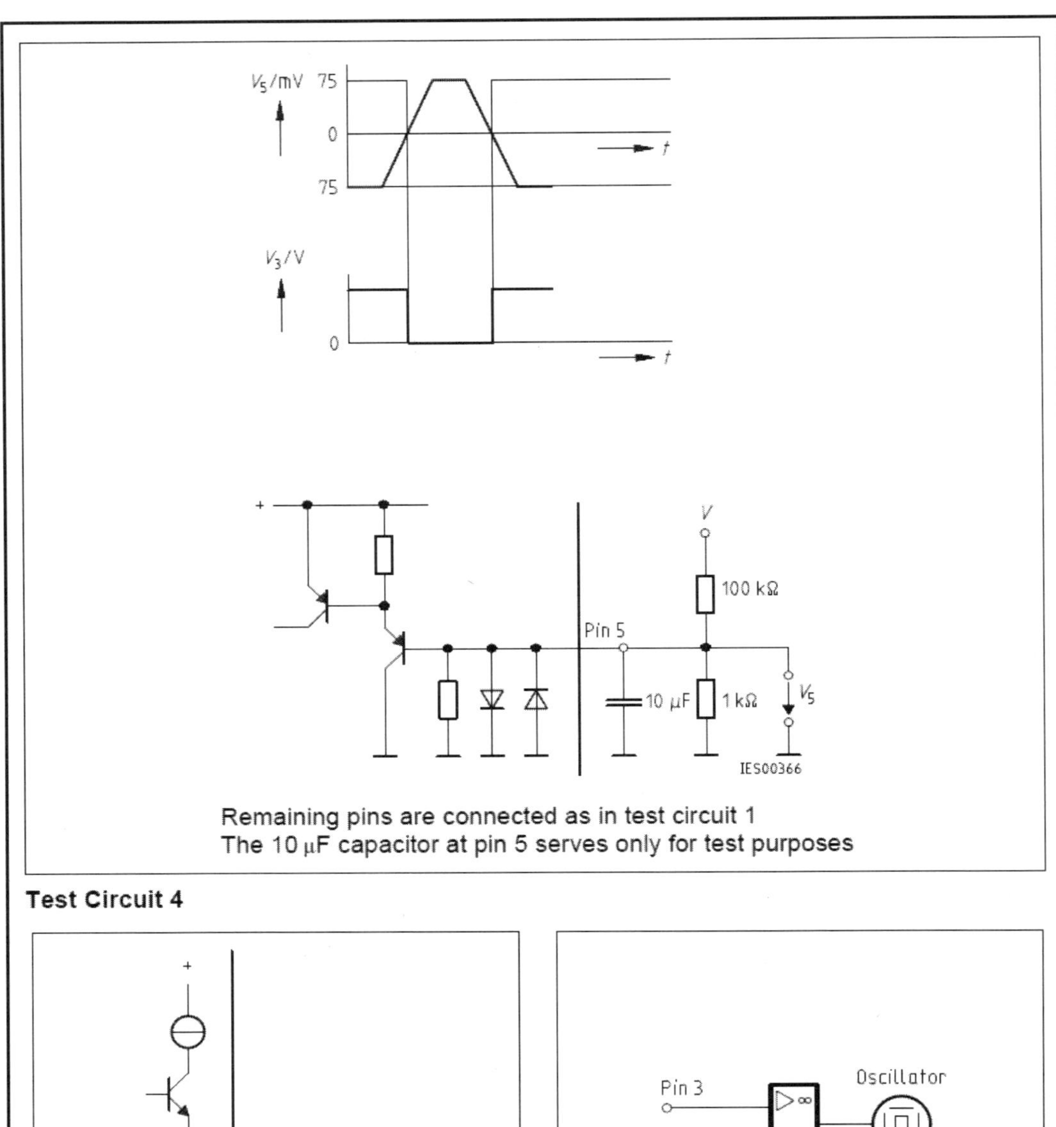

Remaining pins are connected as in test circuit 1
The 10 μF capacitor at pin 5 serves only for test purposes

Test Circuit 4

+
Pin 11
0.5 V
I_{11}
Pin 1
IES00367

Test Circuit 5

Pin 3
Oscillator
DVM
IES00368

Test Circuit 6

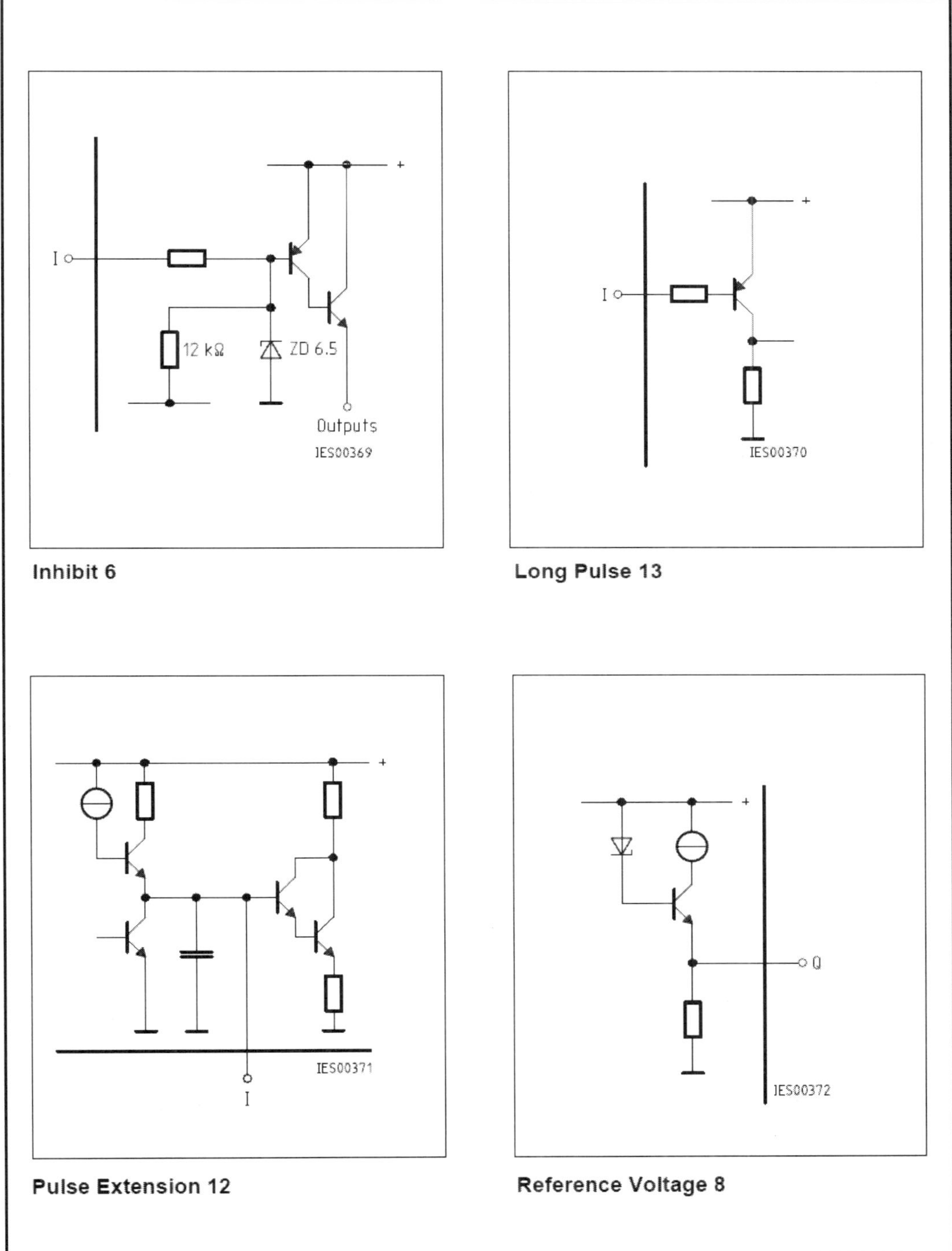

Inhibit 6

Long Pulse 13

Pulse Extension 12

Reference Voltage 8

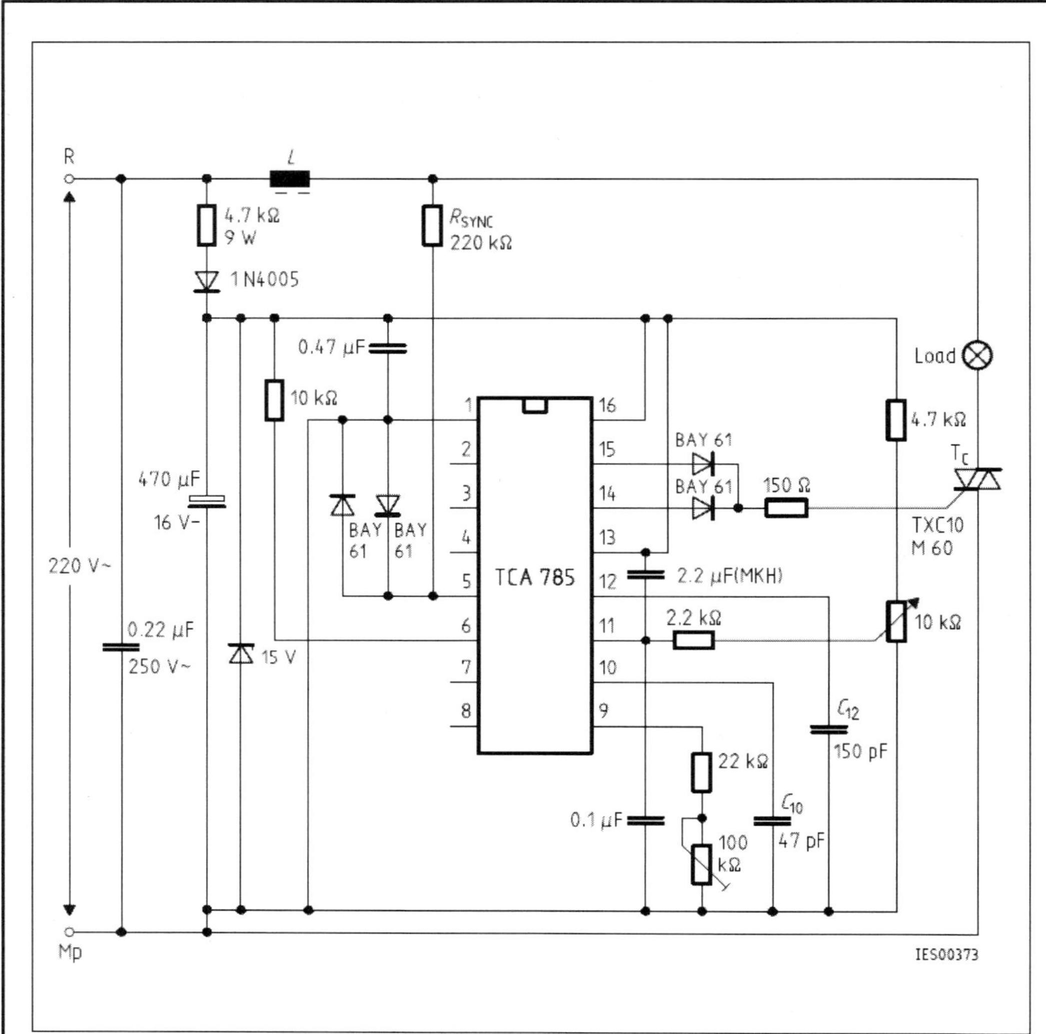

Application Examples
Triac Control for up to 50 mA Gate Trigger Current

A phase control with a directly controlled triac is shown in the figure. The triggering angle of the triac can be adjusted continuously between 0° and 180° with the aid of an external potentiometer. During the positive half-wave of the line voltage, the triac receives a positive gate pulse from the IC output pin 15. During the negative half-wave, it also receives a positive trigger pulse from pin 14. The trigger pulse width is approx. 100 µs.

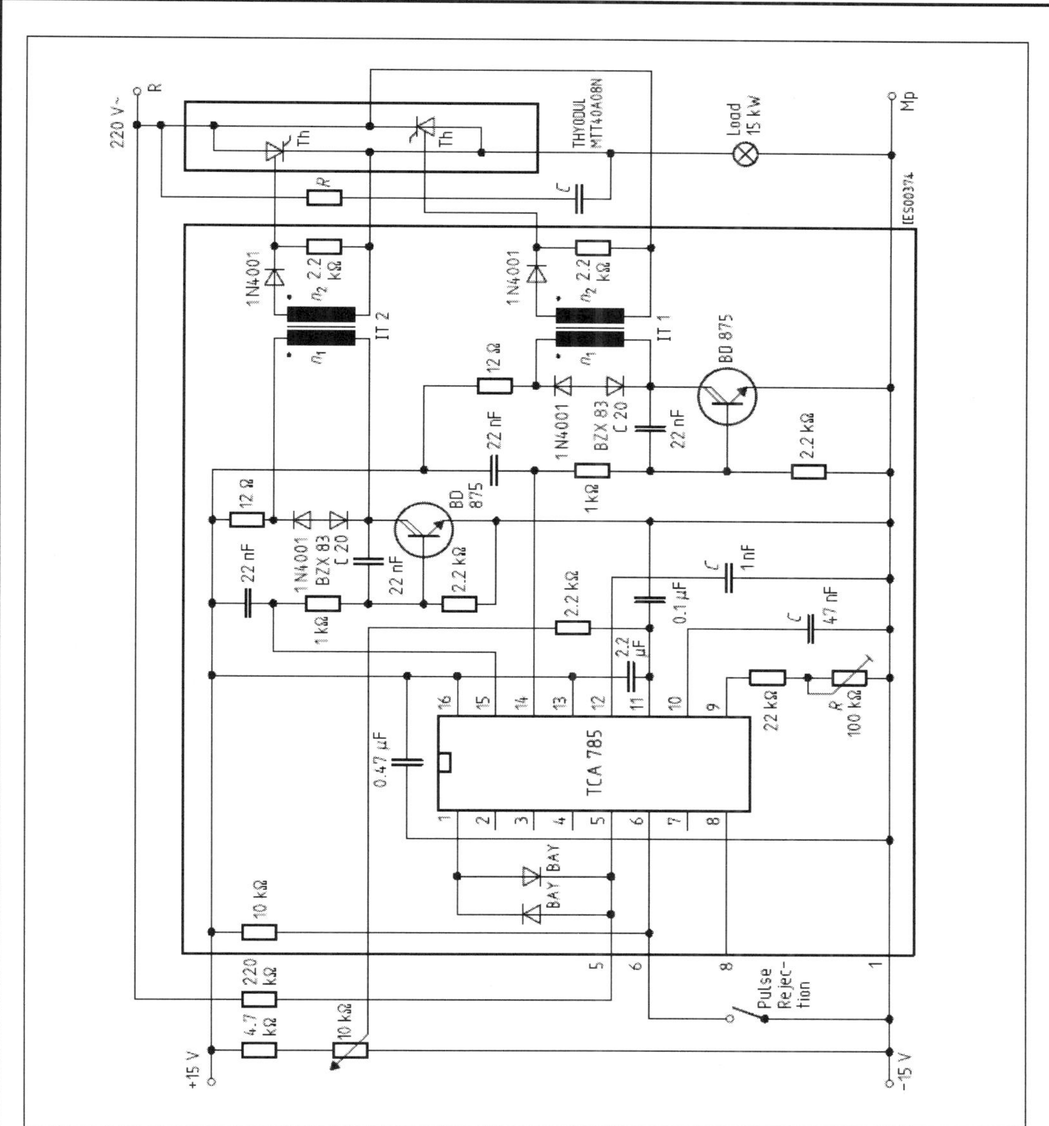

Fully Controlled AC Power Controller Circuit for Two High-Power Thyristors

Shown is the possibility to trigger two antiparalleled thyristors with one IC TCA 785. The trigger pulse can be shifted continuously within a phase angle between 0° and 180° by means of a potentiometer. During the negative line half-wave the trigger pulse of pin 14 is fed to the relevant thyristor via a trigger pulse transformer. During the positive line half-wave, the gate of the second thyristor is triggered by a trigger pulse transformer at pin 15.

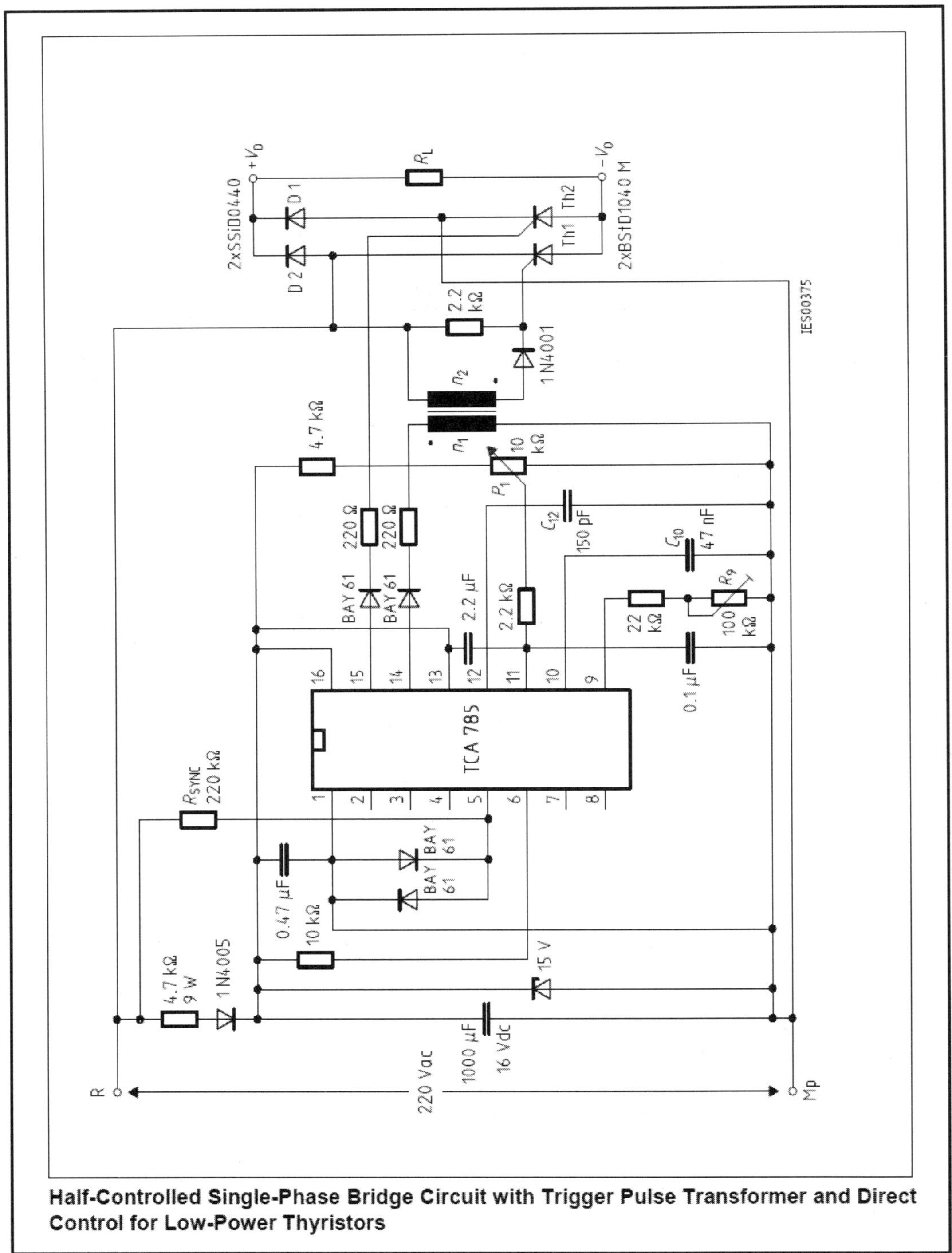

Half-Controlled Single-Phase Bridge Circuit with Trigger Pulse Transformer and Direct Control for Low-Power Thyristors

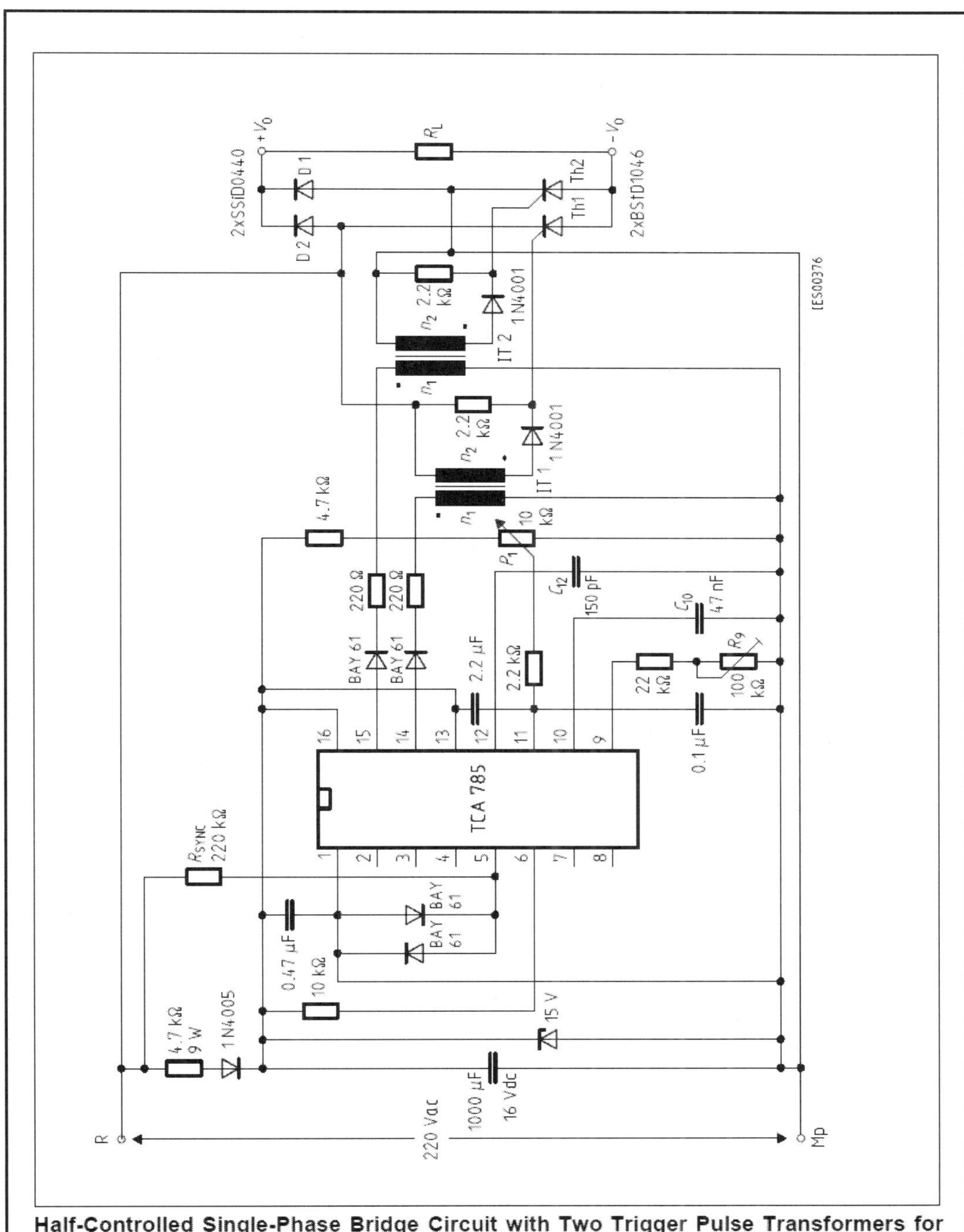

Half-Controlled Single-Phase Bridge Circuit with Two Trigger Pulse Transformers for Low-Power Thyristors

LM555
Timer

General Description

The LM555 is a highly stable device for generating accurate time delays or oscillation. Additional terminals are provided for triggering or resetting if desired. In the time delay mode of operation, the time is precisely controlled by one external resistor and capacitor. For astable operation as an oscillator, the free running frequency and duty cycle are accurately controlled with two external resistors and one capacitor. The circuit may be triggered and reset on falling waveforms, and the output circuit can source or sink up to 200mA or drive TTL circuits.

Features

- Direct replacement for SE555/NE555
- Timing from microseconds through hours
- Operates in both astable and monostable modes
- Adjustable duty cycle
- Output can source or sink 200 mA
- Output and supply TTL compatible
- Temperature stability better than 0.005% per °C
- Normally on and normally off output
- Available in 8-pin MSOP package

Applications

- Precision timing
- Pulse generation
- Sequential timing
- Time delay generation
- Pulse width modulation
- Pulse position modulation
- Linear ramp generator

Schematic Diagram

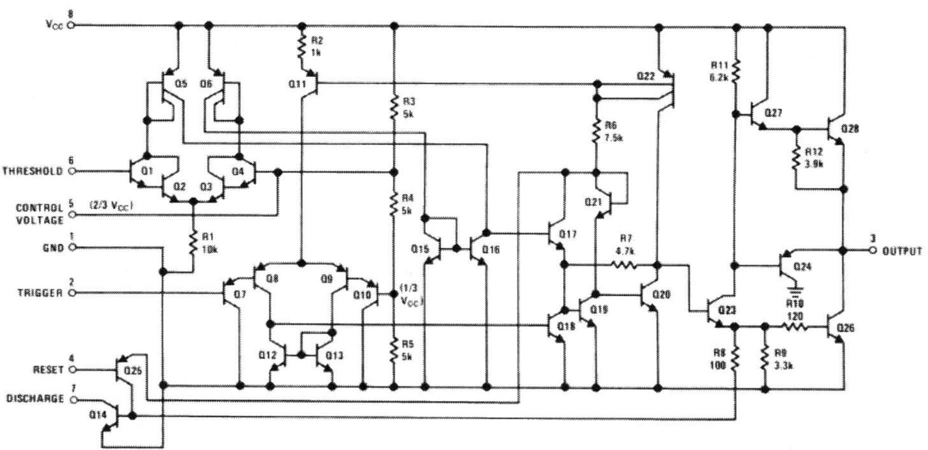

Connection Diagram

Dual-In-Line, Small Outline
and Molded Mini Small Outline Packages

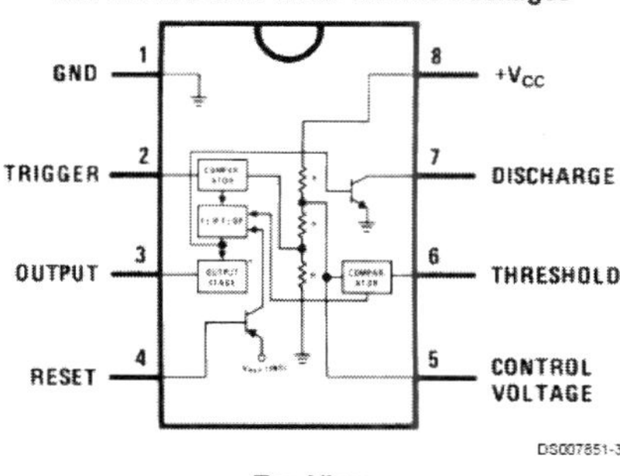

DS007851-3

Top View

Ordering Information

Package	Part Number	Package Marking	Media Transport	NSC Drawing
8-Pin SOIC	LM555CM	LM555CM	Rails	M08A
	LM555CMX	LM555CM	2.5k Units Tape and Reel	
8-Pin MSOP	LM555CMM	Z55	1k Units Tape and Reel	MUA08A
	LM555CMMX	Z55	3.5k Units Tape and Reel	
8-Pin MDIP	LM555CN	LM555CN	Rails	N08E

Absolute Maximum Ratings (Note 2)

If Military/Aerospace specified devices are required, please contact the National Semiconductor Sales Office/ Distributors for availability and specifications.

Supply Voltage	+18V
Power Dissipation (Note 3)	
LM555CM, LM555CN	1180 mW
LM555CMM	613 mW
Operating Temperature Ranges	
LM555C	0°C to +70°C
Storage Temperature Range	−65°C to +150°C

Soldering Information	
Dual-In-Line Package	
Soldering (10 Seconds)	260°C
Small Outline Packages	
(SOIC and MSOP)	
Vapor Phase (60 Seconds)	215°C
Infrared (15 Seconds)	220°C

See AN-450 "Surface Mounting Methods and Their Effect on Product Reliability" for other methods of soldering surface mount devices.

Electrical Characteristics (Notes 1, 2)

(T_A = 25°C, V_{CC} = +5V to +15V, unless othewise specified)

Parameter	Conditions	Limits			Units
		LM555C			
		Min	Typ	Max	
Supply Voltage		4.5		16	V
Supply Current	V_{CC} = 5V, R_L = ∞ V_{CC} = 15V, R_L = ∞ (Low State) (Note 4)		3 10	6 15	mA
Timing Error, Monostable					
Initial Accuracy			1		%
Drift with Temperature	R_A = 1k to 100kΩ, C = 0.1μF, (Note 5)		50		ppm/°C
Accuracy over Temperature			1.5		%
Drift with Supply			0.1		%/V
Timing Error, Astable					
Initial Accuracy			2.25		%
Drift with Temperature	R_A, R_B = 1k to 100kΩ, C = 0.1μF, (Note 5)		150		ppm/°C
Accuracy over Temperature			3.0		%
Drift with Supply			0.30		%/V
Threshold Voltage			0.667		x V_{CC}
Trigger Voltage	V_{CC} = 15V		5		V
	V_{CC} = 5V		1.67		V
Trigger Current			0.5	0.9	μA
Reset Voltage		0.4	0.5	1	V
Reset Current			0.1	0.4	mA
Threshold Current	(Note 6)		0.1	0.25	μA
Control Voltage Level	V_{CC} = 15V V_{CC} = 5V	9 2.6	10 3.33	11 4	V
Pin 7 Leakage Output High			1	100	nA
Pin 7 Sat (Note 7)					
Output Low	V_{CC} = 15V, I_7 = 15mA		180		mV
Output Low	V_{CC} = 4.5V, I_7 = 4.5mA		80	200	mV

Electrical Characteristics (Notes 1, 2) (Continued)

(T_A = 25°C, V_{CC} = +5V to +15V, unless othewise specified)

Parameter	Conditions	Limits			Units
		LM555C			
		Min	Typ	Max	
Output Voltage Drop (Low)	V_{CC} = 15V				
	I_{SINK} = 10mA		0.1	0.25	V
	I_{SINK} = 50mA		0.4	0.75	V
	I_{SINK} = 100mA		2	2.5	V
	I_{SINK} = 200mA		2.5		V
	V_{CC} = 5V				
	I_{SINK} = 8mA				V
	I_{SINK} = 5mA		0.25	0.35	V
Output Voltage Drop (High)	I_{SOURCE} = 200mA, V_{CC} = 15V		12.5		V
	I_{SOURCE} = 100mA, V_{CC} = 15V	12.75	13.3		V
	V_{CC} = 5V	2.75	3.3		V
Rise Time of Output			100		ns
Fall Time of Output			100		ns

Advanced Power MOSFET

IRF630A

FEATURES

- Avalanche Rugged Technology
- Rugged Gate Oxide Technology
- Lower Input Capacitance
- Improved Gate Charge
- Extended Safe Operating Area
- Lower Leakage Current : 10 μA (Max.) @ V_{DS} = 200V
- Low $R_{DS(ON)}$: 0.333 Ω (Typ.)

BV_{DSS} = 200 V

$R_{DS(on)}$ = 0.4 Ω

I_D = 9 A

TO-220

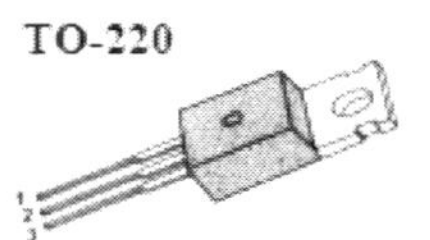

1.Gate 2. Drain 3. Source

Absolute Maximum Ratings

Symbol	Characteristic	Value	Units
V_{DSS}	Drain-to-Source Voltage	200	V
I_D	Continuous Drain Current (T_C=25°C)	9	A
	Continuous Drain Current (T_C=100°C)	5.7	
I_{DM}	Drain Current-Pulsed ①	36	A
V_{GS}	Gate-to-Source Voltage	±30	V
E_{AS}	Single Pulsed Avalanche Energy ②	162	mJ
I_{AR}	Avalanche Current ①	9	A
E_{AR}	Repetitive Avalanche Energy ①	7.2	mJ
dv/dt	Peak Diode Recovery dv/dt ③	5.0	V/ns
P_D	Total Power Dissipation (T_C=25°C)	72	W
	Linear Derating Factor	0.57	W/°C
T_J , T_{STG}	Operating Junction and Storage Temperature Range	- 55 to +150	°C
T_L	Maximum Lead Temp. for Soldering Purposes, 1/8" from case for 5-seconds	300	

Thermal Resistance

Symbol	Characteristic	Typ.	Max.	Units
$R_{\theta JC}$	Junction-to-Case	--	1.74	°C/W
$R_{\theta CS}$	Case-to-Sink	0.5	--	
$R_{\theta JA}$	Junction-to-Ambient	--	62.5	

IRF630A

N-CHANNEL
POWER MOSFET

Electrical Characteristics (T_C=25°C unless otherwise specified)

Symbol	Characteristic	Min.	Typ.	Max.	Units	Test Condition
BV_{DSS}	Drain-Source Breakdown Voltage	200	--	--	V	V_{GS}=0V,I_D=250 μA
$\Delta BV/\Delta T_J$	Breakdown Voltage Temp. Coeff.	--	0.21	--	V/°C	I_D=250 μA ***See Fig 7***
$V_{GS(th)}$	Gate Threshold Voltage	2.0	--	4.0	V	V_{DS}=5V,I_D=250 μA
I_{GSS}	Gate-Source Leakage , Forward	--	--	100	nA	V_{GS}=30V
	Gate-Source Leakage , Reverse	--	--	-100		V_{GS}=-30V
I_{DSS}	Drain-to-Source Leakage Current	--	--	10	μA	V_{DS}=200V
		--	--	100		V_{DS}=160V,T_C=125°C
$R_{DS(on)}$	Static Drain-Source On-State Resistance	--	--	0.4	Ω	V_{GS}=10V,I_D=4.5A ④
g_{fs}	Forward Transconductance	--	3.87	--	Ω	V_{DS}=40V,I_D=4.5A ④
C_{iss}	Input Capacitance	--	500	650	pF	V_{GS}=0V,V_{DS}=25V,f =1MHz ***See Fig 5***
C_{oss}	Output Capacitance	--	95	110		
C_{rss}	Reverse Transfer Capacitance	--	45	55		
$t_{d(on)}$	Turn-On Delay Time	--	13	40	ns	V_{DD}=100V,I_D=9A, R_G=12Ω ***See Fig 13*** ④ ⑤
t_r	Rise Time	--	13	40		
$t_{d(off)}$	Turn-Off Delay Time	--	30	70		
t_f	Fall Time	--	18	50		
Q_g	Total Gate Charge	--	22	29	nC	V_{DS}=160V,V_{GS}=10V, I_D=9A ***See Fig 6 & Fig 12*** ④ ⑤
Q_{gs}	Gate-Source Charge	--	4.3	--		
Q_{gd}	Gate-Drain("Miller") Charge	--	10.9	--		

Source-Drain Diode Ratings and Characteristics

Symbol	Characteristic	Min.	Typ.	Max.	Units	Test Condition
I_S	Continuous Source Current	--	--	9	A	Integral reverse pn-diode in the MOSFET
I_{SM}	Pulsed-Source Current ①	--	--	36		
V_{SD}	Diode Forward Voltage ④	--	--	1.5	V	T_J=25°C,I_S=9A,V_{GS}=0V
t_{rr}	Reverse Recovery Time	--	137	--	ns	T_J=25°C,I_F=9A
Q_{rr}	Reverse Recovery Charge	--	0.68	--	μC	di_F/dt=100A/μs ④

Notes ;
① Repetitive Rating : Pulse Width Limited by Maximum Junction Temperature
② L=3mH, I_{AS}=9A, V_{DD}=50V, R_G=27Ω, Starting T_J =25°C
③ I_{SD} ≤ 9A, di/dt ≤ 220A/μs, V_{DD} ≤ BV_{DSS}, Starting T_J =25°C
④ Pulse Test : Pulse Width = 250 μs, Duty Cycle ≤ 2%
⑤ Essentially Independent of Operating Temperature

N-CHANNEL
POWER MOSFET

IRF630A

Fig 1. Output Characteristics

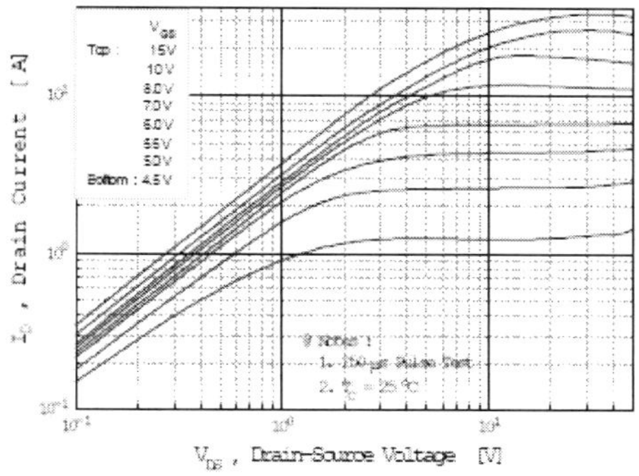

Fig 2. Transfer Characteristics

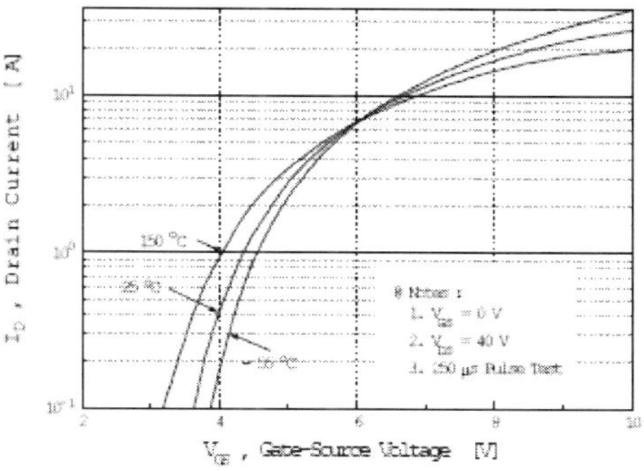

Fig 3. On-Resistance vs. Drain Current

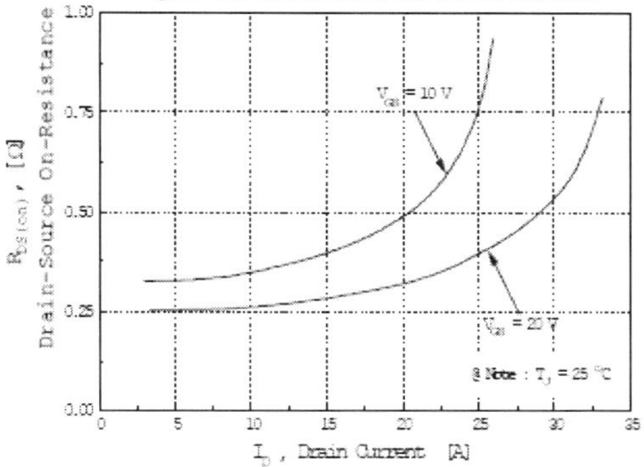

Fig 4. Source-Drain Diode Forward Voltage

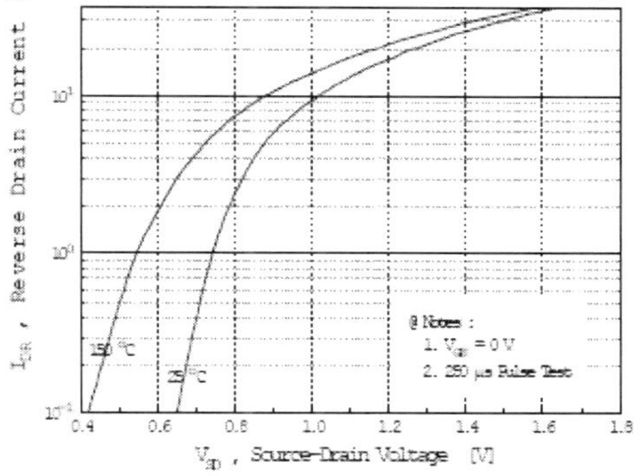

Fig 5. Capacitance vs. Drain-Source Voltage

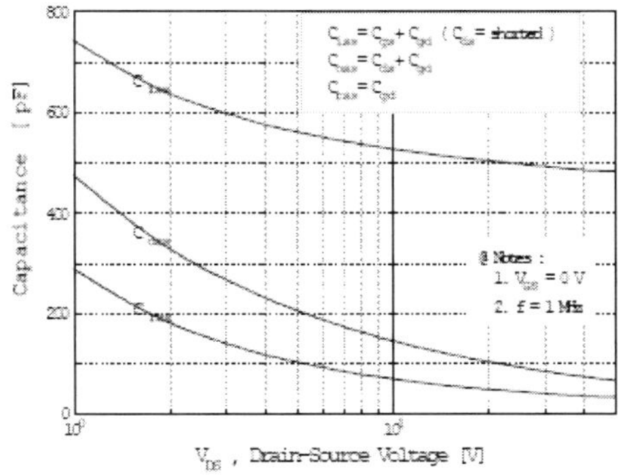

Fig 6. Gate Charge vs. Gate-Source Voltage

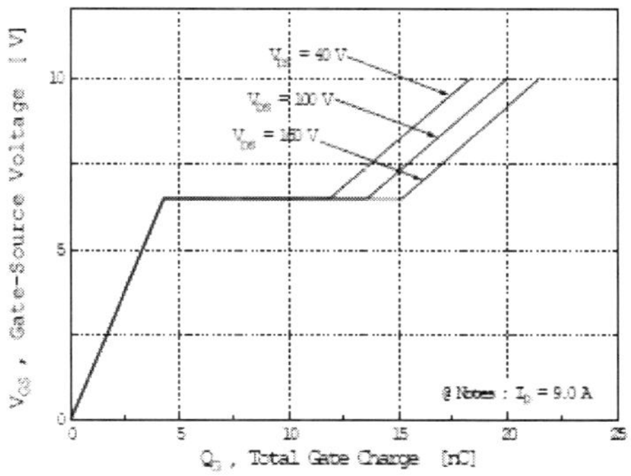

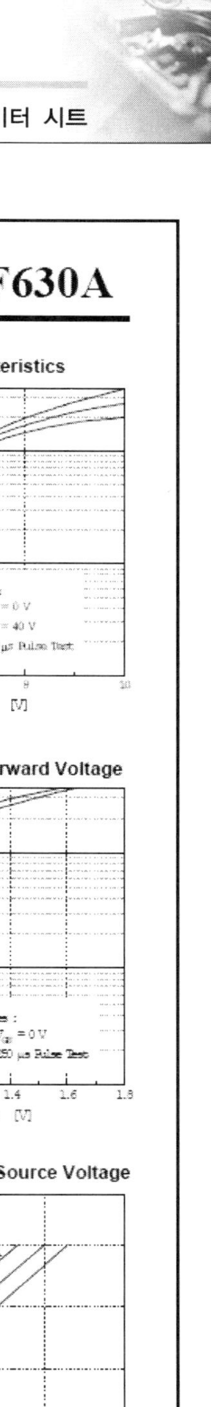

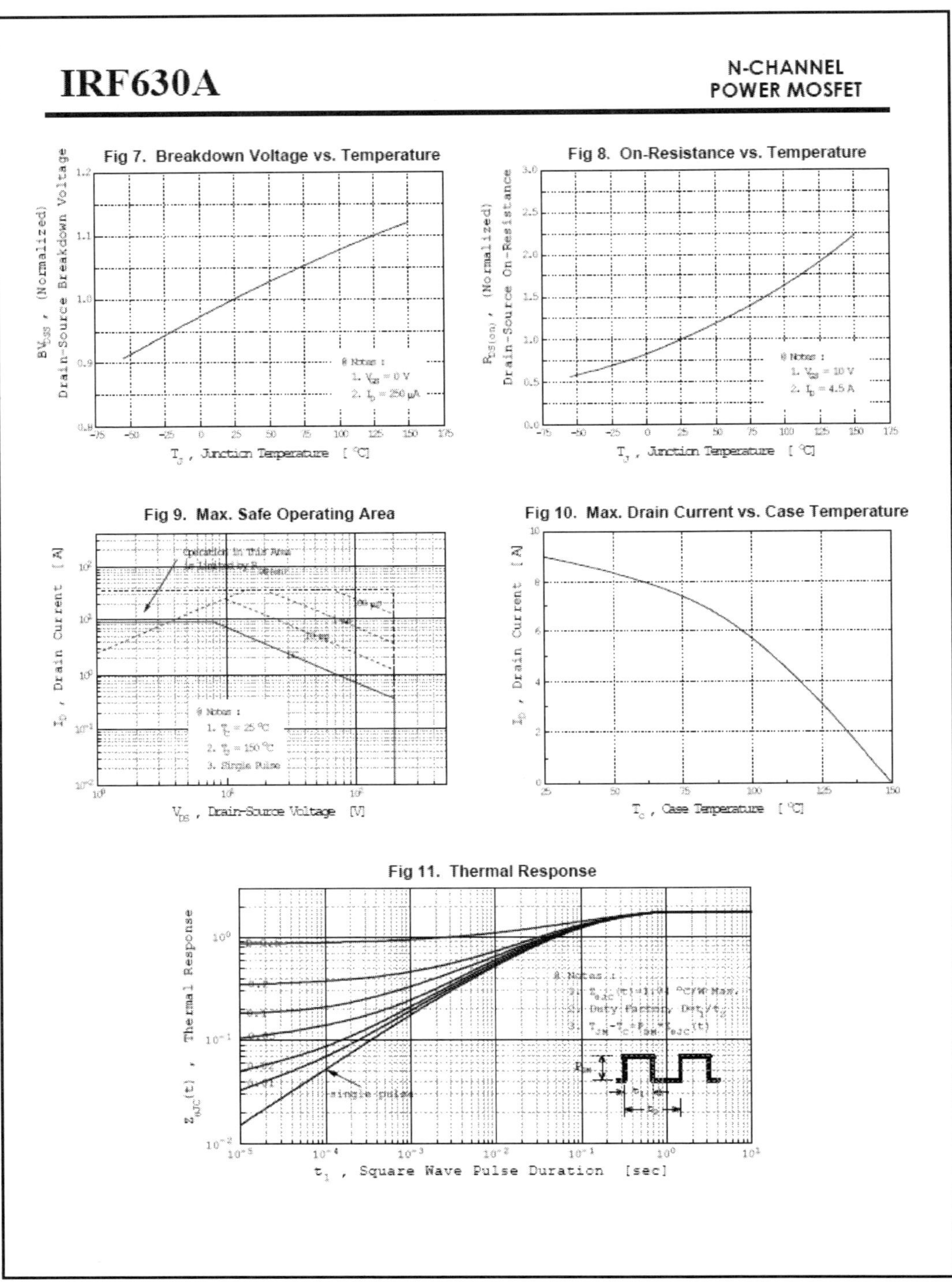
IRF630A
N-CHANNEL
POWER MOSFET
Fig 7. Breakdown Voltage vs. Temperature
Fig 8. On-Resistance vs. Temperature
Fig 9. Max. Safe Operating Area
Fig 10. Max. Drain Current vs. Case Temperature
Fig 11. Thermal Response
t₁ , Square Wave Pulse Duration [sec]

저·자·약·력

저자 | 한 학 근

- ❖ 서울대학교 전기공학과 공학사
- ❖ 서울대학교 전기공학과 공학석사
- ❖ 서울대학교 전기공학부 공학박사
- ❖ the University of British Columbia(UBC), Canada, Visiting Professor
- ❖ 現) 동양미래대학교 전기공학과 교수

이론과 함께 하는 전력전자실험

발　　행 / 2023년 8월 1일
저　　자 / 한 학 근
펴 낸 이 / 정 창 희
펴 낸 곳 / 동일출판사
주　　소 / 서울시 강서구 곰달래로31길7 동일빌딩 2층
대표전화 / (02) 2608-8250
팩　　스 / (02) 2608-8265
등록번호 / 제109-90-92166호
값 / 18,000원
ISBN 978-89-381-1120-3 93560